"十四五"职业教育福建省规划教材

高等职业教育"十四五"规划教材

工作手册式教材

U0965067

宠物内科病

蔡友忠　徐洪齐　主编

中国农业大学出版社

·北京·

内 容 简 介

本教材基于当前宠物临床常见内科病，按照宠物机体不同器官和系统划分，设计了消化系统疾病、呼吸系统疾病、心血管系统疾病、泌尿系统疾病、神经系统疾病、内分泌系统疾病、营养代谢疾病、中毒性疾病等8个模块、19个项目和62个任务。任务以典型临床病例导入开始，结合大量临床实际病例的图片和视频，引导学生理解疾病的概念、病因和症状等必备知识，进而能够在临床诊断中制定有效的治疗方案，达到提高学生职业能力的目的。

本教材融入了课程思政元素，以期培养学生良好的职业道德和素养，突出职业技能，理实一体，并精选历年全国执业兽医资格考试试卷真题，实用性强，可作为高等职业教育宠物医疗技术专业、动物医学专业以及其他宠物相关专业师生的教材，也可供宠物临床工作人员参考。

图书在版编目(CIP)数据

宠物内科病 / 蔡友忠，徐洪齐主编. --北京：中国农业大学出版社，2023.3(2025.5 重印)
ISBN 978-7-5655-2956-6

Ⅰ.①宠… Ⅱ.①蔡…②徐… Ⅲ.①宠物－内科－疾病－诊疗－高等职业教育－教材 Ⅳ.①S856

中国国家版本馆 CIP 数据核字(2023)第 036405 号

书　　名 宠物内科病
作　　者 蔡友忠 徐洪齐 主编

策划编辑 康昊婷　　**责任编辑** 康昊婷
封面设计 李尘工作室 郑 川
出版发行 中国农业大学出版社
社　　址 北京市海淀区圆明园西路2号　　**邮政编码** 100193
电　　话 发行部 010-62733489，1190
编辑部 010-62732617，2618　　出版部 010-62733440
网　　址 http://www.caupress.cn　　**E-mail** cbsszs@cau.edu.cn
经　　销 新华书店
印　　刷 涿州市星河印刷有限公司
版　　次 2023年3月第1版　2025年5月第2次印刷
规　　格 185 mm×260 mm　16开本　17印张　450千字
定　　价 56.00元

编审人员

主　编　蔡友忠（福建农业职业技术学院）

　　　　徐洪齐（福州市动物缘宠物医院）

副主编　张朝胜（福建农业职业技术学院）

　　　　钟佳莲（福建农业职业技术学院）

　　　　王　龙（黑龙江农业工程职业学院）

　　　　王　锐（云南农业职业技术学院）

参　编　牟佳欣（福建农业职业技术学院）

主　审　黄志坚（福建农林大学）

前　言

随着我国社会经济的发展和居民生活水平的提升、养宠人数的不断增多，宠物作为家庭的重要成员，其健康问题受到越来越多的宠物主人关注；社会对于宠物医疗人才的需求也在不断地扩大。宠物内科病是宠物医疗技术专业的一门核心课程。本教材以“双高计划”高水平专业群建设为契机，着眼于当前宠物临床常见内科病，力求通过本教材的学习达到“能诊断、会治疗、懂沟通”的培养目标。

本教材具有以下几个特点：

1.将“思政元素”融入教材。习近平总书记在党的二十大报告中指出：“教育是国之大计、党之大计。培养什么人、怎样培养人、为谁培养人是教育的根本问题。育人的根本在于立德。全面贯彻党的教育方针，落实立德树人根本任务，培养德智体美劳全面发展的社会主义建设者和接班人。”为此本教材开发立足于学生德智体美劳全面发展，将劳动素养、职业素质、工匠精神和人文精神等要素有效融入教材，深化课程思政，实现专业教学和德育培养相互支撑、协同并进的育人效果。

2.将“宠物内科病的诊断和治疗工作过程”纳入教材。使学生知道如何将理论知识应用于临床工作实际，知道遇到此类疾病时应做哪些诊断和采取哪些治疗方案。

3.将“主人须知”纳入教材。强化学生与宠物主人的沟通意识，不断提升学生与宠物主人进行良好沟通交流的能力。

4.将“学生实践”纳入教材，实现边讲边学边做。打破以往集中训练的模式，把病例分析任务穿插在每一个学习任务之中，即“授课和训练同步进行”，为开展“教、学、做”一体化教学创造条件。

5.将“大量临床实际病例的典型图片、视频”纳入教材，使宠物内科病的一些典型疾病特征清晰直观，使教学生动灵活，形象易懂。

6.围绕典型病例进行思考分析，培养学生临床分析问题和解决问题的能力。

7.对接全国执业兽医资格考试，教材涵盖了全国执业兽医资格考试大纲中所涉及的犬猫内科疾病，且设有历年执业兽医资格考试真题及答案，有利于提高学习效率。

本教材由从事宠物临床多年的教师和行业企业专家共同编写，内容组织形式按照宠物机体不同器官和系统划分，紧跟临床不断发展专科化特点的现状，把与宠物内科疾病相关的知识与技能分为8个模块、19个项目和62个任务。以典型临床案例导入为载体，以工作过程为导向，按照学生职业成长和认知规律，充分发挥学生的主观能动性，紧紧围绕宠物医院临床实际工作中所需要具备"能诊断、会治疗、懂沟通"的职业能力作为教材编写的思路与原则进行设计。

本教材在编写过程中得到了福建农林大学黄志坚教授的细心审稿，在此对他的辛勤付出表示衷心的感谢。此外，编写过程中参考了大量资料，在此向各参考资料的作者表示感谢。

本教材尽管在诊疗方法和技术上进行了广泛的调查了解，也参考了大量的文献资料，但疾病的发生和发展存在明显的时间和地域上的差异，而且新的诊疗技术不断更新、新的临床经验不断完善和新的治疗药物不断面世，读者在使用本教材时应注意选择参照相关内容和参考药品生产厂家提供的使用说明。

因编者水平所限，书中疏漏和错误在所难免，恳请广大读者批评指正。

编　者

2022年10月

目 录

模块一

消化系统疾病

【模块导读】

模块介绍

消化系统包括消化道和消化腺两部分。消化道起始于口腔，通过咽、食管、胃、小肠和大肠，终止于肛门。消化腺主要包括唾液腺、胃腺、肠腺、肝脏和胰腺；动物在其全部生命活动中所需要的能量和营养物质，都是依赖整个消化器官对食物进行消化、吸收和转化而来的。在犬猫的各种内科疾病中，消化系统疾病的发病率是最高的。本模块由 4 个项目 18 个学习任务组成，重点介绍口腔、咽、食道、胃肠、肝胆、胰腺和腹膜等常见临床疾病的病因、临床症状、诊断与治疗。

模块目标

(一)知识目标

1. 熟悉口腔、咽、食道、胃肠道、肝胆、胰等器官的解剖生理知识。
2. 熟悉口腔、咽、食道、胃肠道、肝胆、胰等器官疾病的病理知识。
3. 掌握口腔、咽、食道、胃肠道、肝胆、胰等器官常见疾病的病因及临床症状。
4. 掌握口腔、咽、食道、胃肠道、肝胆、胰等器官疾病治疗所用药物的药理学知识。
5. 掌握口腔、咽、食道、胃肠道、肝胆、胰等器官疾病的治疗与预防措施。

(二)技能目标

1. 具备应用常规诊断仪器设备的能力。
2. 具备对消化系统临床病例的综合分析并做出初步诊断的能力。
3. 具备进一步症状鉴别诊断的能力。
4. 能准确开具消化系统相关器官疾病的治疗处方并具备实施治疗的能力。
5. 具备与宠物主人良好沟通交流的能力。

(三)素质目标

1. 具备良好的职业道德和职业责任感。
2. 具备吃苦耐劳、乐于钻研、爱岗敬业的工作态度。
3. 具备主动服务社会的意识和团结协作的精神。
4. 树立人与宠物和谐相处的生态理念，尊重生命，关爱宠物。

项目一　口腔、咽和食道疾病

任务一　口　炎

【病例导学】江某家养一只中华田园犬，雄性，3 岁，体重 7 kg，外出回来后不进食，检查口腔黏膜、舌、牙龈、上腭部呈严重炎性反应，伴有红肿、溃疡、糜烂、唾液分泌增多，且不自主流出，呈线状悬于下唇周边；采食困难，无法咀嚼、吞咽食物；精神极度萎靡，呼出气体及口内流出唾液状半透明黏稠混合物有恶臭。

请思考：

1. 该患病犬的初步诊断是什么？
2. 诊断依据主要有哪些？
3. 如何进一步明确诊断？
4. 可采取哪些治疗措施？

一、知识准备

【概述】

口炎是指口腔黏膜的炎症，临床上以流涎、拒食或厌食、口腔黏膜潮红肿胀为特征，一般呈局限性，有时波及舌、齿龈、颊黏膜等处，成为弥漫性炎症。根据发病原因划分，可分为原发性和继发性。按其炎症性质可分为溃疡性、坏死性、霉菌性和水疱性口炎等。

【病因】

1. 物理性因素　由尖锐的物体直接损伤口腔黏膜引起，如粗硬的骨头、尖锐的牙齿、钉子、铁丝、鱼刺等。

2. 化学性因素　接触有剧烈刺激性、腐蚀性，如强酸、强碱、强氧化剂等化学药物，致使黏膜损伤。

3. 微生物因素　当机体抵抗力降低时，口腔黏膜腐生细菌（如梭形杆菌、螺旋体等）和白念珠菌也可导致黏膜发炎。

此外，还可继发于其他疾病，如咽炎、舌炎、犬瘟热、钩端螺旋体、猫传染性鼻气管炎等，或某些全身性疾病，如营养代谢紊乱、B 族维生素缺乏、贫血、慢性肾炎和尿毒症等。

视频 1-1　猫口炎

【症状】

病犬食欲不振或废绝，有的采食不敢咀嚼，但饮欲增加且常搔抓口腔或尖叫，痛苦不安或疼痛抽搐。猫多数食欲减退或消失，患病动物口腔恶臭、流涎。口腔黏膜潮红、充血（图 1-1、图 1-2）；舌、硬腭、齿龈、部分黏膜出现水疱或溃疡，溃疡表面有污秽的伪膜。颌下淋巴结肿大，有的体温升高。特异性症状表现为有饥饿感，想吃又不敢吃，当食物进入口腔，刺激到炎症部位会引起疼痛，患犬会出现突然嚎叫，躲避性逃跑等表现。

1. 溃疡性口炎　常并发或继发于全身性疾病，如继发于猫病毒性鼻气管炎时，在舌、硬腭、齿龈、颊等处的黏膜会迅速形成广泛性溃疡病灶。初期多分泌透明状的唾液，随病势发展分泌的黏稠而呈褐色或带血色唾液，并有难闻臭味，口鼻周围和前肢附有上述分泌物。

2. 坏死性口炎　除黏膜有大量坏死组织外，其溃疡面有污秽的灰黄色油状伪膜。

3. 真菌性口炎　真菌性口炎是一种特殊类型的溃疡性口炎，其特征是口腔黏膜出现白色或灰色并略高于周围组织的斑点，病灶周围潮红，表面覆有白色坚韧的被膜。常发生于有长期或大剂量使用广谱抗生素病史的犬猫。

4. 水疱性口炎　多伴有全身性疾病，口腔黏膜出现小水疱，逐渐发展为灰黄色浅在性溃疡面，其病灶界限清楚。猫患本病时，在其口角也出现明显病变。

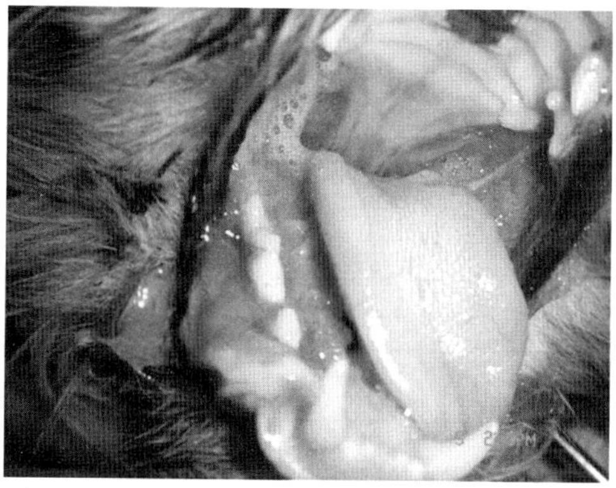

图 1-1　猫口炎（牙龈周边、两侧颊黏膜、咽部等处黏膜充血潮红）

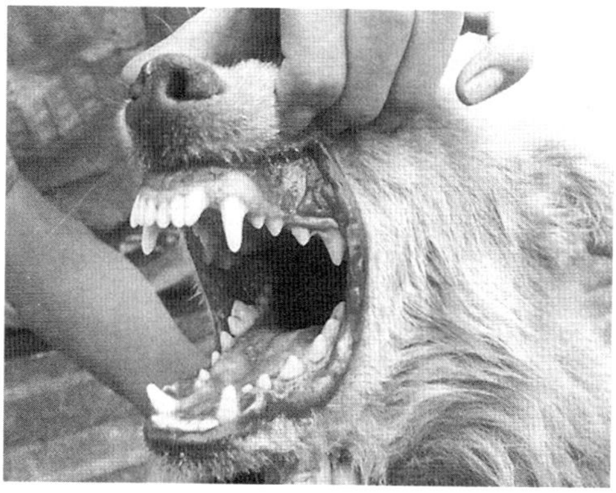

图 1-2　犬口炎（口角黏膜、颊黏膜和舌面局部黏膜充血、潮红）

二、工作过程

【诊断】

1. 初步诊断　根据病史和临床症状可做出初步诊断。

2. 鉴别诊断　临床中应与咽炎、唾液腺炎、食管阻塞及某些中毒病相区别。对于真菌性口炎和细菌感染性口炎可通过病料分离培养来确诊。

【治疗】

治疗原则：治疗原发病，防止和治疗继发感染，加强护理。

治疗方案：根据治疗原则，结合临床工作实际，参考以下的处方进行治疗。

处方 1　氨苄西林，犬/猫：10～20 mg/kg，静脉滴注/皮下注射/肌内注射，2～3 次/d。

处方 2　头孢氨苄，犬/猫：22 mg/kg，口服，3 次/d，连用 3～5 d。

处方 3　头孢噻肟钠，犬/猫：20～40 mg/kg，静脉滴注/肌内注射/皮下注射，3～4 次/d。

处方 4　两性霉素 B，犬：0.25～0.5 mg/kg，溶于 0.5～1 L 5%葡萄糖溶液，静脉滴注，超过 6～8 h，隔天 1 次，总剂量 8～10 mg/kg 或不使尿素氮和肌酸酐水平升高；猫：0.25 mg/kg，静脉滴注，隔天 1 次，总剂量 5～8 mg/kg。

处方 5　0.1%高锰酸钾或 2%～3%硼酸溶液，局部病灶冲洗，1～2 次/d。

处方 6　3%过氧化氢或 1%明矾溶液冲洗。

处方7 5%碘甘油或1%龙胆紫涂擦溃疡面。

处方8 对于猫慢性齿龈口炎通常需要全口拔牙。

【主人须知】

口炎多引起咀嚼障碍，治疗过程中要加强护理，饲喂流食或软质半流食；补充维生素A，提高黏膜抵抗力。对于猫的慢性口炎，病因往往较为复杂且是一个慢性病程，需要进行长期的管理。

三、学生实践

(一)布置任务

根据所学知识，针对以上病例资料，按要求分别完成以下任务。

(1)初步诊断：________________。

(2)诊断依据：________________

________________。

(3)鉴别诊断：________________

________________。

(4)进一步检查：________________

________________。

(5)治疗原则：________________。

(6)治疗处方：

××××动物医院处方笺

动物主人/饲养单位________________ 档案号________________

动物种类__________ 动物性别__________ 体重/数量__________

年(日)龄__________ 开具日期________________

Rp：

第一联：存根(白)

执业兽医师__________ 注册号__________ 发药人__________

(二)工作评价

针对以上任务的完成情况,分别对初步诊断、诊断依据、鉴别诊断、进一步检查、治疗原则和治疗处方等任务给予评价和点评。

工作评价			
评价内容	评价结果		
	正确	基本正确	错误
初步诊断			
诊断依据			
鉴别诊断			
进一步检查			
治疗原则			
治疗处方			
学生反思			
教师点评			

任务二　咽　炎

【病例导学】吴某家养一只斗牛犬,雌性,5 岁,体重 6 kg,就诊时病犬食欲不振,常头颈伸展,不愿活动,触压咽部时,病犬躲闪,表现伸颈摇头,并发咳嗽。口腔内常蓄积有多量黏稠的唾液,呈牵丝状流出。

请思考:

1. 该患病犬的初步诊断是什么?
2. 诊断依据主要有哪些?
3. 如何进一步明确诊断?
4. 可采取哪些治疗措施?

一、知识准备

【概述】

咽炎是指咽部黏膜及其深层组织的炎症，临床上以流涎、吞咽障碍、咽部肿胀及敏感为特征。

【病因】

1. 原发性咽炎　主要由于局部受到不良刺激而引起。

（1）机械性刺激　如骨渣、鱼刺、尖锐异物以及胃管投药时动作粗暴等造成的损伤。

（2）刺激性化学物质　如强酸、强碱的灼伤；过热食物和饮水的烫伤，进而引起的炎症。

2. 继发性咽炎　可继发于口炎、喉炎、感冒等病症过程中。也可见于全身性烈性传染病，如狂犬病、犬瘟热、犬传染性肝炎、犬钩端螺旋体病、猫泛白细胞减少症等，可引起本病。

【症状】

患有急性卡他性咽炎的病犬，病初采食缓慢并逐渐出现采食困难或不食，吞咽障碍，咽部肿胀有时饮入的水或吃入的食物会逆流回口腔，并经常表现空咽、呕吐、流涎，有时吐出白色泡沫状黏稠的唾液，下颌淋巴结肿大，咽部触诊敏感性增加。打开口腔检查，咽黏膜和扁桃体呈暗红色，有时在扁桃体上可见附有白色的伪膜。人工诱咳呈阳性，病犬体温升高，有发作性咳嗽。患有纤维素性咽炎的病犬，除上述表现外，有时在鼻液中常有灰白色的薄膜流出，全身症状较严重。患有蜂窝织炎性咽炎的病犬，精神极度沉郁。体温升高，呼吸困难。除卡他性咽炎症状外，局部肿胀明显、疼痛；发热后期常变为脓肿有时从鼻腔流出脓液，白细胞明显增多。

二、工作过程

【诊断】

1. 初步诊断　根据病史和临床症状如吞咽障碍、头颈伸直、流涎以及结合咽部触诊敏感等可以做出初步诊断。

2. 鉴别诊断　临床工作中应注意区别原发病和继发病。

【治疗】

治疗原则：加强护理，祛除病因，消除炎症。

治疗方案：根据治疗原则，结合临床工作实际，参考以下相应的治疗处方。

处方 1　用温水或白酒温敷局部，或外敷复方醋酸铅液。

处方 2　对采食困难或重症病例应静脉补充液体和能量，如静脉输葡萄糖、复合氨基酸、ATP 和辅酶 A 等。

处方 3　洗涤咽腔，可用 0.1%高锰酸钾溶液、3%明矾溶液、2%硼酸溶液等，然后涂布碘甘油或鞣酸甘油等。

处方 4　氨苄西林，犬：20～30 mg/kg，口服，2～3 次/d；或 10～20 mg/kg，静脉滴注/皮下注射/肌内注射，2～3 次/d。

处方 5　速诺（阿莫西林克拉维酸钾干混悬剂），犬/猫：0.1 mL/kg，肌内注射/皮下注射，1 次/d。

处方 6　头孢氨苄，犬：22 mg/kg，口服，3 次/d，连用 3～5 d。

处方 7　硫酸头孢喹肟注射液，犬：0.1 mL/kg，皮下注射，1 次/d，连用 3～5 d。

【主人须知】

保持犬舍的清洁卫生；将病犬放置于温暖、干燥、通风良好的舍内。为了减少对咽部的刺激，最好给予柔软或流质食物，勤给水。因咽痛不能采食的应及时补充能量，维持自身营养。咽炎如果引起窒息时多预后不良，应注意监护。

三、学生实践

（一）布置任务

根据所学知识，针对以上提供的病例资料，按要求分别完成以下任务。

（1）初步诊断：________________________________。

（2）诊断依据：________________________________

________________________________。

（3）鉴别诊断：________________________________

________________________________。

（4）进一步检查：________________________________

________________________________。

（5）治疗原则：________________________________。

（6）治疗处方：

××××动物医院处方笺

动物主人/饲养单位____________　　档案号____________

动物种类________　　动物性别________　　体重/数量________

年（日）龄________　　开具日期________________

Rp：

第一联：存根（白）

执业兽医师__________　　注册号__________　　发药人__________

（二）工作评价

针对以上任务的完成情况，分别对初步诊断、诊断依据、鉴别诊断、进一步检查、治疗原则和治疗处方等任务分别给予评价和点评。

工作评价			
评价内容	评价结果		
	正确	基本正确	错误
初步诊断			
诊断依据			
鉴别诊断			
进一步检查			
治疗原则			
治疗处方			
学生反思			
教师点评			

任务三　食道阻塞

【病例导学】周某饲养一只拉布拉多犬，雌性，4 岁，30 kg，因流涎来动物医院就诊。主诉该犬在发病前精神、食欲都很正常，曾和另一只犬争食一块骨头后，突然出现频频吞咽，惊恐不安，干呕，口角有白色泡沫状唾液，饮食废绝。口腔检查、咽部触诊，均未发现异常。食道触诊稍有痛感。

请思考：

1. 该患病犬的初步诊断是什么？
2. 诊断依据主要有哪些？
3. 如何进一步明确诊断？
4. 可采取哪些治疗措施？

一、知识准备

【概述】

食道阻塞是指食团或异物停留于食道内不能后移的疾病。临床上常以突然发生吞咽障碍、流涎为特征。食道阻塞可发生于食道的任何部位，但以咽后与食道起始段及食道的胸腔入口处等最易发生。分为完全阻塞与不完全阻塞。

【病因】

1. 原发性因素　主要是吞食较大的食物或异物，如骨块、软骨块、肉块、鱼刺、肌腱、韧带等，在争食或吞咽过急的情况下造成食道阻塞；或玩耍时误将线团、布头、塑料玩具等异物吞下引起。

2. 继发性因素　见于食管狭窄、食管痉挛、食管麻痹以及食管扩张等。

【症状】

本病经常在采食过程中或玩耍时突然发生，表现为突然中止采食，或突发惊恐不安；大量流涎，连续吞咽，张口伸舌，食物和饮水可从口、鼻流出；反射性咳嗽，不断用前肢搔抓颈部。如不完全阻塞时，则尚可饮水或吞咽稀饭等流质食物，但拒食肉、肝脏等块状食物；如发生完全阻塞，则饮食完全停止，胃管探查不能通过。

如阻塞发生在颈部，则呕吐严重，在颈部可触摸到硬的阻塞物；如发生在胸段以下，可见左侧颈静脉沟处隆起，用手触压隆起的前方有波动感，并有食物和饮水从口鼻中流出。如为尖锐异物造成的阻塞，可造成食管壁创伤、坏死、炎症甚至穿孔，若发生于胸段食管可继发胸膜炎、脓胸、气胸，乃至窒息死亡。

二、工作过程

【诊断】

1. 初步诊断　单纯食道阻塞，根据病史、临床症状(多为进食时突发吞咽困难、流涎等)和局部触诊，可以做出初步诊断。进一步确诊需借助于特殊检查。

2. 特殊检查　通过应用 X 线检查、钡餐造影，胃导管探查或应用食道内镜观察，可做出确诊(图 1-3 至图 1-6)。

3. 鉴别诊断　临床工作中应与食道炎、食管痉挛、食管狭窄、食管憩室和胃食管套叠症等疾病相鉴别。

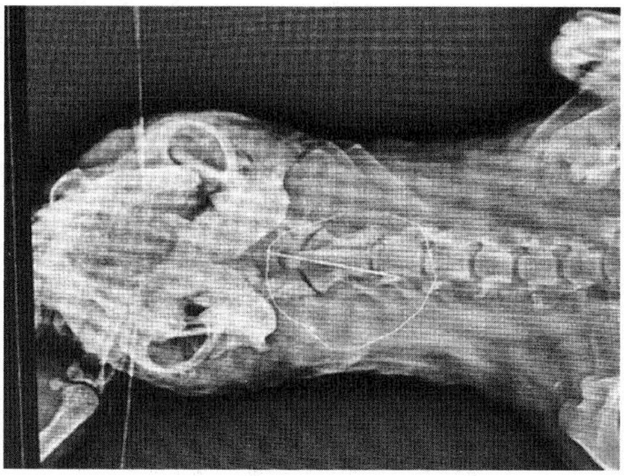

图 1-3　X 线检查(食道起始段含有针样的高密度阴影)

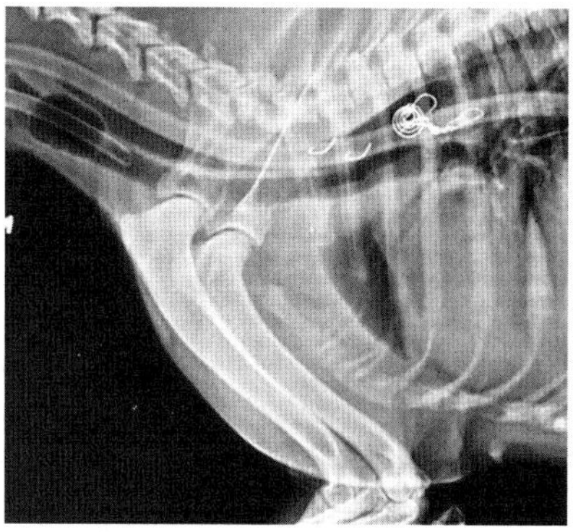

图 1-4　X 线检查(食道中段含有鱼钩样的高密度阴影)

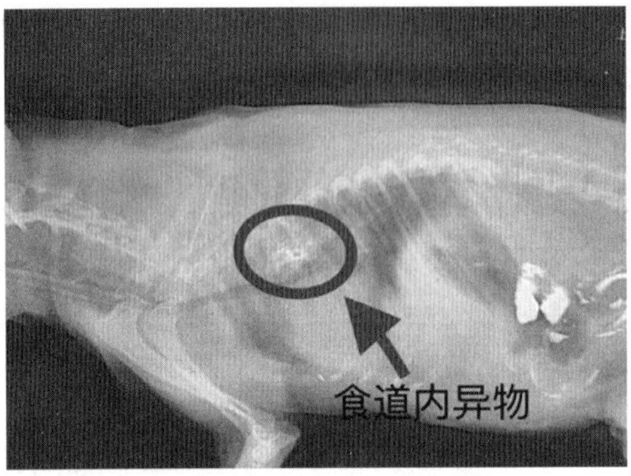

图 1-5　X 线检查(心基部有异物，呈现不规则的高密度阴影)

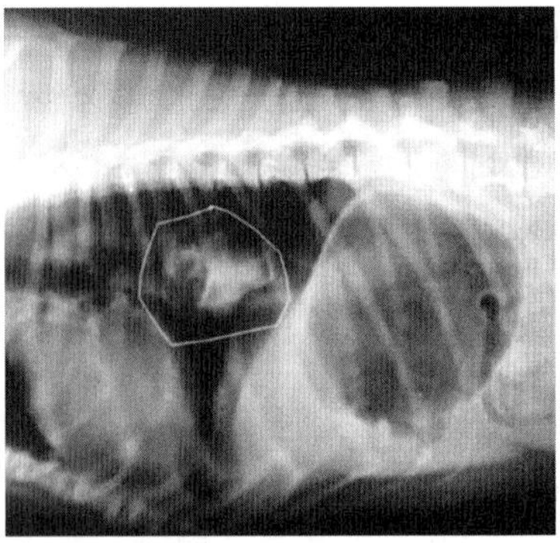

图 1-6　X 线检查(心基部与横膈食道裂孔之间有骨的高密度阴影)

【治疗】

视频 1-2　应用内镜异物钳取出食道内异物

治疗原则:去除阻塞物,对症治疗和加强营养与护理。

治疗方案:根据治疗原则,结合临床工作实际,参考以下相应的治疗处方。

处方 1　尝试用内镜异物钳取出异物,或用导管将异物推向胃中。严重者可全身麻醉,手术取出异物(图 1-7 至图 1-10)。

处方 2　阿扑吗啡,犬:0.04 mg/kg,静脉滴注;或 0.08 mg/kg,肌内注射/皮下注射。

处方 3　氨苄西林,犬:20～30 mg/kg,口服,2～3 次/d;或 10～20 mg/kg,静脉滴注/皮下注射/肌内注射,2～3 次/d。

处方 4　速诺(阿莫西林克拉维酸钾干混悬剂),犬/猫:0.1 mL/kg,肌内注射/皮下注射,1 次/d。

处方 5　头孢噻肟钠,犬:20～40 mg/kg,静脉滴注/肌内注射/皮下注射,3～4 次/d。

处方 6　输液疗法,加入 25%葡萄糖,ATP 和辅酶 A,维生素 C 等。

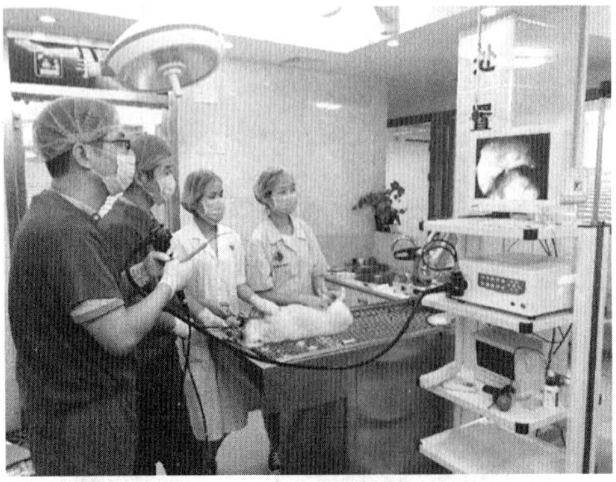

图 1-7　采用内镜异物钳取出异物

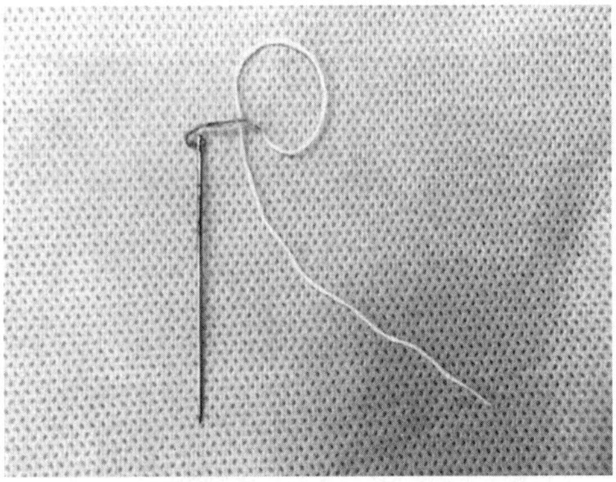

图 1-8　采用内镜异物钳取出异物为一根缝针

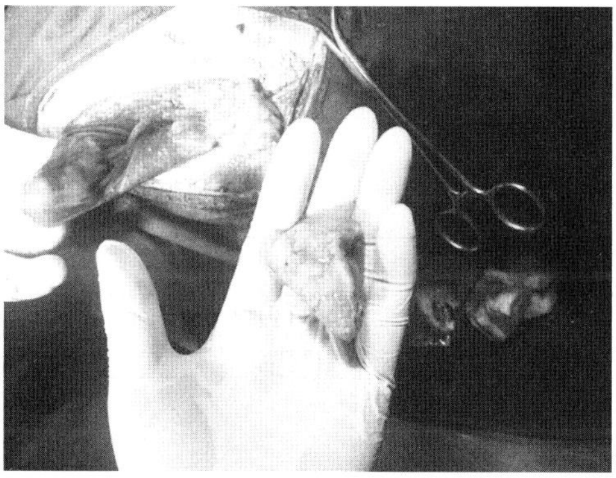

图 1-9　通过外科手术取出异物为一块骨骼

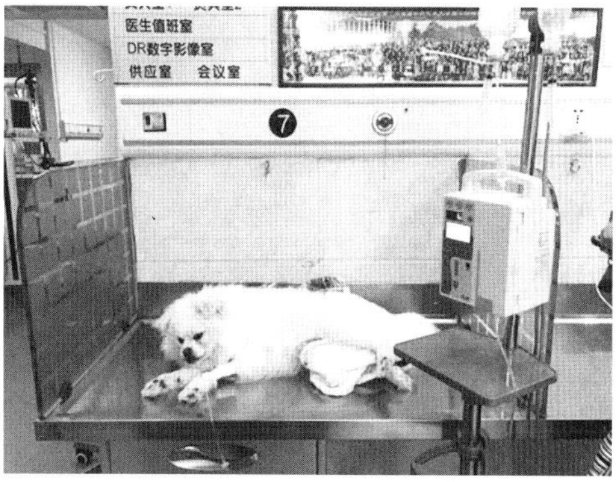

图 1-10　通过外科手术取出食道异物骨骼后进行术后输液

【主人须知】

如果存在食道严重损伤，或需要施行食道切开术，往往预后不良；日常饲养管理应避免宠物接触易被吞食的骨头、小玩具；针线对猫是非常危险的。

三、学生实践

（一）布置任务

根据所学知识，针对以上提供的病例资料，按要求分别完成以下任务。

（1）初步诊断：____

____。

（2）诊断依据：____

____

____

____。

（3）鉴别诊断：____

____

____

____。

（4）进一步检查：____

____。

（5）治疗原则：____

____

____。

（6）治疗处方：

××××动物医院处方笺

动物主人/饲养单位＿＿＿＿＿＿＿＿　档案号＿＿＿＿＿＿＿＿

动物种类＿＿＿＿＿　动物性别＿＿＿＿＿　体重/数量＿＿＿＿＿＿＿

年（日）龄＿＿＿＿＿　开具日期＿＿＿＿＿＿＿＿＿＿＿＿＿＿＿

Rp：

第一联：存根（白）

执业兽医师＿＿＿＿＿＿　注册号＿＿＿＿＿＿　发药人＿＿＿＿＿＿

（二）工作评价

针对以上任务的完成情况，分别对初步诊断、诊断依据、鉴别诊断、进一步检查、治疗原则和治疗处方等任务分别给予评价和点评。

工作评价			
评价内容	评价结果		
	正确	基本正确	错误
初步诊断			
诊断依据			
鉴别诊断			
进一步检查			
治疗原则			
治疗处方			
学生反思			
教师点评			

项目二　胃肠疾病

任务一　胃肠炎

【病例导学】姚某家养一只比熊犬，雌性，3 岁，体重 6 kg；病犬精神不振，四肢无力，呕吐频繁、脱水，腹泻，排粪失禁，大便带血，腥臭，粪便未见虫体。体温 40 ℃，呼吸加快。喜卧，腹部按压有疼痛感。主诉其前一天吃了剩饭，洗了澡，晚上睡在地板上。

请思考：

1. 该患病犬的初步诊断是什么？
2. 诊断依据主要有哪些？
3. 如何进一步明确诊断？
4. 可采取哪些治疗措施？

一、知识准备

【概述】

胃肠炎是胃肠黏膜表层及深层组织发生的炎症。临床上以消化紊乱、腹痛、腹泻、发热以及迅速脱水为主要特征。

【病因】

1. 原发性胃肠炎　主要是饲养管理不良，采食了腐败或污染食物；强烈刺激性药物；机体抵抗力下降，过劳，外感风寒引起胃肠功能的紊乱；滥用抗生素，扰乱肠道内的正常菌群。

2. 继发性胃肠炎　多见于某些传染病（如细小病毒、冠状病毒等），细菌病（如大肠杆菌、沙门氏菌等），寄生虫（如钩虫、球虫、蛔虫等），某些矿物质、维生素缺乏也可促使本病的发生。

【症状】

急性胃肠炎表现为食欲不振或废绝，体温升高，喜饮，饮后发生呕吐，呕吐物白色或黄色；粪便呈水样，有难闻的恶臭味。若小肠严重出血，粪便呈黑绿色或黑色；若后段肠管出血，粪便表面附有血丝；肠蠕动音增强，腹部听诊有肠鸣音；腹壁紧张，触之敏感，可听见低声呻吟。重症病例可出现脱水，电解质紊乱，甚至出现昏迷和休克。慢性胃肠炎偶有呕吐，反复腹泻，消化不良，粪便中常会有消化不全的食物，逐渐消瘦。

视频 1-3　重症胃肠炎患者出现严重脱水、昏迷

二、工作过程

视频 1-4 粪便呈现黑色稀便

【诊断】

1. 初步诊断　根据病史调查和临床症状(如呕吐、腹泻、腹痛,体温正常或偏高,后期严重;脱水时体温降低;胃肠蠕动音增强,腹部听诊可闻肠鸣音等)可做出初步诊断。确诊可结合实验室检查。

2. 实验室检查　血常规检查表现白细胞总数升高,嗜中性粒细胞比例增加,血细胞比容升高,如伴有严重寄生虫感染时嗜酸性粒细胞增多。

3. 鉴别诊断　临床工作中应与犬阿米巴病、胰腺炎、寄生虫感染以及相关病毒感染(如犬冠状病毒、细小病毒、新生幼犬疱疹性病毒等)的症状相鉴别。

【治疗】

治疗原则:抗菌消炎,保护胃肠黏膜,对症治疗和加强护理。

治疗方案:根据治疗原则,结合临床工作实际,参考以下相应的治疗处方。

处方 1　氨苄西林,10～20 mg/kg,肌内注射/静脉注射,2 次/d。

处方 2　阿米卡星注射液,0.1 mg/kg,皮下注射/肌内注射,2 次/d。

处方 3　庆大霉素注射液,0.5 万～1 万 U/kg,皮下注射/肌内注射,2 次/d。

处方 4　头孢拉定,0.1 g/kg,肌内注射/静脉注射,1 次/d。

处方 5　头孢噻肟钠,犬:20～40 mg/kg,静脉滴注/肌内注射/皮下注射,3～4 次/d。

处方 6　硫糖铝,犬:每 25 kg 体重 0.5～1 g,口服,2～4 次/d。

处方 7　西咪替丁或雷尼替丁注射液,1～2 mL,肌内注射/静脉注射,1～2 次/d。

处方 8　奥美拉唑,犬:0.5～1.5 mg/kg,静脉注射/皮下注射/口服,1 次/d,最长持续 8 周;猫:0.75～1 mg/kg,口服,1 次/d。

处方 9　胃复安注射液,0.05～0.1 mg/kg,肌内注射,1～2 次/d。

处方 10　爱茂尔注射液,2～4 mg/kg,肌内注射,1～2 次/d。

处方 11　氯丙嗪注射液,0.25～0.5 mg/kg,皮下注射,1～2 次/d。

处方 12　安络血注射液,1～2 mL,肌内注射,1～2 次/d。

处方 13　止血敏注射液,2～4 mL,肌内注射/静脉注射,1～2 次/d。

处方 14　林格液或生理盐水,5%～10%葡萄糖加 ATP、辅酶 A、维生素 C、维生素 B_6,静脉注射。

处方 15　5%碳酸氢钠注射液,10～20 mL,静脉注射。

处方 16　10%氯化钾注射液,0.5～5 mL,静脉缓慢滴注。

处方 17　2%普鲁卡因注射液,0.1 mL/kg,穿心莲注射液 0.2 mL/kg,后海穴注射。腹泻严重,粪便失禁时用。

处方 18　云南白药胶囊、肠炎灵胶囊,各 1～2 g,生理盐水 50～100 mL,保留灌肠。

【主人须知】

大多数胃肠炎经过治疗后预后良好,但如果是由病毒、细菌引起者或已经严重脱水、体温下降者,预后需慎重。病初呕吐期间严格禁止饲喂食物,并配合医生按时用药。要加强护理,饲喂易消化有营养的食物,确保喂食有规律。

三、学生实践

（一）布置任务

根据所学知识，针对以上提供的病例资料，按要求分别完成以下任务。

（1）初步诊断：____

____。

（2）诊断依据：____

____。

（3）鉴别诊断：____

____。

（4）进一步检查：____

____。

（5）治疗原则：____

____。

（6）治疗处方：

××××动物医院处方笺

动物主人/饲养单位________________　　档案号________________

动物种类__________　动物性别__________　体重/数量______________

年（日）龄__________　开具日期______________________________

Rp：

执业兽医师__________　注册号__________　发药人__________

第一联：存根（白）

（二）工作评价

针对以上任务的完成情况，分别对初步诊断、诊断依据、鉴别诊断、进一步检查、治疗原则和治疗处方等任务分别给予评价和点评。

工作评价			
评价内容	评价结果		
	正确	基本正确	错误
初步诊断			
诊断依据			
鉴别诊断			
进一步检查			
治疗原则			
治疗处方			
学生反思			
教师点评			

任务二 胃内异物

【病例导学】刘某饲养一只比熊犬，雌性，4 岁，体重 7 kg，已绝育，按时接种疫苗。主诉自从喂食鸡排后第 2 天开始出现呕吐，已连续 3 d 出现呕吐了。患犬食欲不佳，精神状态差、不愿活动，体温 38.5 ℃，呼吸 32 次/min，心率 142 次/min。可视黏膜正常，触诊腹部胃区闪躲、呻吟，有痛感。

请思考：

1. 该患病犬的初步诊断是什么？
2. 诊断依据主要有哪些？
3. 如何进一步明确诊断？
4. 可采取哪些治疗措施？

一、知识准备

【概述】

胃内异物是指误食难以消化的物体，不能被胃液消化，不能呕出或经肠道排出体外，长期停留胃中，造成胃黏膜损伤，引起胃功能紊乱的一种疾病。

【病因】

犬猫误食各种异物，如石块、金属、塑料、骨骼、布头、线团、缝线针、鱼钩等（图 1-11 至图 1-16），特别是犬猫吞食梳理脱落下的被毛，在胃内积聚成毛球；或在训练时或嬉戏时误咽训练物、果核、小玩具等。此外，营养不良、维生素与矿物质缺乏、寄生虫病及胰腺疾病等，伴有异嗜，从而导致本病。

图 1-11　塑料玩具球

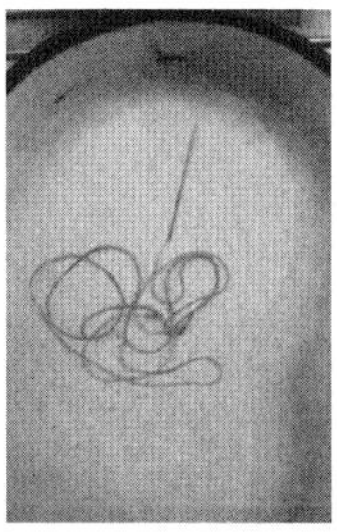

图 1-12　缝线针

图 1-13　橡皮筋

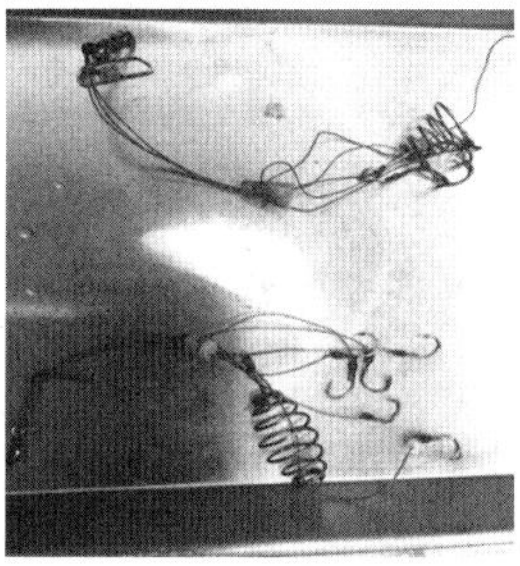

图 1-14　鱼钩

图 1-15　骨块

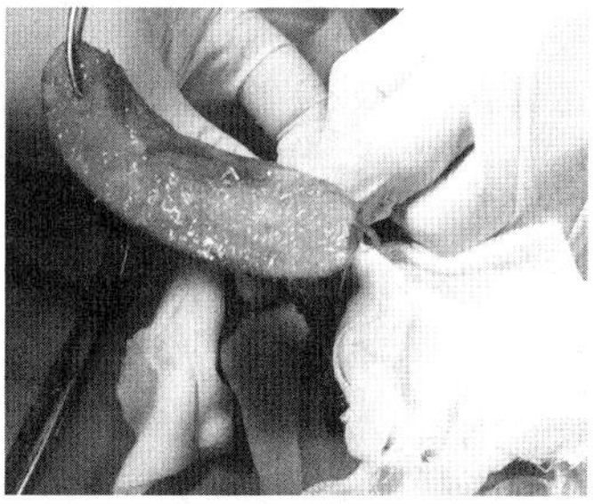

图 1-16　芒果核

【症状】

根据异物的不同，在临床症状上有较大的差异。有的胃内虽有异物但不表现临床症状，因而长期不易被发现。此种患病动物在采食固体食物时，有间断性呕吐史，呈进行性消瘦。胃内存有大而硬的异物时，能使动物呈现胃炎症状。尖锐或具有刺激性异物伤及胃黏膜时，可引起出血或胃穿孔。猫胃内毛球往往引起呕吐或干呕，食欲差或废食。有的猫特征性表现饥饿觅食时肚子鸣叫，饲喂时出现贪食，但只吃几口就走开了，动物逐渐消瘦。这种现象表示胃内可能存有异物。

二、工作过程

【诊断】

1. 初步诊断　根据病史调查、临床症状和体格检查可以做出初步诊断；确诊还需进一步做特殊检查。

2. 特殊检查　通过胃部 X 线检查，必要时进行胃内镜检查可以确诊（图 1-17、图 1-18）。

3. 鉴别诊断　临床工作中应与胃炎、胰腺炎、肠套叠、寄生虫感染以及相关病毒感染（如犬瘟热、细小病毒、冠状病毒等）的症状相鉴别。

【治疗】

治疗原则：祛除病因，消炎，加强营养和护理。

治疗方案：根据治疗原则，结合临床工作实际，参考以下相应的治疗处方。

视频 1-5 应用内镜异物钳取出胃内异物(袜子)

处方 1 尝试用内镜异物钳取出异物或通过手术治疗,实施胃切开术取出异物(图 1-19、图 1-20)。

处方 2 阿扑吗啡,犬:0.04 mg/kg,静脉滴注,或 0.08 mg/kg,肌内注射/皮下注射。

处方 3 硫酸锌,犬:0.2～0.4 g/次,1%硫酸锌溶液,口服。

处方 4 阿莫西林,10～20 mg/kg,口服,2～3 次/d,连用 5 d;或者 5～10 mg/kg,皮下注射/静脉滴注/肌内注射,2～3 次/d,连用 5 d。

处方 5 速诺(阿莫西林克拉维酸钾干混悬剂),犬/猫:0.1 mL/kg,肌内注射/皮下注射,1 次/d。

处方 6 头孢噻肟钠,犬:20～40 mg/kg,静脉滴注/肌内注射/皮下注射,3～4 次/d。

处方 7 经手术治疗的病犬,术后 3 d 应静脉输液补充电解质和营养,禁食。3 d 后可饲喂易于消化的流质或半流质食物。

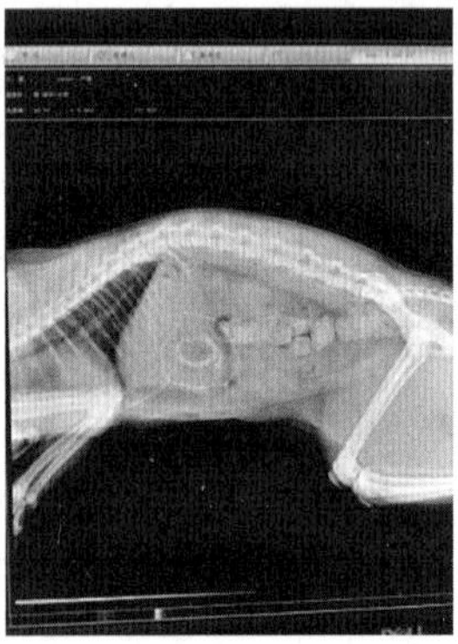

图 1-17 X 线检查(胃内有一个圆圈样的高密度阴影)

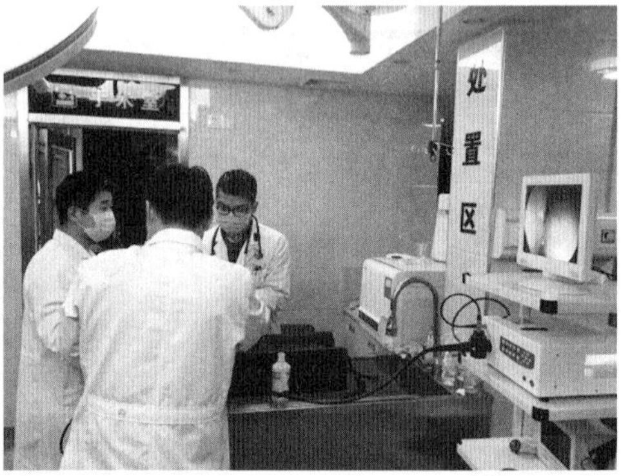

图 1-18 采用内镜进行胃内探查

图 1-19 采用内镜异物钳取出胃内异物为塑料皮筋

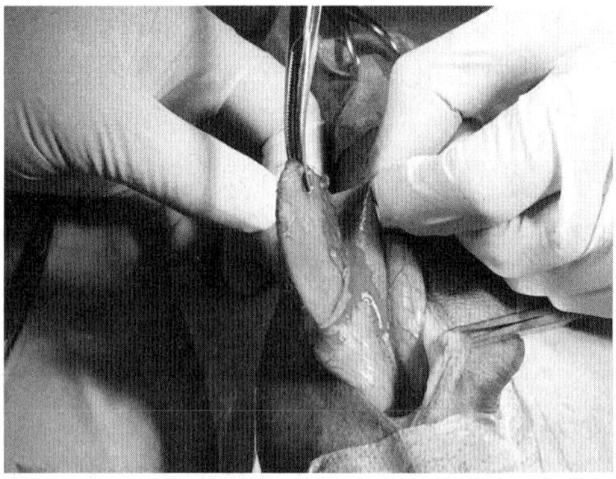

图 1-20 通过外科手术取出胃内异物为一块芒果核

【主人须知】

只要不出现吸入性肺炎、胃坏死、胃穿孔或腹膜炎等情况,愈后一般良好。术后必须加强饲养管理,按时用药。

三、学生实践

(一)布置任务

根据所学知识,针对以上提供的病例资料,按要求分别完成以下任务。

(1)初步诊断:____

____。

(2)诊断依据:____

____

____。

(3)鉴别诊断:____

____。

(4)进一步检查:____

____。

(5)治疗原则:____。

(6)治疗处方:

××××动物医院处方笺

动物主人/饲养单位__________　　档案号__________

动物种类__________　动物性别__________　体重/数量__________

年(日)龄__________　开具日期__________

Rp:

第一联:存根(白)

执业兽医师__________　注册号__________　发药人__________

(二)工作评价

针对以上任务的完成情况,分别对初步诊断、诊断依据、鉴别诊断、进一步检查、治疗原则和治疗处方等任务给予评价和点评。

工作评价			
评价内容	评价结果		
	正确	基本正确	错误
初步诊断			
诊断依据			
鉴别诊断			
进一步检查			
治疗原则			
治疗处方			
学生反思			
教师点评			

任务三　胃扩张

【病例导学】刘某家养了一只杂种犬，2月龄，雄性，体重2.5 kg。就诊时患犬精神较差，无食欲、眼结膜苍白，体温39.2 ℃，脉搏133次/min，呼吸26次/min。主诉刚买回家，还没有做过任何检查，前一天下午进食后再未进食进水，就诊当天早上发现病犬精神差、无食欲。病犬腹部明显鼓起，时常回头望腹，触诊腹部躲闪，有疼痛感。

请思考：

1. 该患病犬的初步诊断是什么？
2. 诊断依据主要有哪些？
3. 如何进一步明确诊断？
4. 可采取哪些治疗措施？

一、知识准备

【概述】

胃扩张是指由于采食过量或胃内容物排空障碍，胃体积突然扩大、胃壁过度扩张的一种腹痛性疾病。大型犬较为多见。

【病因】

1.原发性胃扩张　多见于一次过食干燥、易发酵、易膨胀及难消化的食物，继而剧烈运动，饮用大量冷水，使食物和气体积聚于胃内；另外，饲养管理不当引起胃消化机能紊乱；或饮水不足、机体脱水、胃分泌功能不足导致的胃壁干涩，内容物后排障碍而引起本病。

2.继发性胃扩张　见于幽门痉挛、小肠阻塞、胃扭转、胰腺炎、蛔虫阻塞等。

【症状】

原发性病例，多于采食后数小时发病，继发性病例则在原发病过程中很快发生。患病犬猫腹部膨大，呈中度间歇性腹痛或持续性剧烈腹痛，不安、鸣叫、嗳气、流涎。食欲废绝，精神沉郁，呼出气酸臭，有时可见弓腰呕吐。眼结膜潮红或发绀，呼吸浅而快，心跳增速。听诊有金属音，叩诊呈鼓音，触诊敏感。胃管检查，可排出大量气体。本病可继发胃破裂或膈破裂，多在数小时内死亡。

二、工作过程

【诊断】

1.初步诊断　根据病史和腹围增大、腹痛、腹壁触诊紧张等症状可做出初步诊断。

2.确切诊断　通过胃部X线检查是诊断本病的常用手段；此外结合胃管探诊也有诊断意义，如果胃管插入容易，并排出大量气体即可确诊(图1-21、图1-22)。

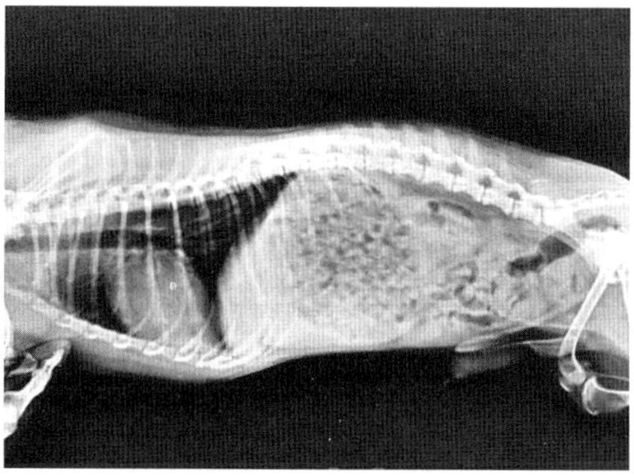

图1-21　X线检查(胃体积增大，内有较高密度的食物阴影，提示食滞性胃扩张)

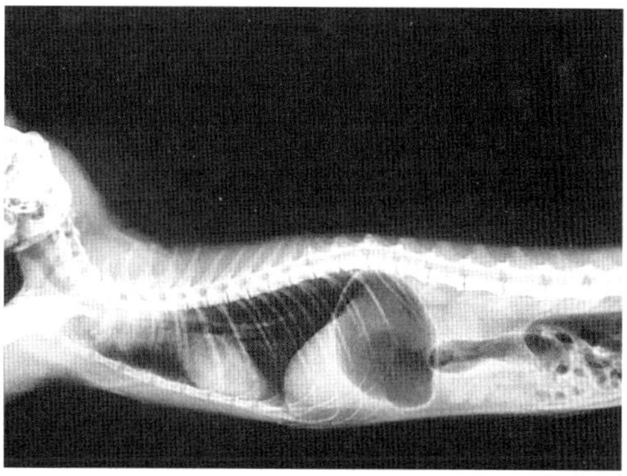

图1-22　X线检查(胃体积增大，内有低密度的空气阴影，提示气胀性胃扩张)

3.鉴别诊断　临床工作中应与以下疾病相鉴别。

(1)胃扭转：胃管难以插入胃内。

(2)食道异物：无腹痛和腹胀。

(3)肠扭转：有呕吐和轻度腹胀。

(4)腹膜炎：有呕吐、腹胀和体温升高。

【治疗】

治疗原则：镇静解痉、减压制酵、调节电解质和酸碱平衡。

治疗方案：根据治疗原则，结合临床工作实际，参考以下相应的处置方法和治疗处方。

1.减压　排出胃内气体。胃管排气法，以胃管插入胃内，排出胃内气体；或用细套管针或注射针头经腹壁刺入胃内，排出胃内气体。

2. 制酵　胃内气体排净后，可通过胃管或注射针头注入制酵剂，防止气体再生。灌注乳酸、醋酸、松节油等制酵剂。

3. 镇痛镇静

处方 1　羟吗啡酮，犬：0.05～0.1 mg/kg，静脉滴注或 0.1～0.2 mg/kg，肌内注射/皮下注射；猫：0.02 mg/kg，静脉滴注。

处方 2　哌替啶，犬：3～10 mg/kg，肌内注射，遵照医嘱或 2～4 mg/kg，静脉滴注，每 2 h 按需重复；猫：2～4 mg/kg，肌内注射/皮下注射，遵照医嘱。

处方 3　氯丙嗪，犬：3 mg/kg，口服，2 次/d，1～2 mg/kg，肌内注射，1 次/d；0.5～1 mg/kg，静脉注射，1 次/d。

4. 手术疗法　采取上述措施，症状仍得不到好转时，应及时实施剖腹术和胃切开术，排出胃内气体及其内容物。症状缓解后，应禁食 24 h，以后几天内给予流食，逐渐变为正常食物。控制饮水和活动。

5. 补液疗法　有脱水症状的病犬，可用 5%葡萄糖、生理盐水(45～55 mL/kg)、5%碳酸氢钠(2～3 mL/kg)，缓慢静脉注射。

【主人须知】

本病死亡率极高；手术后还可能复发，一旦复发，应立即送宠物医院，但预后谨慎。

三、学生实践

(一)布置任务

根据所学知识，针对以上提供的病例资料，按要求分别完成以下任务。

(1)初步诊断：____

____

____。

(2)诊断依据：____

____

____。

(3)鉴别诊断：____

____

____。

(4)进一步检查：____

____。

(5)治疗原则：____

____。

(6)治疗处方：

××××动物医院处方笺

动物主人/饲养单位＿＿＿＿＿＿＿＿　档案号＿＿＿＿＿＿＿＿
动物种类＿＿＿＿＿＿　动物性别＿＿＿＿＿＿　体重/数量＿＿＿＿＿＿
年(日)龄＿＿＿＿＿＿　开具日期＿＿＿＿＿＿＿＿＿＿

Rp：

执业兽医师＿＿＿＿＿＿　注册号＿＿＿＿＿＿　发药人＿＿＿＿＿＿

第一联：存根(白)

(二)工作评价

针对以上任务的完成情况，分别对初步诊断、诊断依据、鉴别诊断、进一步检查、治疗原则和治疗处方等任务分别给予评价和点评。

工作评价			
评价内容	评价结果		
	正确	基本正确	错误
初步诊断			
诊断依据			
鉴别诊断			
进一步检查			
治疗原则			
治疗处方			
学生反思			
教师点评			

任务四 胃扭转

【病例导学】江某家养了一只灵缇犬，3岁，雌性，体重30 kg，发病前曾采食大量食物和饮水，而后与另一只犬进行激烈追逐、跳跃和玩耍翻滚，突然间出现坐地，腹痛，不敢活动，呼吸困难，痛苦呻吟，很快腹部出现膨胀。

请思考：

1. 该患病犬的初步诊断是什么？
2. 诊断依据主要有哪些？
3. 如何进一步明确诊断？
4. 可采取哪些治疗措施？

一、知识准备

【概述】

胃扭转是指已发生扩张的胃沿着它的系膜轴发生旋转，伴有食管、十二指肠部分或完全阻塞的一种疾病。如果发生急性胃扩张，胃韧带松弛或断裂导致胃扭转，就是所谓的胃扩张-扭转综合征，该病特征为发病急，病情恶化快，死亡率高。

【病因】

胃扭转是由于犬的幽门移动性较大，胃内容物过多使胃韧带松弛或断裂而引发的。胃扭转导致胃的贲门和幽门发生闭锁，胃、脾血管的循环受阻，可产生急性胃扩张症状，胸部深而狭窄的犬多发。胃扭转多见于成熟的、中年及较老的犬。

【症状】

突然发生腹痛，神态淡漠、呆立或躺卧于地，行动谨慎，继而迅速发生腹部膨胀，叩诊呈鼓音或金属音。腹部触诊，可触摸到球状囊袋。急剧冲击胃下部，可听到拍水音。病犬食欲废绝，烦渴、贪饮、作呕。呼吸困难，脉搏增数，可达200次/min以上。胃管插入后停留于贲门附近，或者经用力推送才可推入胃内，且有酸臭的气体和血样液体逸出。由于呼吸高度困难，一般于24～48 h死亡。

二、工作过程

【诊断】

1. 初步诊断　根据突然腹痛、行动拘谨、腹部膨胀、叩诊呈鼓音或金属音以及胃管插入困难等症状，可做出初步诊断。确切诊断还需进一步进行X线检查。

2. X线检查　为了避免由于用力搬动增加患病动物的应激反应和死亡的危险，X线检查要在初步抗休克治疗和胃减压后进行。必要时需剖腹探查进行确诊（图1-23、图1-24）。

3. 鉴别诊断　临床工作中应与单纯性胃扩张、胃肿瘤、小肠内异物、巨结肠症、腹膜炎等疾病相鉴别。

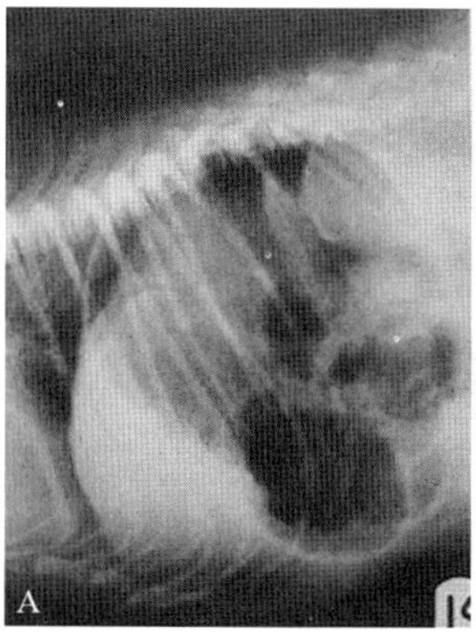

图 1-23　X 线检查(胃体积明显增大,极度扩张)

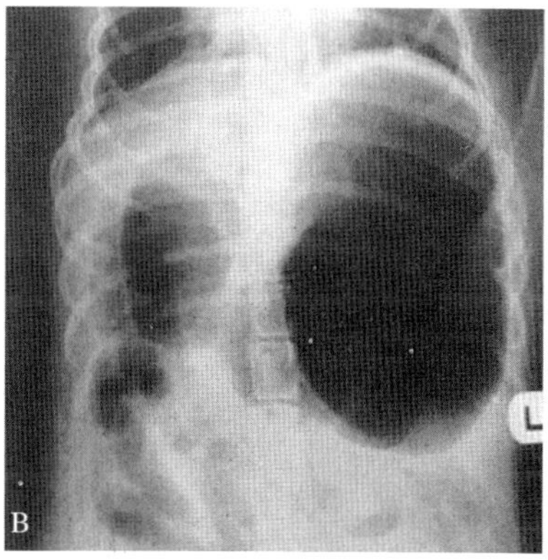

图 1-24　X 线检查(胃区室化,在脊柱两侧有低密度气体阴影)

【治疗】

治疗原则:尽早手术整复、镇痛和抗休克。

治疗方案:根据治疗原则,结合临床工作实际,参考以下相应的治疗处置方法。

处置 1　剖腹手术。尽快进行剖腹手术。先穿刺胃,将气体缓慢排出,然后将幽门部连同十二指肠矫正至原来位置。

处置 2　中西医结合治疗。试用逆时针打滚法,予以纠正扭转,然后按胃扩张治疗。

【主人须知】

本病发病急骤,一经发现,须立即送宠物医院救治,如果胃内气体及时放出并尽快手术治疗,可获得较好效果。一旦并发胃破裂或心脏、肺脏功能衰竭,则预后不良。

三、学生实践

(一)布置任务

根据所学知识,针对以上提供的病例资料,按要求分别完成以下任务。

(1)初步诊断:______________________________

______________________________。

(2)诊断依据:______________________________

____

______________________________。

(3)鉴别诊断:______________________________

______________________________。

(4)进一步检查:______________________________

______________________________。

(5)治疗原则:______________________________。

(6)治疗处方：

×××× 动物医院处方笺

动物主人/饲养单位＿＿＿＿＿＿＿＿ 档案号＿＿＿＿＿＿＿＿

动物种类＿＿＿＿＿＿ 动物性别＿＿＿＿＿＿ 体重/数量＿＿＿＿＿＿

年(日)龄＿＿＿＿＿＿ 开具日期＿＿＿＿＿＿＿＿＿＿＿＿

Rp：

第一联：存根（白）

执业兽医师＿＿＿＿＿＿ 注册号＿＿＿＿＿＿ 发药人＿＿＿＿＿＿

(二)工作评价

针对以上任务的完成情况，分别对初步诊断、诊断依据、鉴别诊断、进一步检查、治疗原则和治疗处方等任务分别给予评价和点评。

工作评价			
评价内容	评价结果		
	正确	基本正确	错误
初步诊断			
诊断依据			
鉴别诊断			
进一步检查			
治疗原则			
治疗处方			
学生反思			
教师点评			

任务五　幽门狭窄

【病例导学】林某家养一只拉布拉多犬，4月龄，雌性，就诊时表现精神沉郁，消瘦。主诉该犬平时喂熟肉、骨头、米饭，1周前采食后不久即频繁呕吐，拉水样稀便，全身哆嗦，不断吠叫。曾去其他宠物医院治疗2天，但疗效不显著。现症状日渐严重，饮欲增强，废食，强行喂食30 min后呕吐，且有血便。检查体温38.5 ℃，口臭，脱水严重。触摸食道无异物，腹部触诊不敏感，无香肠样物。

请思考：

1. 该患病犬的初步诊断是什么？
2. 诊断依据主要有哪些？
3. 如何进一步明确诊断？
4. 可采取哪些治疗措施？

一、知识准备

【概述】

幽门狭窄是指各种原因引起的幽门孔径变小甚至完全闭塞的一种疾病。临床上以呕吐、顽固性腹胀及消化不良为特征。

【病因】

根据发生的原因可分为先天性和后天性两种。

1. 先天性幽门狭窄　由幽门括约肌先天性肥厚，胃、十二指肠韧带异常所致。

2. 后天性幽门狭窄　是一种继发性幽门狭窄，多见于各种原因引起的幽门痉挛、胃炎、胃溃疡、食物过碱或霉变、胃泌素分泌过多及局部肿瘤的压迫等（图1-25a、图1-25b）。

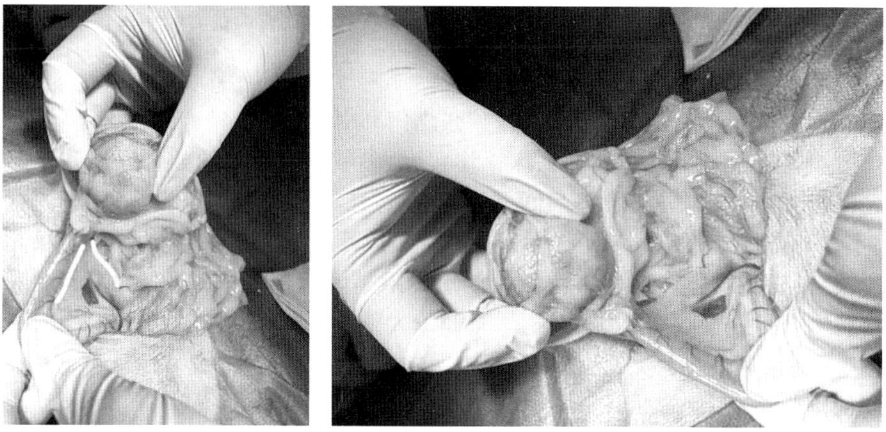

a. 画线处为十二指肠和胰腺　　b. 靠近幽门部位手握处为肿胀物

图1-25　幽门部位出现一肿胀物，压迫造成局部幽门狭窄

【症状】

1. 先天性幽门狭窄　腹部膨大，断乳后饲喂固形食物可引起强烈的喷射性呕吐。呕吐

物不含胆汁，若饮水或喂饲流食时，则呕吐不明显。由于持续性呕吐，可造成脱水和电解质失衡，生长发育迟缓，且逐渐衰竭，继发异物性肺炎而死亡。

2. 后天性幽门狭窄　表现为由定期呕吐逐渐转变为食后喷射性呕吐，呕吐时间不定。精神沉郁，消化不良，胃排空减慢，采食周期较长，时有腹胀，打嗝，口气多酸臭。如果幽门狭窄造成幽门完全闭塞，则可引起急性胃扩张。

二、工作过程

【诊断】

1. 初步诊断　根据病史调查和临床症状，可做出初步诊断。确切诊断须进一步进行X线造影检查。

2. X线造影检查　通过胃肠钡餐造影检查是确诊本病的常用方法。胃内容物正常排空时间约1 h，如果幽门狭窄时胃内容物排空时间明显延长，可达5 h以上（图1-26、图1-27）。

3. 鉴别诊断　临床工作中应与十二指肠闭锁、幽门痉挛等疾病相鉴别。

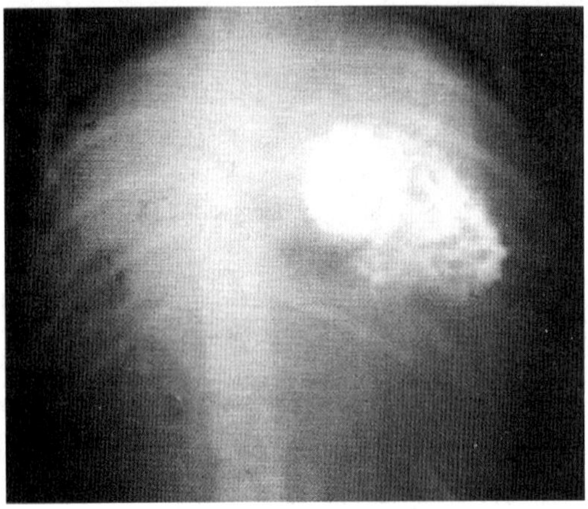

图1-26　钡餐后1 h摄片（钡剂仍在胃内，没有后移）

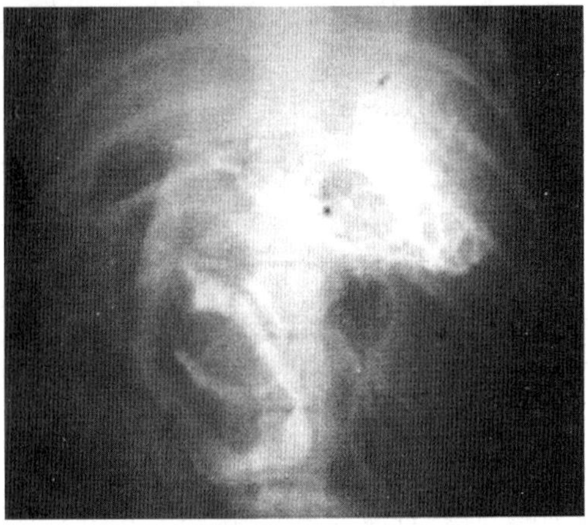

图1-27　钡餐后10 h摄片（钡剂继续后移，胃内仍有约一半钡剂残留）

【治疗】

治疗原则：排出胃内容物，缓解腹痛，扩张幽门和对症治疗。

治疗方案：根据治疗原则，结合临床工作实际，参考以下相应的处置方法和治疗处方。

可先排出胃内容物，缓解腹痛后再进一步针对性治疗。①对于先天性幽门括约肌肥厚，需手术切开做扩张处理。②对于由炎症引起的，可通过消炎来治疗。③如果是腹腔肿瘤压迫所致，则要采取外科手术切除肿瘤。④如果是幽门部肿瘤，可尝试切除肿瘤后做胃与十二指肠吻合术。

处方1　硫酸阿托品片剂，犬猫每千克体重0.02～0.04 mg/次，口服；可适用于幽门痉挛时引起的幽门狭窄，食前30 min喂服。

处方2　盐酸氯丙嗪注射液，犬猫每千克体重1～3 mg/次，肌内注射。

【主人须知】

幽门狭窄的病犬经常呕吐，对宠物应控制饮食，多喂流质食物，少食多餐，防止异物性肺炎的发生。

三、学生实践

(一)布置任务

根据所学知识,针对以上提供的病例资料,按要求分别完成以下任务。

(1)初步诊断:______________________________

____

______________________________。

(2)诊断依据:______________________________

____

______________________________。

(3)鉴别诊断:______________________________

______________________________。

(4)进一步检查:______________________________

______________________________。

(5)治疗原则:______________________________

______________________________。

(6)治疗处方:

××××动物医院处方笺

动物主人/饲养单位__________ 档案号__________

动物种类__________ 动物性别__________ 体重/数量__________

年(日)龄__________ 开具日期__________

Rp:

第一联:存根(白)

执业兽医师__________ 注册号__________ 发药人__________

(二)工作评价

针对以上任务的完成情况,分别对初步诊断、诊断依据、鉴别诊断、进一步检查、治疗原则和治疗处方等任务分别给予评价和点评。

工作评价			
评价内容	评价结果		
	正确	基本正确	错误
初步诊断			
诊断依据			
鉴别诊断			
进一步检查			
治疗原则			
治疗处方			
学生反思			
教师点评			

任务六 肠梗阻

【病例导学】崔某家养一只泰迪犬,2 岁,5 kg,雌性,未绝育,免疫完全,定期驱虫。主诉犬一直饮食正常,就诊前犬外出自由玩耍,回家后第 2 天开始出现呕吐,停止采食,无食欲,饮水后也出现呕吐,于是前来就诊。病犬精神萎靡,鼻头干燥,体温正常。触诊腹部敏感疼痛,尖叫,体温为 39.4 ℃,呼吸次数为 23 次/min。

请思考:

1. 该患病犬的初步诊断是什么?
2. 诊断依据主要有哪些?
3. 如何进一步明确诊断?
4. 可采取哪些治疗措施?

一、知识准备

【概述】

肠梗阻是犬猫的一种急腹症，常因小肠腔内发生机械性阻塞，或小肠正常位置发生不可逆变化（如肠套叠、肠嵌闭、肠扭转等），致使肠内容物不能顺利下行，局部血液循环严重障碍，出现剧烈腹痛、呕吐、脱水，甚至休克、死亡。

【病因】

1. 物理性因素

(1)原发性肠梗阻，多是肠内有异物，犬猫误吞了牵引带、布条、果核、石块、绳索、玻璃球、弹性玩具、木块、塑料、骨头、毛球等异物。

(2)继发性肠梗阻，主要见于粪便秘结、肠道寄生虫、肠道内外肿瘤或肉芽肿、肠炎、肠套叠、肠狭窄、肠扭转、肠道手术后形成瘢痕及疝等，致使肠腔闭塞，造成机械性肠梗阻。

2. 功能性因素　支配肠壁的神经紊乱或发炎、坏死，导致肠蠕动减弱或消失。肠系膜血栓导致肠管血液循环发生障碍，继而使肠壁肌肉麻痹，肠内容物滞留，发生肠梗阻。

【症状】

梗阻越接近胃，其临床症状越急剧，病程发展越迅速。最为显著的症状是剧烈腹痛，持续性呕吐，迅速消瘦，精神沉郁，废食等。

腹痛初期，表现腹部僵硬，抗拒触诊腹部。对于小型犬或猫多能触诊到阻塞物。梗阻发生于前部肠管时，呕吐可成为一种早期症状。初期呕吐物中含有不消化食物和黏液。随后在呕吐物中含有肠内容物。持续呕吐导致机体脱水、电解质紊乱和伴发碱中毒，晚期发生尿毒症，最终虚脱、休克而死亡。

视频 1-6　9 月龄哈士奇肠梗阻腹痛呈卷缩状

慢性肠梗阻主要表现为患病动物逐渐消瘦，体重下降，粪便稀薄呈墨色或带有血丝；并有腹泻久治不愈病史。

二、工作过程

【诊断】

1. 初步诊断　根据病史、临床症状（如腹痛、排粪减少及脱水表现等征象），结合腹部触诊可做出初步诊断。

2. X 线检查　可见阻塞前部的肠管扩张，有特征性的气体征象（图 1-28a、图 1-28b）。站立位时，可见液体与气体之间的水平线（典型液气平面影），阻塞部位以下的肠管呈空虚影像。

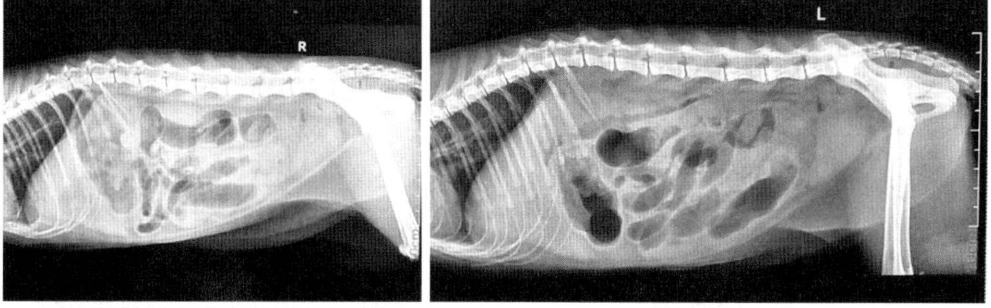

a. 阻塞前部可见有特征性的气体征象　　b. 画圈处肠管明显扩张

图 1-28　X 线检查（阻塞前部的肠管扩张）

3. 肠道造影　肠道造影可确定阻塞部位，灌服钡剂后，可见造影剂完全停滞于梗阻的前方。物理性肠梗阻的急性期，可见肠蠕动亢进或逆蠕动。如果疑似大肠被秘结粪便堵塞时，肠道造影可确定大肠的通过障碍（图 1-29a、图 1-29b）。

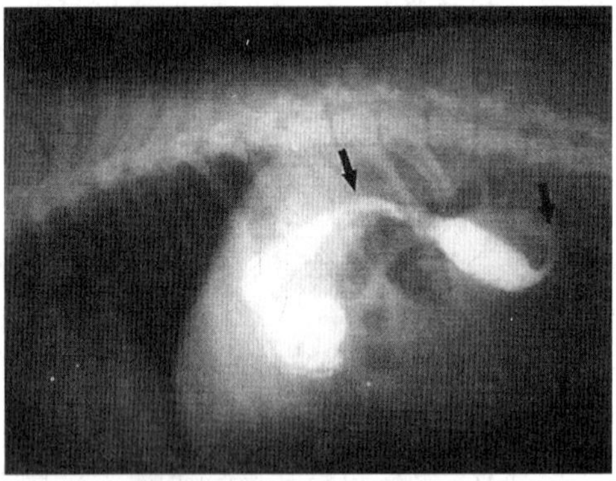

a. 钡剂不能后移，且局部肠管扩张，提示发生梗阻

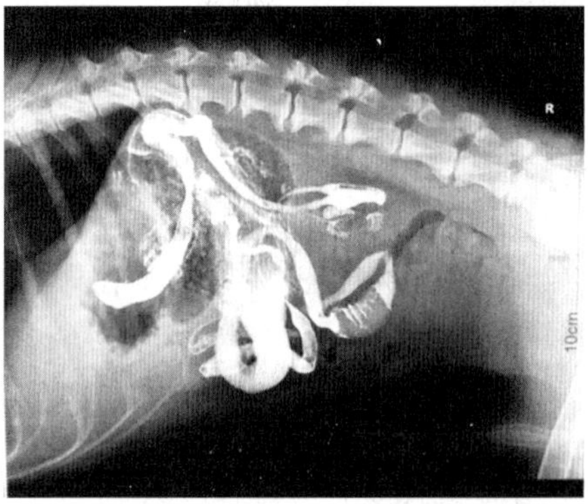

b. 钡剂餐进入小肠，未见进入结肠

图 1-29　钡餐造影

4. 实验室检查　血清淀粉酶、脂肪酶升高，血清尿素氮在阻塞初期无变化，长期阻塞或肠管内出血时，轻度至中度升高。

5. 鉴别诊断　临床工作中应与肠套叠、肠便秘、肠道肿瘤等疾病相鉴别。

【治疗】

治疗原则：除去阻塞物，消炎，补充体液和电解质，加强护理。

治疗方案：根据治疗原则，结合临床工作实际，参考以下相应的处置方法和治疗处方。

处置 1　保守疗法。先灌服硫酸镁（或硫酸钠）10～25 g，加水适量，一次内服；或植物油（如豆油、菜油）10～30 mL，一次灌服；配合腹部按摩，或直接将阻塞物捏压碎，以使内容物排出。如阻塞发生于肠管后段，可用大量液体石蜡进行深部灌肠。同时还应注意进行输液、补充维生素、纠正酸碱平衡等支持疗法。

处置 2　手术疗法。当保守疗法不能奏效，应尽早进行手术治疗（图 1-30a、图 1-30b）。切开腹腔，除去阻塞物。如局部肠管已经发生严重淤血或坏死，则应切除，做肠管断端吻合术。术后禁食 18 h，静脉充分补充体液，48～72 h 后可饲喂易消化的流质食物。

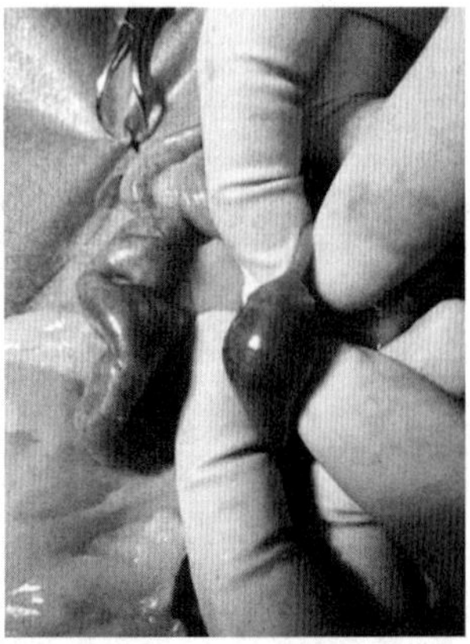

a. 肠管中的阻塞物

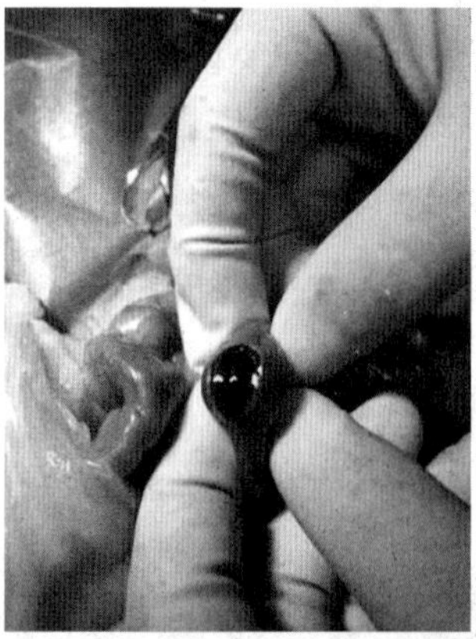

b. 通过手术疗法切开，阻塞物为龙眼核

图 1-30　手术治疗

处方1　氨苄西林，犬：20～30 mg/kg，口服，2～3次/d；或者10～20 mg/kg，静脉滴注/皮下注射/肌内注射，2～3次/d。

处方2　阿莫西林，犬：10～20 mg/kg，口服，2～3次/d，连用5 d；或者5～10 mg/kg，皮下注射/静脉滴注/肌内注射，2～3次/d，连用5 d。

处方3　速诺（阿莫西林克拉维酸钾干混悬剂），犬/猫：0.1 mL/kg，肌内注射/皮下注射，1次/d。

处方4　复合维生素B，犬：片剂1～2片/次，口服，3次/d；或者针剂0.5～2 mL/次，肌内注射。猫：片剂0.5～1片/次，口服，3次/d；或者针剂0.5～1 mL/次，肌内注射。

处方5　维生素C，100～500 mg/次，口服/肌内注射/静脉滴注。

【主人须知】

本病预后由于病因、阻塞持续时间、存在的并发症因素（如腹膜炎等）不同而各不相同。术后必须精心护理，配合医生按时用药。

三、学生实践

（一）布置任务

根据所学知识，针对以上提供的病例资料，按要求分别完成以下任务。

（1）初步诊断：____

____

____。

（2）诊断依据：____

____

____。

（3）鉴别诊断：____

____

____。

（4）进一步检查：____

____

____。

（5）治疗原则：____

____。

(6)治疗处方：

××××动物医院处方笺

动物主人/饲养单位________ 档案号________

动物种类________ 动物性别________ 体重/数量________

年(日)龄________ 开具日期________

Rp：

执业兽医师________ 注册号________ 发药人________

第一联：存根(白)

(二)工作评价

针对以上任务的完成情况，分别对初步诊断、诊断依据、鉴别诊断、进一步检查、治疗原则和治疗处方等任务分别给予评价和点评。

工作评价			
评价内容	评价结果		
	正确	基本正确	错误
初步诊断			
诊断依据			
鉴别诊断			
进一步检查			
治疗原则			
治疗处方			
学生反思			
教师点评			

任务七　肠套叠

【病例导学】赵某饲养一只金毛犬，2月龄，雌性，体重5 kg，主诉该犬昨天临床表现剧烈腹痛，不时嚎叫，高度不安，甚至卧地打滚；另外也有出现呕吐、排稀粪，粪中常混有多量黏液、血丝现象。于是前来就诊。

请思考：

1. 该患病犬的初步诊断是什么？
2. 诊断依据主要有哪些？
3. 如何进一步明确诊断？
4. 可采取哪些治疗措施？

一、知识准备

【概述】

肠套叠是指一段肠管连同其附着的肠系膜套入相邻的一段肠管内，引起局部肠管发生血肿、水肿甚至坏死的疾病。临床上犬的肠套叠多发生于幼年犬，而且易伴随肠管局部血液循环障碍，致使犬剧烈腹痛、呕吐。该病病情发展迅速，如不及时治疗死亡率高。

【病因】

主要由于相邻肠管蠕动性或充盈度不一所致。常见于犬细小病毒感染、犬瘟热、感冒、肠炎以及肠道寄生虫感染等的刺激引起局部肠管痉挛性收缩，套入邻近肠管中；摄入大量食物或冷水时，肠内气体增加，刺激局部肠道而产生剧烈蠕动，引起近端肠道套入远端肠道；或饱食后剧烈运动（奔跑、跳跃、摔跤等），因惯性作用使得充盈段肠管突入邻近空虚的肠管。另外幼犬断乳后采食新的食物引起吸收不良、反复剧烈呕吐、肠肿瘤和肠道局部增厚变形等，也能引起肠套叠。

【症状】

急性型表现高位性肠阻塞症状，几天内即可死亡；慢性型可持续数周不等。发病时表现突然，剧烈的腹痛，患病犬高度不安，甚至卧地打滚，用镇静剂也不能使之安静。病初排稀粪，粪中常混有多量黏液和血丝，严重时可排出黑红色稀便，后期排粪停止。当发生肠管坏死时，病犬转为安静，腹痛似乎消失，但精神仍然委顿，出现虚脱症状。当小肠套叠时，常发生呕吐，触摸腹部，有时摸到套叠的肠管如香肠样，压迫该肠段，疼痛明显。如无并发症，体温一般正常，如继发肠炎、肠坏死或腹膜炎时，则体温升高。

视频 1-7　肠套叠

二、工作过程

【诊断】

1. 初步诊断　根据顽固性呕吐、腹痛、血便及腹部触诊有香肠样物，可以初步诊断。
2. X线检查　可见2倍肠管粗细的圆筒状软组织阴影，肠阻塞严重时，套叠部的肠壁间有气体阴影或出现双层结构。

3. 超声探查　采用B型超声波诊断仪，横向探查显示套叠部位出现低回声与强回声相间的多层靶样声像图，即“同心圆”征象(图1-31)，也称“靶环征”；纵切面套叠部显示为一系列线性强回声和低回声条纹，即“套筒”征象(图1-32)。

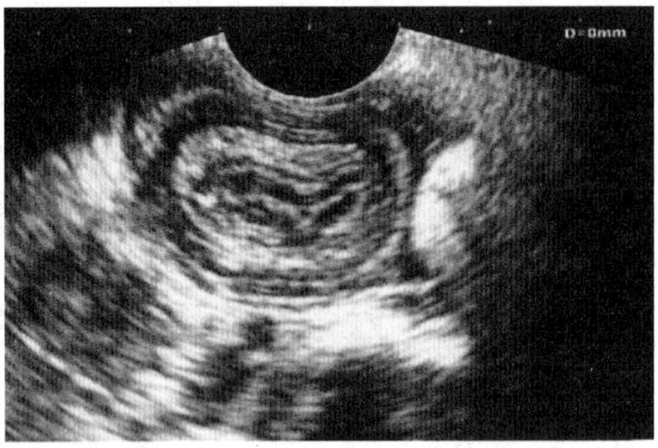

图1-31　横向探查显示“同心圆”征象

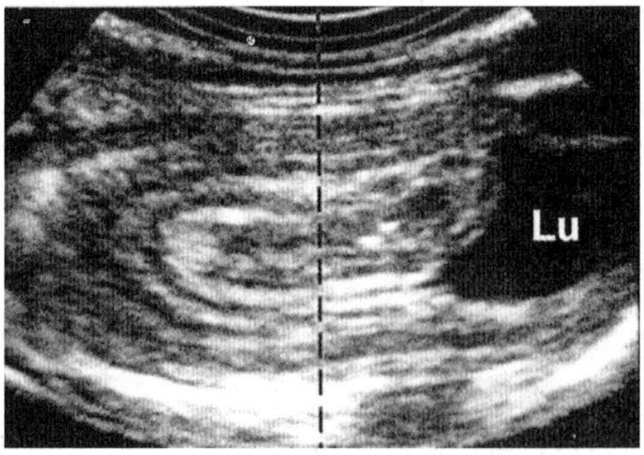

图1-32　纵向探查显示“套筒”征象

4. 鉴别诊断　临床工作中应与肠内异物梗阻、肠便秘、肠道肿瘤等疾病相鉴别。

【治疗】

治疗原则：手术整复，补充体液，加强护理。

治疗方案：根据治疗原则，结合临床工作实际，参考以下相应的处置方法和治疗处方。

处置1　保守疗法。在肠套叠初期，可通过腹壁触诊整复。也可试用温水或肥皂水深部灌肠，然后将其后肢抬高，同时用手按摩腹部，以促进肠管复位。有时用止痛药和麻醉药，也可以使初期肠套叠自然复位。

处置2　手术疗法。当保守疗法无效，应尽快剖腹手术整复。若套叠时间过长，肠壁发生粘连或坏死(图1-33、图1-34)，应切除病变肠段，而后做肠管断端吻合术；充分补充体液，改善微循环。

处方1　氢化可的松，犬：6～10 mg/kg，静脉滴注。

处方2　氨苄西林，犬：20～30 mg/kg，口服，2～3次/d；或10～20 mg/kg，静脉滴注/皮下注射/肌内注射，2～3次/d，消炎。

处方3　阿莫西林，犬：10～20 mg/kg，口服，2～3次/d，连用5 d；或5～10 mg/kg，皮下注射/静脉滴注/肌内注射，2～3次/d，连用5 d。

处方4　速诺(阿莫西林克拉维酸钾干混悬剂)，犬/猫：0.1 mL/kg，肌内注射/皮下注射，1次/d。

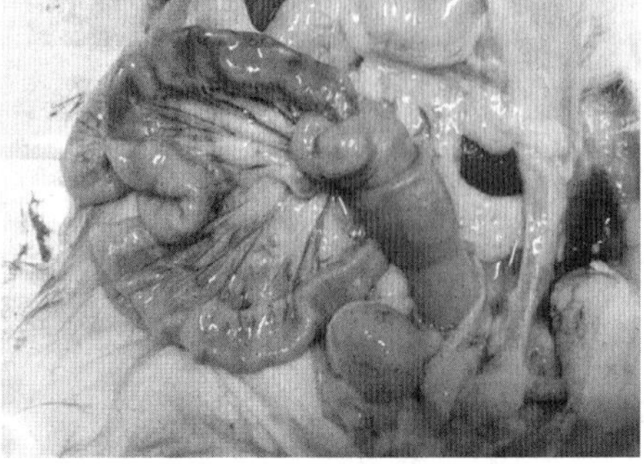

图1-33　套叠时间较短，肠壁未发生粘连或坏死

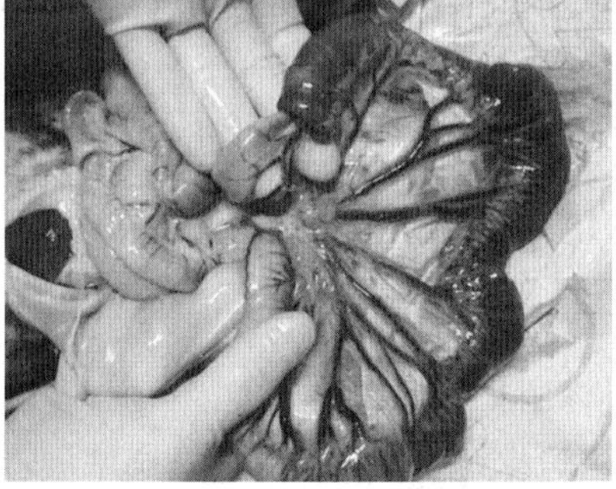

图1-34　套叠时间过长，肠壁发黑坏死

【主人须知】

本病发病较急，病情危重，若及时治疗也可取得良好的效果。治疗过程中必须配合医生，仔细护理，按时用药。

三、学生实践

（一）布置任务

根据所学知识，针对以上提供的病例资料，按要求分别完成以下任务。

（1）初步诊断：____

____。

（2）诊断依据：____

____

____。

（3）鉴别诊断：____

____。

（4）进一步检查：______________________________________

____。

（5）治疗原则：____

____。

（6）治疗处方：

××××动物医院处方笺

动物主人/饲养单位____________________　　档案号____________________

动物种类____________　动物性别____________　体重/数量____________________

年（日）龄____________　开具日期________________________________

Rp：

第一联：存根（白）

执业兽医师____________　注册号____________　发药人____________

（二）工作评价

针对以上任务的完成情况，分别对初步诊断、诊断依据、鉴别诊断、进一步检查、治疗原则和治疗处方等任务分别给予评价和点评。

工作评价			
评价内容	评价结果		
	正确	基本正确	错误
初步诊断			
诊断依据			
鉴别诊断			
进一步检查			
治疗原则			
治疗处方			
学生反思			
教师点评			

任务八 肠便秘

【病例导学】林某家养一只腊肠犬，雄性，5岁，体重14 kg，未绝育。主诉患犬前天吃了许多碎骨头，昨天一整天没有排出粪便，带出去频繁做排便姿势但未见粪便排出，做排便姿势时在直肠部位可以看到有干燥的粪便堆积，患犬食欲减退，少量饮水，常因疼痛而吠。患犬正常情况时食欲好，饮水量不多，运动量不大，经常以米饭拌肉末为主食。当天晚上灌服了少量橄榄油也未见排便。腹部触诊摸到大肠内有干硬的粪块，按压时有疼痛的表现，肛门指检敏感，直肠内有干燥、秘结的粪便。

请思考：

1. 该患病犬的初步诊断是什么？
2. 诊断依据主要有哪些？
3. 如何进一步明确诊断？
4. 可采取哪些治疗措施？

一、知识准备

【概述】

肠便秘是指由于某种因素导致肠管的蠕动功能、分泌功能减退及机械阻塞而引起的排粪障碍。临床上常以腹痛、排粪迟滞为特征，多见于老年的犬猫。

【病因】

1. 食物和环境因素　比如食入骨头、毛发等异物与粪便混合纠缠在一起，形成较大的硬粪块，难以顺利地通过肠腔；一次食入大量的骨头、肉、肝等，使之消化不充分，再加上缺粗纤维的刺激使肠蠕动减慢进而形成便秘。此外，由于环境突然改变、缺乏运动等，破坏动物正常排粪习惯，造成粪便滞留形成便秘。

2. 直肠及肛门受到机械性压迫或阻挡　能引起排粪疼痛的各种肛门疾患（如肛窦炎、肛门囊肿、肛瘘、肛裂等），直肠狭窄及肠管内外梗阻（如会阴疝、骨盆骨折愈合遗留骨盆腔狭窄、前列腺肥大囊肿、膀胱积尿、盆腔器官及结肠、直肠、肛门肿瘤等），由于排粪不畅及开始排粪就感到疼痛，遂使正常排粪的便意消失。

3. 能影响动物采取正常排粪姿势的疾病　如骨盆骨折、髋关节脱位或肢体骨折等。

4. 其他能引起肠弛缓的因素　①如老年犬肠蠕动机能减弱；②内分泌异常（如甲状旁腺功能亢进及甲状腺功能减退会影响平滑肌的正常功能）；③某些慢性病过程中由于脱水和衰弱而引起便秘；④许多药物（如抗胆碱能药、抗组胺药、硫酸钡、利尿药和阿片类药物）也可引起便秘；⑤某些神经源性疾病（如腰荐部脊髓或神经损伤，使肛门括约肌丧失排便反射）也会引起便秘。

【症状】

便秘初期在精神、食欲方面都无变化，随时间推移病犬出现食欲减退或废绝，有的呕吐，弓腰；轻者频频努责，排出少量的秘结粪便，重者排出少量的混有血液或黏液的粪便；结肠、直肠内积粪很多且坚硬，尾巴伸直，步态紧张；黏膜发绀，肛门周围红肿；在腹后上部触诊有压痛感，肠音变弱或消失，肛门直肠检查能触及干硬的粪块。有的可见腹围增大，肠胀气等。

二、工作过程

【诊断】

1. 初步诊断　根据病史和临床症状，结合肛门内指检和腹部触诊，可做出初步诊断。

2. X 线检查　可见肠管呈扩张状态，其中含有致密粪块或异物阴影（图 1-35、图 1-36）。

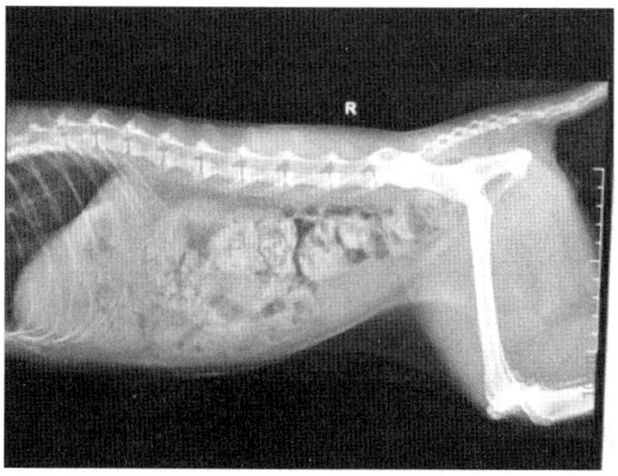

图 1-35　结肠和直肠内积有干硬便

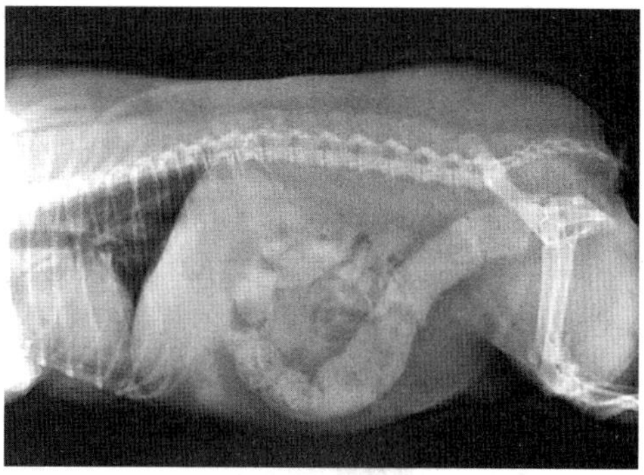

图 1-36　直肠内存有大量干硬粪块

3. 鉴别诊断　临床工作中应与肠套叠、肠梗阻、肠道肿瘤等疾病相鉴别。

【治疗】

治疗原则：灌肠排便，抗菌消炎。

治疗方案：根据治疗原则，结合临床工作实际，参考以下相应的治疗处方。

处方 1　硫酸镁，犬：10～20 g/次，口服，配成 6%～8%溶液；猫：2～5 g/次，口服，配成 6%～8%溶液。

处方 2　液状石蜡或豆油，20～60 mL/次，口服。

处方 3　酚酞，0.2～0.5 g/次，口服。

处方 4　开塞露，犬：5～20 mL/次，直肠灌注；猫：5～10 mL/次，直肠灌注。

处方 5　温肥皂水或液状石蜡，50～100 mL/次，灌肠，必要时 2～3 h 重复 1 次。

处方 6　氨苄西林，犬：20～30 mg/kg，口服，2～3 次/d；10～20 mg/kg，静脉滴注/皮下注射/肌内注射，2～3 次/d。

处方 7　速诺(阿莫西林克拉维酸钾干混悬剂)，犬/猫：0.1 mL/kg，肌内注射/皮下注射，1 次/d。

处方 8　手术疗法。对于以上方法无效的，则须剖腹直接按摩结粪，促进排出；如仍不能使积粪破碎，则要切开肠管取出内容物；如局部肠管已发生淤血、坏死，应切除后做肠管吻合术。

【主人须知】

本病预后与动物年龄、症状和体质等有关，多数预后良好。但平时要多做牵遛运动，多补充钙质和饮水，防止肥胖和因肠内水分不足而引起的便秘。治疗期间应配合医生仔细护理，按时用药，适当运动和腹部按摩。

三、学生实践

(一)布置任务

根据所学知识，针对以上提供的病例资料，按要求分别完成以下任务。

(1)初步诊断：____

____。

(2)诊断依据：____

____

____。

(3)鉴别诊断：____

____。

(4)进一步检查：____

____。

(5)治疗原则：____

____。

(6)治疗处方：

××××动物医院处方笺

动物主人/饲养单位＿＿＿＿＿＿＿＿　档案号＿＿＿＿＿＿＿＿

动物种类＿＿＿＿　动物性别＿＿＿＿　体重/数量＿＿＿＿＿＿

年(日)龄＿＿＿＿　开具日期＿＿＿＿＿＿＿＿＿＿＿＿＿＿＿

Rp：

执业兽医师＿＿＿＿＿＿　注册号＿＿＿＿＿＿　发药人＿＿＿＿＿＿

第一联：存根(白)

(二)工作评价

针对以上任务的完成情况，分别对初步诊断、诊断依据、鉴别诊断、进一步检查、治疗原则和治疗处方等任务分别给予评价和点评。

工作评价			
评价内容	评价结果		
	正确	基本正确	错误
初步诊断			
诊断依据			
鉴别诊断			
进一步检查			
治疗原则			
治疗处方			
学生反思			
教师点评			

任务九 肛门腺炎

【病例导学】吴某家养一只吉娃娃犬,3岁,雌性,2.5 kg,临床表现肛门部瘙痒,时常有擦肛动作,有时舔咬肛门部。拒绝抚摸臀部,接近时,可闻到腥臭味。排粪时呈痛苦状,粪便带有脓汁。肛门分泌物稀薄带血。

请思考:

1.该患病犬的初步诊断是什么?

2.诊断依据主要有哪些?

3.如何进一步明确诊断?

4.可采取哪些治疗措施?

一、知识准备

【概述】

肛门腺炎是指肛门腺囊内的分泌物积聚于囊内,刺激黏膜而发生的炎症。本病多见于小型犬猫。

【病因】

1.长期饲喂高脂肪食物,使粪便松软或变稀,导致不能定期排出肛门囊液。

2.肛门囊壁腺体分泌物分泌过多,肛门括约肌功能不良,肛门囊管道阻塞或脂溢性体质时,都能造成囊内分泌物滞留,引起炎症反应,细菌繁殖,囊内化脓,形成脓肿。

【症状】

肛门囊肿胀,局部发痒,时常有擦肛动作,有时舔咬肛门部。拒绝抚摸臀部,接近犬猫身体时,可闻到腥臭味。排粪时呈痛苦状,粪便常带有黏液或脓汁。肛门分泌物稀薄,有时呈脓性或带血。如肛门腺管长期阻塞,可见腺体突出于周围皮肤,用手指触压有弹性。有时脓肿可自行破溃、自愈及再破溃,反复发生,最终可形成瘘管(图1-37、图1-38)。用手指做肛检,可见肛门腺充盈肿胀,触压敏感,分泌物多不能排出。此外,由于肛门囊肿,排粪时发生疼痛,往往成为继发便秘的原因。

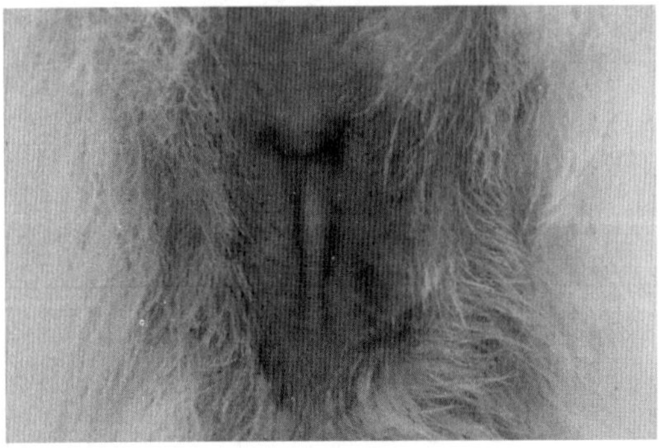

图1-37 右侧肛门囊肿胀破溃,局部红肿

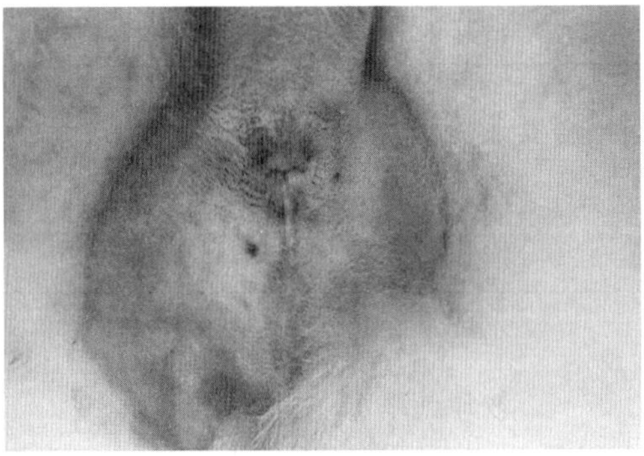

图1-38 左侧肛门囊肿胀破溃,经治疗后愈合

二、工作过程

【诊断】

1. 初步诊断　根据病史和临床症状，结合肛门指检可做出诊断。

2. 鉴别诊断　临床工作中当炎症期肿胀时应与肛门囊肿瘤、肛周腺瘤等疾病相鉴别。

【治疗】

治疗原则：祛除病因，抗菌消炎。

治疗方案：根据治疗原则，结合临床工作实际，参考以下相应的处置方法和治疗处方。

处置 1　挤压除去内容物。对于单纯肛门囊炎排泄管阻塞时，可用挤压法排出囊内容物（图 1-39a、图 1-39b）。把犬猫尾举起暴露肛门，用拇指和食指挤压肛门囊开口部，四点和八点的位置，或将食指插入肛门与外面的拇指配合挤压，除去肛门囊的内容物。然后，向囊内注入消炎药等。

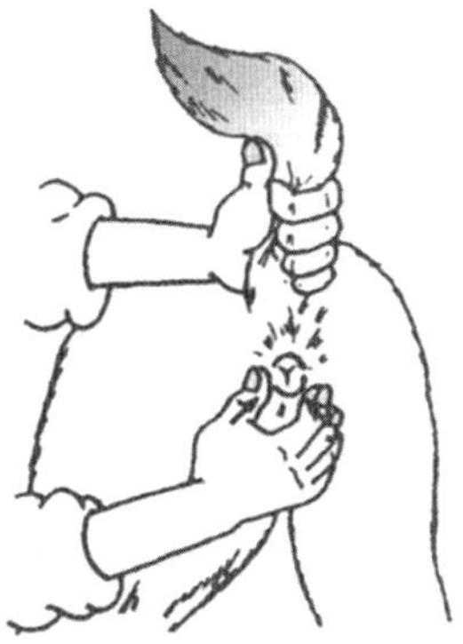

a. 示意图

b. 现场照片

图 1-39　挤压法除去肛门囊的内容物

处置 2　外科摘除术。对于肛门囊已溃烂或形成瘘管时，宜手术切除肛门囊。注意不要损伤肛门括约肌和提举肌。

处方 1　氨苄西林，犬：20～30 mg/kg，口服，2～3 次/d；或 10～20 mg/kg，静脉滴注/皮下注射/肌内注射，2～3 次/d。

处方 2　阿莫西林，犬：10～20 mg/kg，口服，2～3 次/d，连用 5 d；或 5～10 mg/kg，皮下注射/静脉滴注/肌内注射，2～3 次/d，连用 5 d。

处方 3　速诺（阿莫西林克拉维酸钾干混悬剂），犬/猫：0.1 mL/kg，肌内注射/皮下注射，1 次/d。

处方 4　头孢唑林钠，0.1 g/kg，肌内注射或静脉注射，1 次/d。

处方 5　头孢曲松钠，0.1 mg/kg，肌内注射或静脉注射，1 次/d。

处方 6　阿米卡星注射液，0.2 mL/kg，地塞米松磷酸钠注射液 0.5～1 mg/kg，后海穴注射。

处方 7　庆大霉素注射液，1 万 U/kg，地塞米松磷酸钠注射液 0.5～1 mg/kg，后海穴注射。

【主人须知】

本病经外科处理后多预后良好，但要加强护理，防止术后肛门瘙痒而复发。

三、学生实践

(一)布置任务

根据所学知识，针对以上提供的病例资料，按要求分别完成以下任务。

(1)初步诊断：____

____

____。

(2)诊断依据：____

____

____。

(3)鉴别诊断：____

____。

(4)进一步检查：____

____。

(5)治疗原则：____

____。

(6)治疗处方：

××××动物医院处方笺

动物主人/饲养单位____________________ 档案号____________________

动物种类____________ 动物性别____________ 体重/数量____________

年(日)龄____________ 开具日期________________________________

Rp：

第一联：存根(白)

执业兽医师____________ 注册号____________ 发药人____________

(二)工作评价

针对以上任务的完成情况，分别对初步诊断、诊断依据、鉴别诊断、进一步检查、治疗原则和治疗处方等任务分别给予评价和点评。

工作评价			
评价内容	评价结果		
	正确	基本正确	错误
初步诊断			
诊断依据			
鉴别诊断			
进一步检查			
治疗原则			
治疗处方			
学生反思			
教师点评			

项目三　肝胆疾病

任务一　肝炎

【病例导学】马某家养一只腊肠犬，雌性，2岁，体重8 kg。主诉该犬从5月底开始呕吐，不吃不喝，眼睛发白，腹泻。6月初前来就诊，病犬体温39.5℃，眼结膜及皮肤黄染，眼结膜充血，有黏液分泌物，角膜呈现灰白色浑浊，腹泻呈黄色稀便。肝区触诊有疼痛反应，腹壁紧张，于肋骨后缘可感知肝脏肿大。

请思考：

1. 该患病犬的初步诊断是什么？
2. 诊断依据主要有哪些？
3. 如何进一步明确诊断？
4. 可采取哪些治疗措施？

一、知识准备

【概述】

肝炎分为急性肝炎和慢性肝炎。急性肝炎是肝脏实质细胞的急性炎症，临床上常以黄疸、急性消化不良和出现神经症状为特征；慢性肝炎是由各种致病因素引起的肝脏慢性炎症性疾病。

【病因】

1. 急性肝炎

(1)中毒性因素　各种有毒物质和化学药品的中毒，如误食砷、汞、硒、铜、氯仿、鞣酸、四氯化碳、黄曲霉菌毒素等，以及反复给予氯丙嗪、睾酮、氯噻嗪等，均可引起急性肝炎。

(2)病毒、细菌及寄生虫感染　如传染性肝炎病毒、疱疹病毒、细小病毒、结核分枝杆菌、化脓性细菌、真菌、钩端螺旋体及巴贝斯虫等，这些病原体侵入肝脏或其毒素作用于肝细胞而导致急性肝炎。

(3)其他因素　食物中蛋氨酸或胆碱成分缺乏时，可造成肝坏死；充血性心力衰竭、门静脉和肝脏淤血时，可因压迫肝实质而使肝细胞发生变性、坏死。

2. 慢性肝炎　多由急性肝炎转化而来。各种代谢性疾病、营养不良及内分泌障碍也可继发本病。

【症状】

1. 急性肝炎　精神沉郁、全身无力，初期消化机能紊乱，出现食欲减退，而后废绝，急剧消瘦；体温正常或稍高；可视黏膜黄染(图1-40至图1-42)，粪便呈灰白绿色、恶臭，不成形；

肝区触诊有疼痛反应，腹壁紧张，于肋骨后缘可感知肝肿大，叩诊肝区浊音区扩大；病情严重时，表现肌肉震颤、痉挛、无力，感觉迟钝，昏睡或昏迷；肝细胞弥漫性坏死时，有出血倾向，血液凝固时间明显延长。

2. 慢性肝炎　由急性肝炎转化而来，精神萎靡不振、倦怠、呆滞，行走无力，被毛焦枯，逐渐消瘦。腹泻，便秘，或腹泻与便秘交替发生，粪便色淡，偶有呕吐。有的出现轻度黄疸，触诊肝脏和脾脏中度肿大，有压痛。

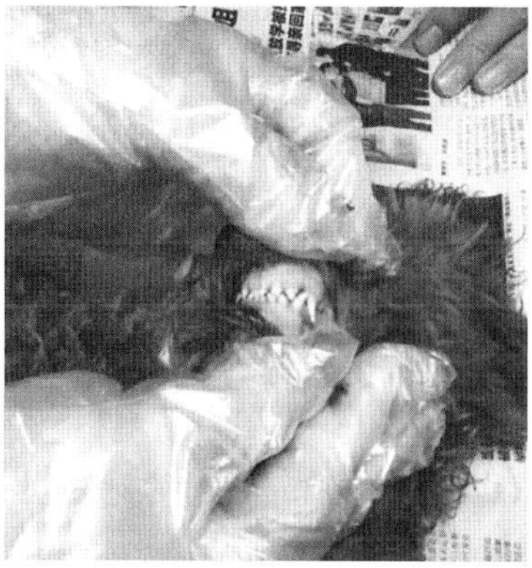
图 1-40　口腔黏膜发黄

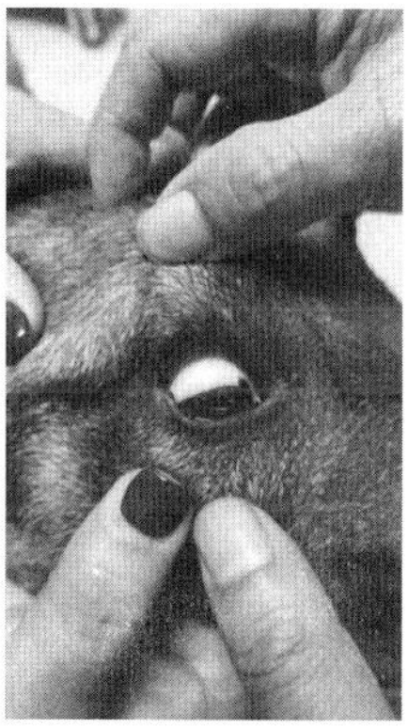
图 1-41　眼结膜发黄

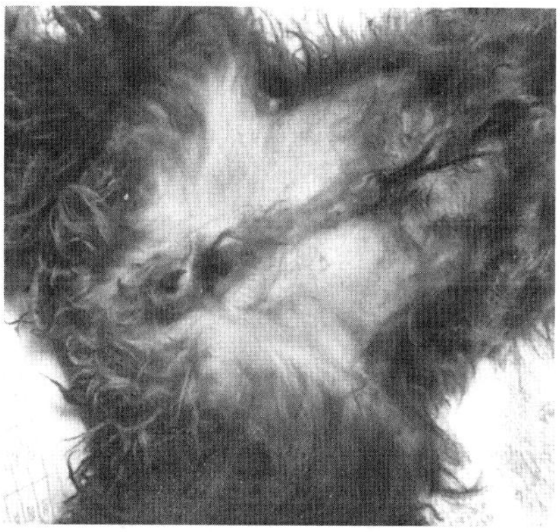
图 1-42　腹部皮肤发黄

二、工作过程

【诊断】

1. 初步诊断　根据病史和临床症状(如黄疸，消化系统功能紊乱，粪色淡，肝肿大或肝区触诊、叩诊敏感等)可做出初步诊断。

2. 实验室检查　丙氨酸氨基转移酶(ALT)、天冬氨酸氨基转移酶(AST)、碱性磷酸酶(ALP)等酶活性升高。

视频 1-8　肝性黄疸

3. 鉴别诊断

(1)犬传染性肝炎　犬传染性肝炎呈流行性且多侵害幼犬，常伴有发热(达 41 ℃)，血清学特异性抗体检验为阳性。

(2)猫传染性腹膜炎　猫传染性腹膜炎呈流行性，在 1～2 岁猫多发，有持续性发热(39.5～41.0 ℃)症状，呼吸困难，腹部膨大而且有大量腹水(腹水比重高)。

(3)华支睾吸虫病　此病引起消化系统功能紊乱，黄疸显著，有饲喂生淡水鱼史，病因治疗(杀灭华支睾吸虫)有明显疗效。

(4)钩端螺旋体病　此病多发生于夏秋季(7—9 月份)，在血液和尿液中可检出病原体，血清学诊断为阳性。

(5)消化不良　此病无黄疸，不发热，肝功能检验无变化，对症治疗有效。

【治疗】

治疗原则：祛除病因，保肝护肝，利胆解毒，消炎和加强护理。

治疗方案：根据治疗原则，结合临床工作实际，参考以下相应的处置方法制订治疗处方。

如果是由病毒引起的，可使用抗病毒药物、高免血清等；由细菌引起的，应根据不同的致病菌选用相应抗生素；由寄生虫引起的，选用针对性抗寄生虫的药物；由中毒引起的，应及时解毒。

处方 1 肝泰乐，犬：50～200 mg/次，口服，3 次/d；或者 100～200 mg/次，肌内注射/静脉滴注，1 次/d。

处方 2 谷氨酸钠，犬：1～2 g/次，静脉滴注。

处方 3 能量合剂，犬：0.5～1 支/次，肌内注射/静脉滴注。

处方 4 肌苷，犬：25～50 mg/次，口服/肌内注射。

处方 5 维丙胺，犬：2.5 mg/kg，肌内注射，2 次/d。

处方 6 促肝细胞生长素，犬：5～20 mg/次，肌内注射，2 次/d，溶于 4 mL 生理盐水，或 10～20 mg/次，缓慢静脉滴注，1 次/d，用 5%葡萄糖溶液稀释。

处方 7 强力宁，犬：4～8 mL/次，静脉滴注。

处方 8 蛋氨酸，犬：2～4 mL/次，肌内注射。

处方 9 复方甘草酸胺，犬：2～4 mL/次，肌内注射/皮下注射。

处方 10 辅酶 A，犬：25～50 U/次，肌内注射/静脉滴注，生理盐水稀释。

处方 11 三磷酸腺苷，犬：10～20 mg/次，肌内注射/静脉滴注，生理盐水稀释，常与辅酶 A 合用。

处方 12 氨苄西林，犬：20～30 mg/kg，口服，2～3 次/d；或 10～20 mg/kg，静脉滴注/皮下注射/肌内注射，2～3 次/d。

处方 13 速诺（阿莫西林克拉维酸钾干混悬剂），犬/猫：0.1 mL/kg，肌内注射/皮下注射，1 次/d。

处方 14 头孢噻肟钠，犬：20～40 mg/kg，静脉滴注/肌内注射/皮下注射，3～4 次/d。

处方 15 阿米卡星，犬：5～15 mg/kg，肌内注射/皮下注射，1～3 次/d；猫：10 mg/kg，肌内注射/皮下注射，3 次/d。

处方 16 复合维生素 B，犬：片剂，1～2 片/次，口服，3 次/d；针剂，0.5～2 mL/次，肌内注射。猫：片剂，0.5～1 片/次，口服，3 次/d；针剂，0.5～1 mL/次，肌内注射。

处方 17 维生素 C，犬：100～500 mg/次，口服/肌内注射/静脉滴注。

【主人须知】

对于急性肝炎经及时治疗预后尚可，但病情较重有出血倾向时，多预后不良；治疗过程中必须仔细和耐心护理，按时用药。对于慢性肝炎预后要慎重，病程延长易导致肝硬化。

三、学生实践

(一)布置任务

根据所学知识，针对以上提供的病例资料，按要求分别完成以下任务。

(1)初步诊断：____

____

____。

(2)诊断依据：____

____

____。

(3)鉴别诊断：____

____。

(4)进一步检查：____

____。

(5)治疗原则：____

____。

(6)治疗处方：

××××动物医院处方笺

动物主人/饲养单位__________________　档案号__________________

动物种类__________　动物性别__________　体重/数量__________________

年(日)龄__________　开具日期____________________________

Rp：

第一联：存根(白)

执业兽医师______________　注册号______________　发药人______________

(二)工作评价

针对以上任务的完成情况，分别对初步诊断、诊断依据、鉴别诊断、进一步检查、治疗原则和治疗处方等任务分别给予评价和点评。

工作评价			
评价内容	评价结果		
	正确	基本正确	错误
初步诊断			
诊断依据			
鉴别诊断			
进一步检查			
治疗原则			
治疗处方			

续表

学生反思	
教师点评	

任务二　脂肪肝

【病例导学】王某家养一只猫咪，雌性，6 岁，体重 6.8 kg，主诉该猫日常以吃猫粮为主，近期已经有 15 d 食欲不振，饮水很少，经常呕吐。眼结膜黄染，精神沉郁，体温 39.0 ℃，触诊腹部肝脏肿大，并且腹部无疼痛感。

请思考：

1. 该患病猫的初步诊断是什么？
2. 诊断依据主要有哪些？
3. 如何进一步明确诊断？
4. 可采取哪些治疗措施？

一、知识准备

【概述】

脂肪肝是指糖和脂肪代谢紊乱引起大量脂肪在肝脏细胞内沉积的一种代谢性疾病。临床上以皮下脂肪过度蓄积、消化不良、易疲劳为特征。本病是猫常见的肝疾病，又称为猫肝脂质沉积综合征。

【病因】

1. 原发性因素　常见于摄入脂肪过量，引起机体脂肪组织过度蓄积；或长期摄入高脂肪、高能量、低蛋白食物，突然减食或过度饥饿，运动不足，抗脂肪物质不足等。

2. 继发性因素　主要由于机体内分泌失调，尤其是垂体、肾上腺皮质激素以及胰岛素分泌不足，引起糖代谢紊乱，外周脂肪分解，导致组织内脂肪被动员至肝脏内贮存和沉积，从而引发脂肪肝；此外，四环素、糖皮质激素用量过大或用药时间过长，以及急性和慢性肝炎、其他传染病和寄生虫病等，也可继发本病。

【症状】

机体肥胖，皮下脂肪增厚。长期消化不良，食欲减退，呕吐，腹胀，腹泻与便秘交替出现。体质虚弱，易疲劳，稍微运动即可引起气喘、心跳加快。肝脏明显肿大，但无压痛感。体质较低下，极易发生感染。严重病例往往出现脱水、黄疸和脑神经症状（图 1-43 至图 1-46）。血液检查，多见血糖浓度升高。如继发糖尿病，则尿糖浓度升高。

图 1-43　患猫严重脱水

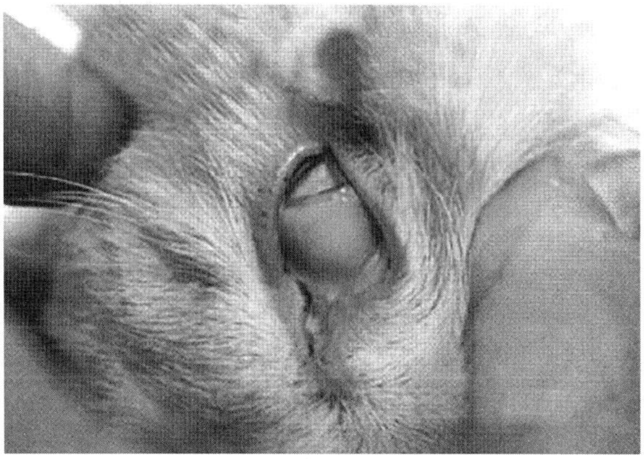

图 1-44　患猫眼结膜黄染

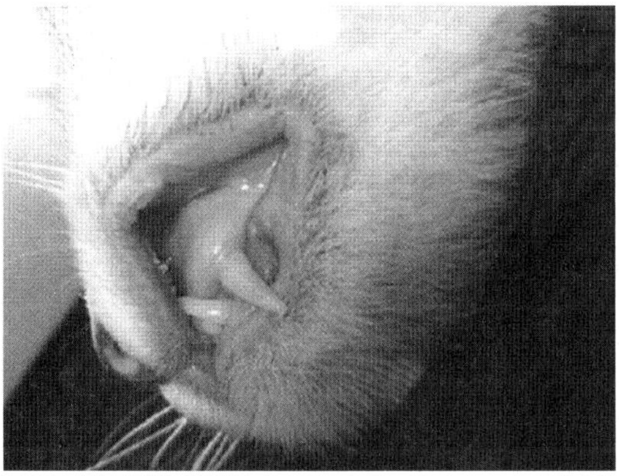

图 1-45　患猫口腔黏膜黄染

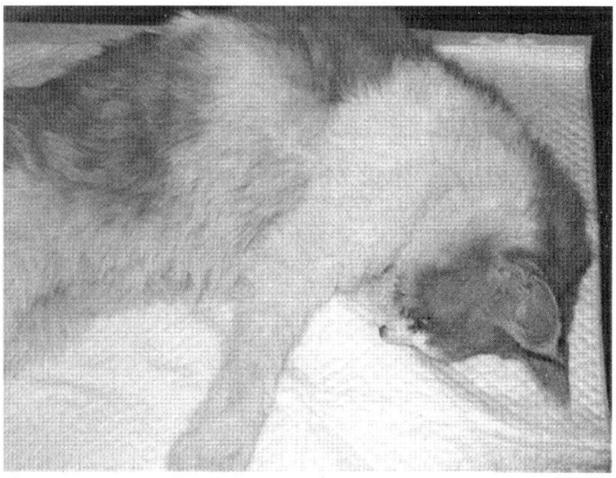

图 1-46　肝性脑病，出现神经性抽搐

二、工作过程

【诊断】

1. 初步诊断　根据病史调查和临床症状表现，结合血糖检查可做出初步诊断。

2. 实验室检查　血常规检查可见红细胞变形，后期红细胞溶解，贫血严重。生化检查可见丙氨酸氨基转移酶（ALT）、天冬氨酸氨基转移酶（AST）、碱性磷酸酶（ALP）、γ-谷氨酰转移酶（GGT）、总胆红素（TBIL）、直接胆红素（DBIL）升高，血糖升高，血钾、血磷降低。

3. X 线检查和 B 超检查　X 线检查显示肝脏肿大。B 超检查的声像图显示肝脏普遍性增大，包膜光滑；肝脏实质回声显著增强，呈弥漫性细点状（图 1-47、图 1-48），肝脏内回声强度随深度而递减，深部肝组织和横膈回声减弱或显示不清；肝内血管壁回声减弱或显示不清。

4. 活组织检查　细针穿刺抽吸肝细胞。该操作前应先检查动物的血液凝固情况，如凝血不良，应先使用维生素 K_1 进行治疗。

5. 鉴别诊断　临床工作中应与肝炎、肝硬化、胰腺炎等疾病相鉴别。

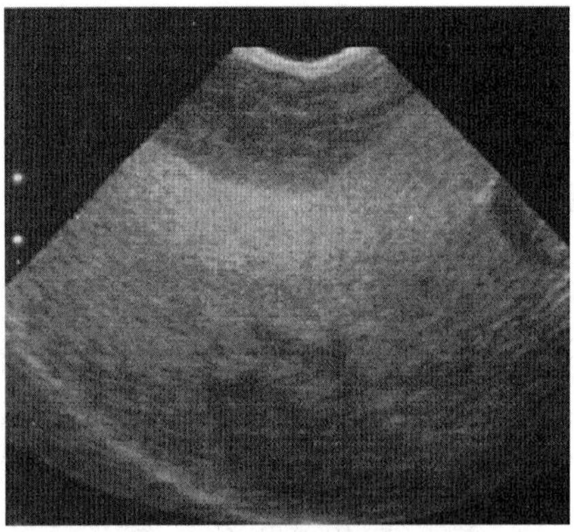

图 1-47 B超检查(肝脏实质回声显著增强,呈弥漫性细点状)

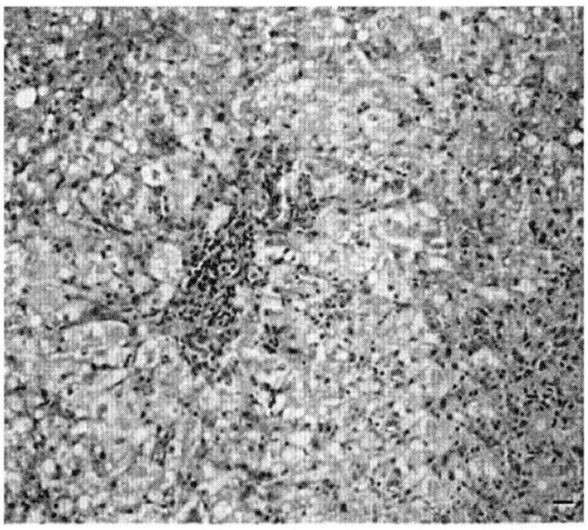

图 1-48 肝细胞质中蓄积着多量的脂肪球

【治疗】

治疗原则:促进肝细胞内脂质分解和排泄,给予营养支持和治疗并发症。

治疗方案:根据治疗原则,结合临床工作实际,参考以下相应的食物疗法和治疗处方。

1.食物疗法 给予高蛋白和含丰富维生素的食物,避免喂给高脂肪类食物。对于患猫由于不耐应激,因此应避免对猫的刺激,食物应通过鼻饲管投服,避免强行口服。喂给的食物应是高蛋白、高能量的全价日粮,应额外补充牛磺酸、精氨酸、维生素 B_1 和维生素 B_{12},血钾低的病例应补钾,出现肝脑病的患猫开始时应饲喂低蛋白食物,蛋白质的含量可随神经症状的缓解而增加。

2.药物疗法 给予促进肝细胞内脂质分解或排泄的药物。

处方 1 辅酶 A,犬:100～300 U/次,静脉滴注。

处方 2 肌苷,犬:100～400 mg/次,肌内注射。

处方 3 巯丙酰甘氨酸,犬:50～200 mg,皮下注射/静脉注射,连日或隔日 1 次。

处方 4 泛酸钙,犬:15～150 mg,口服,3 次/d。

处方 5 蛋氨酸,犬:0.1～0.8 g,静脉注射。

处方 6 血清丙氨酸氨基转移酶活性升高时,给予氨基酸制剂 50～100 mL,静脉注射,1～3 次/d。

处方 7 维生素 B_1,犬:100 mg/次,肌内注射。

处方 8 血清乳酸脱氢酶活性升高或疑似肝排泄障碍时,可用利胆剂。

3.原发病治疗 对于继发性脂肪肝,应积极治疗原发病。

【主人须知】

平时注意食物的搭配,防止机体过度肥胖,可有效减少本病的发生。但减肥时过度限制饮食,也会诱发本病发生。胆小、过分依赖某个主人及挑食、偏食的猫在出现各种应激情况时更容易影响食欲,从而发生本病。

三、学生实践

(一)布置任务

根据所学知识,针对以上提供的病例资料,按要求分别完成以下任务。

(1)初步诊断：____

____

____。

(2)诊断依据：____

____

____。

(3)鉴别诊断：____

____。

(4)进一步检查：____

____。

(5)治疗原则：____

____。

(6)治疗处方：

××××动物医院处方笺

动物主人/饲养单位________________　　　　档案号________________

动物种类__________　动物性别__________　体重/数量__________

年(日)龄__________　开具日期______________________________

Rp：

第一联：存根（白）

执业兽医师__________　注册号__________　发药人__________

(二)工作评价

针对以上任务的完成情况，分别对初步诊断、诊断依据、鉴别诊断、进一步检查、治疗原则和治疗处方等任务分别给予评价和点评。

工作评价			
评价内容	评价结果		
	正确	基本正确	错误
初步诊断			
诊断依据			
鉴别诊断			
进一步检查			
治疗原则			
治疗处方			
学生反思			
教师点评			

任务三　肝硬化

【病例导学】张某家养一只德国牧羊犬，5岁，雄性，体重27 kg，主诉该犬一段时间以来表现食欲不振，消化不良，时有腹泻和呕吐现象；机体消瘦，体质虚弱，倦怠、易疲劳，不喜运动；可视黏膜黄染，腹围明显增大。

请思考：

1. 该患病犬的初步诊断是什么？
2. 诊断依据主要有哪些？
3. 如何进一步明确诊断？
4. 可采取哪些治疗措施？

一、知识准备

【概述】

肝硬化是指间质广泛的纤维性增生，并同时或相继见有肝细胞萎缩和消失。若增生的结缔组织因胶原纤维形成迟缓，导致长期不能收缩，同时实质细胞仅呈区域性萎缩，则称增生性肝硬化（又称肥大性硬化）。若早期就发生纤维性变性和收缩，肝脏体积变小，实质细胞显著萎缩，则称萎缩性肝硬化。因此，在临床上有增生性肝硬化和萎缩性肝硬化之分。本病可发生于各种动物。

【病因】

1. 原发性肝硬化 一般由于慢性肝炎所引起，特别见于肝炎反复发作而导致肝坏死时。多见于长期饲喂霉败变质饲料（如霉玉米等）；误食有毒植物及化学药物中毒（如磷、砷、四氯化碳、铅等）。

2. 继发性肝硬化 ①某些传染病（如传染性肝炎、肝结核等），②寄生虫病（如肝片吸虫病、华支睾吸虫病等），③各种中毒和胃肠炎等疾病过程中，④因自体中毒而导致肝硬化。

【症状】

发病初期，食欲减退、消化不良，以后则表现顽固性胃肠卡他症状，便秘与腹泻呈周期性地交替出现，有的出现呕吐，可视黏膜略黄染。病情进一步发展，则表现食欲废绝，逐渐消瘦，呈现衰竭、无力样。

1. 萎缩性肝硬化时，由于静脉血难以通过硬变的肝脏，血液循环发生障碍，故出现肝硬化的典型症状——腹水，腹部体积增大；触诊上腹壁弛缓，下腹壁紧张，且有波动感；叩诊下腹壁，呈水平浊音；听诊肠鸣音减弱；腹腔穿刺有积液存在。严重者呈现昏睡状态。肝脏体积缩小，叩诊肝浊音区缩小，触诊肝的硬度增加，表面不平。

2. 增生性肝硬化时，常由于肝脏体积过度增大，在右肋下有局部性突出现象；叩诊时肝浊音区扩大；触诊时在两侧肋骨弓下，可感知肝肿大、硬固。

二、工作过程

【诊断】

1. 初步诊断 根据临床症状如食欲不振，易疲乏；恶心、呕吐、消化不良或有腹泻。严重肝硬化时，有腹水，出血性素质，肝、脾肿大等可做出初步诊断。

2. 实验室检查 血液检查，清蛋白又称白蛋白减少，谷丙转氨酶、谷草转氨酶活性增强，凝血酶原活性降低。尿液检查，尿中有尿胆素和胆酸盐，有时为胆红素。

3. 超声检查 肝脏体积减小，回声不均，若腹腔内见有游离暗区，提示可能已有腹水生成。

4. 肝脏活组织病理学检查 通过肝脏穿刺，采取肝脏活组织做病理检查，显微镜下可见结缔组织增生，肝小叶结构被破坏，肝细胞塌陷。

5. 鉴别诊断 临床工作中应与肝炎、传染性肝炎和黄曲霉毒素中毒症状相鉴别。

【治疗】

治疗原则：祛除病因，护肝解毒，加强护理。

治疗方案：根据治疗原则，结合临床工作实际，参考以下相应的治疗处方。

处方 1 谷氨酸钠，犬：1～2 g/次，静脉滴注。

处方 2 苦黄注射液，犬：30～40 mL/d。

处方 3 蛋氨酸，犬：2～4 mL/次，肌内注射。

处方 4 辅酶 A，犬：25～50 U/次，肌内注射/静脉滴注，生理盐水稀释。

处方 5 三磷酸腺苷，犬：10～20 mg/次，肌内注射/静脉滴注，生理盐水稀释，常与辅酶 A 合用。

处方 6 肌醇，犬：0.5 g/次，口服。

处方 7 维生素 C，犬：100～500 mg/次，口服/肌内注射/静脉滴注。

处方 8 复合维生素 B，犬：片剂 1～2 片/次，口服，3 次/d；针剂 0.5～2 mL/次，肌内注射。猫：片剂 0.5～1 片/次，口服，3 次/d；针剂 0.5～1 mL/次，肌内注射。

此外应加强护理，给予富含蛋白质、高碳水化合物和多种维生素的食物。

【主人须知】

本病为慢性疾病，早期治疗可恢复；若病程较长，肝硬化严重，多预后不良，死于肝功能衰竭。

三、学生实践

(一)布置任务

根据所学知识，针对以上提供的病例资料，按要求分别完成以下任务。

(1)初步诊断：______________________________

______________________________。

(2)诊断依据：______________________________

______________________________。

(3)鉴别诊断：______________________________

______________________________。

(4)进一步检查：______________________________

______________________________。

(5)治疗原则：______________________________

______________________________。

(6)治疗处方：

××××动物医院处方笺

动物主人/饲养单位______________ 档案号______________

动物种类__________ 动物性别__________ 体重/数量__________

年(日)龄__________ 开具日期______________________

Rp：

第一联：存根(白)

执业兽医师__________ 注册号__________ 发药人__________

（二）工作评价

针对以上任务的完成情况，分别对初步诊断、诊断依据、鉴别诊断、进一步检查、治疗原则和治疗处方等任务分别给予评价和点评。

工作评价			
评价内容	评价结果		
	正确	基本正确	错误
初步诊断			
诊断依据			
鉴别诊断			
进一步检查			
治疗原则			
治疗处方			
学生反思			
教师点评			

任务四　胆管炎和胆囊炎

【病例导学】马某家养一只泰迪犬，雄性，8岁，体重7 kg；主诉该犬以前有尿血史，长期吃肉类食物以及人吃的高脂肪高营养食物，平时很少吃犬粮。一周前发现呕吐，在某宠物医院治疗后有好转，今天又发现呕吐，食欲不振，呕吐物为黄色泡沫，体温39.6 ℃，以前经常有呕吐，但呕吐后仍可食；于是前来就诊。

请思考：

1. 该患病犬的初步诊断是什么？
2. 诊断依据主要有哪些？
3. 如何进一步明确诊断？
4. 可采取哪些治疗措施？

一、知识准备

【概述】

胆管炎和胆囊炎是指在致病因素作用下，胆道炎症以胆管炎症为主者称胆管炎，以胆囊炎症为主者称胆囊炎。两者常同时发生，犬猫都会发生。

【病因】

1.感染性因素　引起胆管和胆囊炎的主要因素是细菌感染。其中，主要是大肠杆菌和沙门氏菌感染，其他还有产气荚膜杆菌、葡萄球菌、链球菌以及厌氧菌等。它们主要通过十二指肠侵入胆管和胆囊引起炎症。此外某些病毒感染(如犬传染性肝炎)也会引起发病。

2.寄生虫因素　由寄生于胆管和胆囊的寄生虫引起，如蛔虫、肝片吸虫、华支睾吸虫等。

3.其他因素　胆道阻塞(胆石症等)，胆汁淤滞，十二指肠黏膜炎症的蔓延，药物过敏反应(如磺胺药或氟烷)等均可导致犬的胆管炎。

【症状】

1.急性胆管炎和胆囊炎　疾病初期，胆管和胆囊黏膜充血、水肿，发生炎性浸润，胆汁淤滞。病犬主要表现为精神不振、食欲差、体温升高、腹部疼痛、呕吐等，严重的病例还出现黄疸症状。后期往往因为肝脏实质受到损害，因而表现为实质性肝炎的症状。有的病例发生胆管和胆囊肿胀、化脓性浸润，甚至形成胆囊穿孔，引发腹膜炎。

2.慢性胆管炎和胆囊炎　多由急性病例反复发作迁延而来，临床一般无特异性症状，可表现为轻微的腹痛，有时疼痛明显，特别是吃了油腻食物后症状更加明显。

二、工作过程

【诊断】

1.初步诊断　根据病史调查、体格检查和临床症状表现可以做出初步诊断。

2.实验室检查　主要表现白细胞数及中性粒细胞增多，核左移；血清胆红素和碱性磷酸酶升高。

3.B超检查　如果是结石引起的，可见到胆囊或胆管结石影像，胆囊和胆管有不同程度的扩张。急性胆囊炎时，可见到胆囊增大，胆囊壁增厚，呈强回声带。还可以看到胆囊内的积脓、坏死等征象(图1-49、图1-50)。

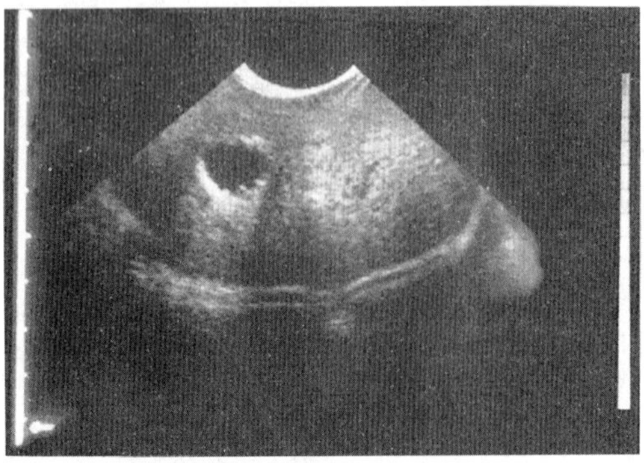

图1-49　急性胆囊炎时，超声扫查

(胆囊壁增厚，呈强回声带)

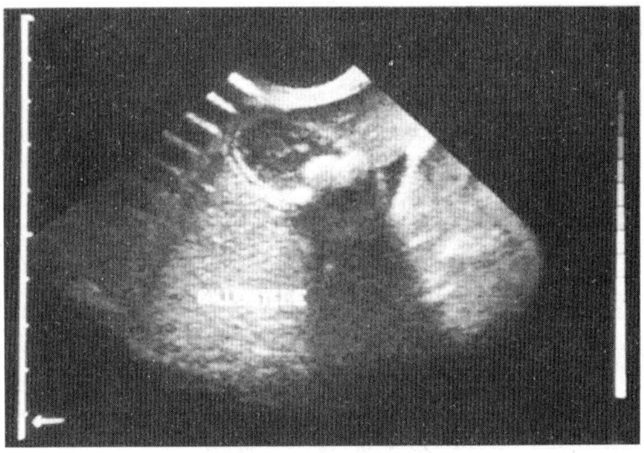

图1-50　超声扫查

(胆囊结石，炎性囊壁水肿)

4.鉴别诊断　临床工作中应与十二指肠炎、十二指肠溃疡穿孔、胃肠炎、急性胰腺炎等疾病相鉴别。

【治疗】

治疗原则：除去病因，抗菌消炎，疏肝利胆。

治疗方案：根据治疗原则，结合临床工作实际，参考以下相应的治疗处方和手术治疗。

1. 非手术治疗

处方 1　氨苄西林，犬：20～30 mg/kg，口服，2～3 次/d；或 10～20 mg/kg，静脉滴注/皮下注射/肌内注射，2～3 次/d。

处方 2　速诺(阿莫西林克拉维酸钾干混悬剂)，犬/猫：0.1 mL/kg，肌内注射/皮下注射，1 次/d。

处方 3　头孢噻肟钠，犬：20～40 mg/kg，静脉滴注/肌内注射/皮下注射，3～4 次/d。

处方 4　甲硝唑，犬：15～25 mg/kg，口服，2 次/d，或 10 mg/kg 静脉滴注/皮下注射，2 次/d，猫：8～10 mg/kg，口服/静脉滴注，2 次/d。

处方 5　阿托品，犬：0.02～0.04 mg/kg，皮下注射，2 次/d；或盐酸消旋山莨菪碱(654-2)，0.1～0.2 mg/kg，皮下注射，2 次/d。

处方 6　熊去氧胆酸，8～10 mg/kg，口服，1 次/d。

处方 7　补液和抗休克，及时补充能量、水分和电解质，纠正电解质和酸碱平衡紊乱。

2. 手术治疗

经过以上保守非手术治疗后病情没有缓解或加重，可以根据病情发展采取手术。胆囊切除术是急性胆囊炎的常规手术方式。当胆囊颈部与周围组织粘连严重无法分离时，可做胆囊部分切除。对于胆管梗阻引起的胆管炎，可用内镜逆行胆管引流，也是实现胆管减压、控制胆管感染的有效方法。

【主人须知】

本病的病程经过不定，有时持续数周。在疾病过程中，若伴有化脓性肝炎、胆结石、腹膜炎、败血症及穿孔，则预后不良。应加强平时的饲养管理，少食油腻的肉类食物，多吃低脂肪易消化的日粮，定期驱虫和免疫接种。

三、学生实践

(一)布置任务

根据所学知识，针对以上提供的病例资料，按要求分别完成以下任务。

(1)初步诊断：____

____。

(2)诊断依据：____

____。

(3)鉴别诊断：____

____。

(4)进一步检查：____

____。

(5)治疗原则：____。

(6)治疗处方：

××××动物医院处方笺

动物主人/饲养单位______________________ 档案号______________________

动物种类____________ 动物性别____________ 体重/数量____________________

年(日)龄____________ 开具日期____

第一联：存根(白)

Rp:

执业兽医师______________ 注册号______________ 发药人______________

(二)工作评价

针对以上任务的完成情况，分别对初步诊断、诊断依据、鉴别诊断、进一步检查、治疗原则和治疗处方等任务分别给予评价和点评。

工作评价			
评价内容	评价结果		
	正确	基本正确	错误
初步诊断			
诊断依据			
鉴别诊断			
进一步检查			
治疗原则			
治疗处方			
学生反思			
教师点评			

项目四 胰腺、腹膜疾病

任务一 胰腺炎

【病例导学】赖某家养一只贵宾犬，4 岁，雄性，体重 5 kg，免疫史完全。主诉该犬前几天有饮食较多肉类食物，已有 2 d 未进食，精神差，喜卧，呕吐黄色液体，排尿颜色黄，排便正常。被毛杂乱无光泽，口腔等可视黏膜粉红，听诊心音和肺呼吸音无明显异常，体温 39.4 ℃。触诊腹前部和腹中部敏感，疼痛感明显。

请思考：

1. 该患病犬的初步诊断是什么？
2. 诊断依据主要有哪些？
3. 如何进一步明确诊断？
4. 可采取哪些治疗措施？

一、知识准备

【概述】

胰腺炎是指由胰外分泌腺所分泌的消化酶对自身及周围组织进行消化进而引发的胰腺的炎症变化。临床上分为急性胰腺炎和慢性胰腺炎，急性胰腺炎可分为水肿型和出血型（败血型）。实际中犬猫的胰腺炎发病率较高，但有临床症状的较少见，多在死后剖检时才能发现病变。犬发病率比猫高，雌犬多于雄犬。尽管各种年龄的犬都可患病，但以幼犬和中年肥胖雌犬更为常见。

【病因】

引发胰腺炎的病因与以下因素有关。

1. 肥胖　急性胰腺炎多发生于肥胖犬。饲喂高脂食物可以改变胰腺细胞内酶的含量而诱发急性胰腺炎，饮食中的脂肪含量和犬猫的营养状况是急性胰腺炎发病的重要因素。

2. 高脂血症　高脂血症可以引发胰腺炎，反之，急性胰腺炎也可以诱发高脂血症，并改变血浆脂蛋白酶。脂肪饮食能产生明显的食饵性脂血症（乳糜微粒血症），继而发生胰腺炎，尤其当血液中清除乳糜微粒的机制受到损害时（如患甲状腺功能减退或糖尿病），更易发生急性胰腺炎。

3. 胆管疾病　胆管和胰腺间质的淋巴管是相互沟通的，因此，胆管疾病可以通过淋巴管扩散至胰腺而发病。

4. 某些传染病　犬传染性肝炎和犬猫弓形虫病以及猫传染性腹膜炎是涉及胰腺的传染病（因为可以引起胆管肝炎诱发胰腺炎）。

5. 十二指肠液或胆汁反流　十二指肠液或胆汁反流进入胰腺导管和胰腺间质（因胆汁中含有溶血卵磷脂和未结合的胆盐对胰腺有毒性），是引起急性胰腺炎的原因之一。

6. 药物因素　有些药物如兽医常用的噻嗪类利尿药、硫唑嘌呤、天冬氨酸酶、四环素以及胆碱酯酶抑制剂和胆碱能拮抗药均可诱发胰腺炎。

7. 其他因素　①胰腺创伤，如汽车事故和高空摔落及外科手术导致胰腺创伤，可诱发胰腺炎。②并发性疾病，如糖尿病、甲状腺功能减退、慢性肾衰、充血性心衰和自身免疫性疾病过程中。

视频 1-9　贵宾犬胰腺炎祈祷式症状

【症状】

1. 急性胰腺炎　多数患病宠物表现出严重的呕吐和腹痛，典型病患会出现以肘及胸骨支地而后躯高起的“祈祷姿势”（图 1-51），有的则找阴凉地方，腹部紧贴地面躺卧。精神沉郁，厌食，发热，黄疸，腹部膨胀、紧张有压痛，腹泻乃至出血性腹泻。部分病例呈现烦渴，饮水后立即呕吐，呼吸急促，心动过速，脱水。严重病例可因胰岛素突然大量释放引起低血糖，或钙与血中的脂肪酸结合导致低血钙，出现昏迷或休克。急性出血型胰腺炎的临床症状与急性水肿型胰腺炎相似，但症状更严重。腹痛是经常出现的症状（但猫不常见）；腹胀、腹泻和呕吐都较急性水肿型胰腺炎严重，粪便常带血（图 1-52）；常常发生休克。

猫出现胰腺炎时症状没有犬那么明显，患猫可能仅有厌食、嗜睡的症状，有些可能出现呕吐，有些并无呕吐，需结合临床症状、病史、实验室检查等谨慎地鉴别诊断。

2. 慢性胰腺炎　有些病患反复出现持续性呕吐（图 1-53）和腹痛，有些则只有食欲差、消瘦、嗜睡的症状。并发胰外分泌不足的病患，经常排出软便，粪便含有未完全消化食物，服用胰酶后有好转。

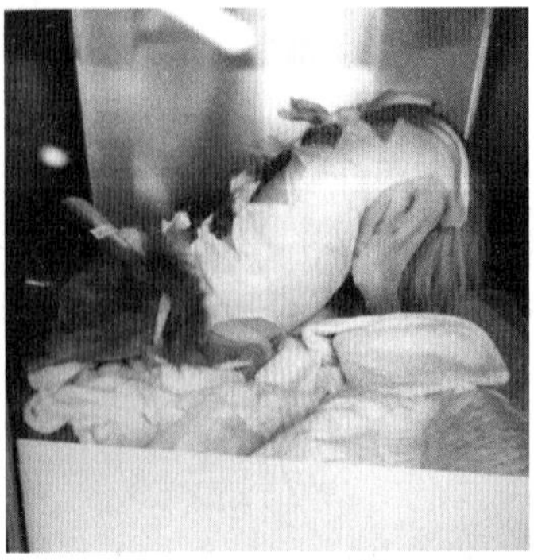

图 1-51　患犬呈现“祈祷姿势”

图 1-52　患犬粪便常有带血现象

图 1-53　患犬反复出现持续性呕吐

二、工作过程

【诊断】

1. 初步诊断　根据病史调查、体格检查和临床症状特征可以做出初步诊断。

(1)急性胰腺炎　严重的呕吐，腹泻，触诊上腹部右侧疼痛，多呈持续性，进食或饮水时腹痛加剧，呈祈祷姿势。

(2)慢性胰腺炎　腹上区触诊疼痛，消化不良，脂肪便，生长停止，消瘦。有时出现多饮多尿的糖尿病症状。

2.实验室检查

(1)急性胰腺炎

①血常规检查 白细胞总数增多,嗜中性粒细胞比例增大,核左移。

②血液生化检查 血清中淀粉酶及脂肪酶浓度升高(达正常的2倍),但血清淀粉酶多于发病2~3 d后恢复正常。因为淀粉酶与脂肪酶都由肾脏排出,所以当肾脏功能不全时两者也会高于正常值。此外低血钙、暂时性的高血糖症和丙氨酸氨基转移酶升高,禁食时的高脂血症,可辅助作为怀疑急性胰腺炎的诊断依据。

③快速检测试剂 使用美国爱德士公司生产的犬胰腺特异性脂肪酶快速检测试剂(SNAPcPL)和猫胰腺特异性脂肪酶快速检测试剂(SNAPfPL),分别用于犬猫胰腺炎快速诊断。胰脂肪酶是由胰腺腺泡细胞分泌的酶,检测此酶的血清水平比检测血浆脂肪酶更加准确,已作为诊断犬猫胰腺炎的重要依据。

视频1-10 犬胰腺特异性脂肪酶快速检测试剂检测结果异常

附:犬胰腺特异性脂肪酶快速检测试剂操作流程(图1-54)

①将检测套组从冰箱拿出后在室温下回温30 min(操作温度15~25 ℃)再进行检测。

②使用内附专用滴管(50 μL/滴)垂直滴3滴血清到内附空白管。

③垂直滴4滴结合液到空白管(在室温下回温30 min)。

④均匀混合3~5次。

⑤将检测套组平放,将所有混合液倒入样本槽,混合液将于30~60 s流至活化孔。

⑥当混合液出现在活化孔立刻压下按压点,并开始计时(有些较浓稠的混合液将一直停留在「结果窗口」;如果确定混合液已超过「结果窗口」,在60 s内也可压下按压点)。

⑦当10 min后,判读结果(因为检测中的试剂并没有停止作用,所以精确为10 min判读时间很重要)(图1-55、图1-56)。

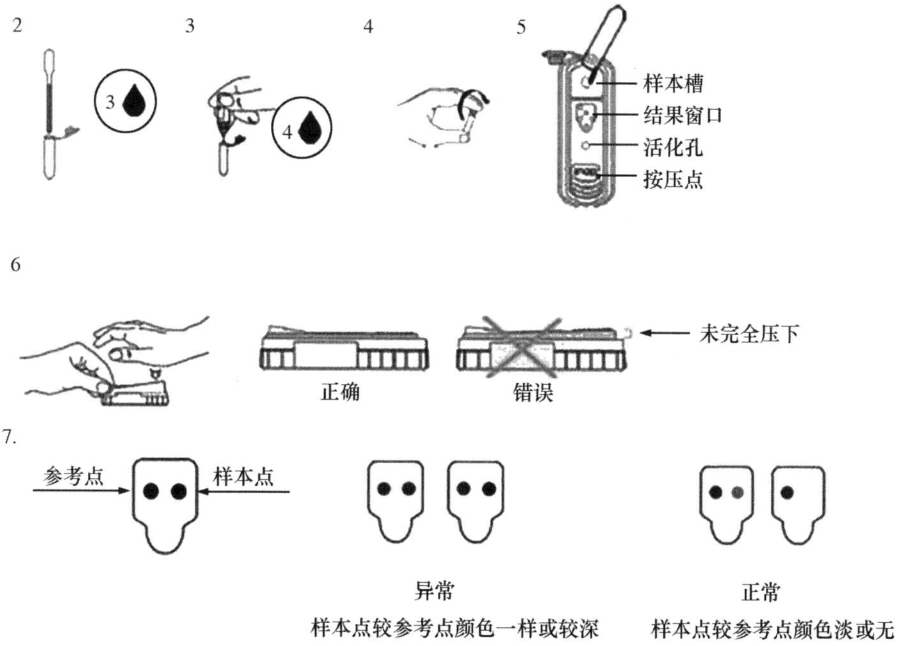

图1-54 犬胰腺特异性脂肪酶快速检测试剂操作流程

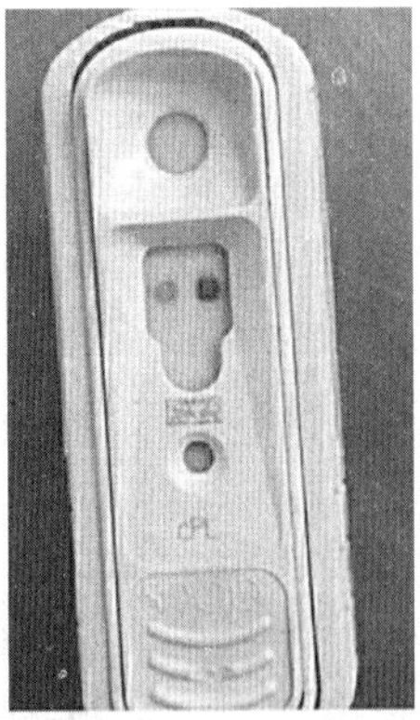

图 1-55 样本点比参考点颜色较深，结果异常

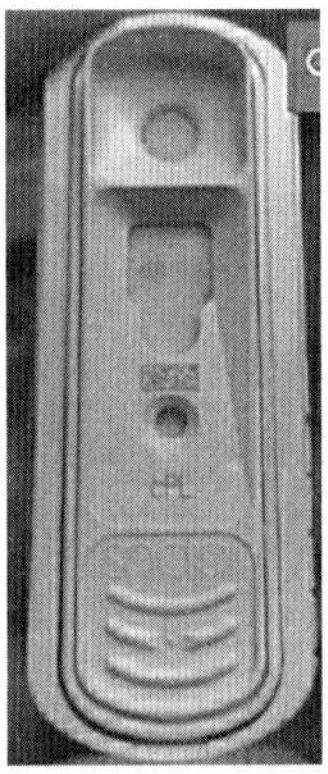

图 1-56 样本点比参考点颜色较浅，结果正常

(2)慢性胰腺炎

①胰蛋白酶活性检验：可以区别肠道内缺乏胰蛋白酶所致消化不良与肠道本身吸收机能障碍所致的吸收不良。检验方法有 X 线片试验和明胶试管试验。

X 线片试验：取 5% $NaHCO_3$ 溶液 9 mL，加入粪便 1 g，搅拌均匀。取 1 滴该混悬液滴于 X 线软片(未曝光的软片或曝光后的黯黑部分)上，经 37.5 ℃ 1 h，或室温下 2.5 h，用水冲洗。若液滴下面出现一个清亮区，表示存在胰蛋白酶；如软片上只有一个水印子，表明胰蛋白酶为阴性。

明胶试管试验：在 9 mL 水中加入粪便 1 g 混匀，取一试管盛 7.5%明胶 2 mL，加热使明胶液化；然后加入粪便稀释液和 5% $NaHCO_3$溶液各 1 mL，混匀，经 37.5 ℃ 1 h 或室温下 2.5 h，再置于冰箱中 20 min，若混合物不呈胶冻状，表明胰蛋白酶为阳性。

②粪便显微镜检查：在卢戈氏液中加少许新鲜粪便混合为乳浊液，取一滴在载玻片上，待稍干燥后在高倍镜下观察。不消化的肌肉纤维被染为褐色，或有大量的淀粉颗粒被染成蓝色，或有橘黄脂肪滴时说明缺乏脂肪酶。如与正常动物对比，可增加可靠性。

3. B 型超声检查 急性胰腺炎时，有时可看到胰腺因水肿、出血、炎性渗出而出现局部或整体的低回声影像，附近的脂肪相对回声升高，可能有少量腹水。慢性胰腺炎时可见胰腺内有结石和囊肿。

4. X 线检查 急性胰腺炎时，可发现上腹部密度增加，有时可见胆结石和胰腺部分的钙化点；慢性胰腺炎时可见胰腺钙化和结石阴影。但放射学摄片正常也不能排除胰腺炎。

5. 必要时开腹探查和使用腹腔镜检查以确定诊断。

6. 鉴别诊断 临床工作中应与胃肠炎、胃肠溃疡、肠套叠、肝炎等疾病相鉴别。

【治疗】

治疗原则：抑制胰腺分泌、消炎止痛、纠正水盐代谢紊乱。

治疗方案：根据治疗原则，结合临床工作实际，参考以下相应的处置方法和治疗处方。

1. 急性胰腺炎

处方 1 阿托品注射液，0.02～0.04 mg/kg，皮下注射，2～3 次/d 或遵照医嘱。

处方 2 抑肽酶注射液，5 万～10 万 U，缓慢静脉注射。

处方 3 氨苄西林，犬：20～30 mg/kg，口服，2～3 次/d；或 10～20 mg/kg，静脉滴注/皮下注射/肌内注射，2～3 次/d。

处方 4 头孢哌酮钠，0.1 g/kg，肌内注射或静脉注射。

处方 5 盐酸吗啡注射液，0.5～0.75 mg/kg，皮下注射，1 次/d，腹痛明显时使用。

处方 6　盐酸曲马多注射液，50～100 mg，肌内注射或静脉注射，2 次/d。

处方 7　地塞米松磷酸钠注射液，1～4 mg/kg，肌内注射或静脉注射。

处方 8　纠正水盐代谢紊乱。可选用 5%～10%葡萄糖和生理盐水，或复方氯化钠注射液，配合复合维生素 B 和维生素 C 等进行静脉滴注。

2. 慢性胰腺炎

慢性胰腺炎主要靠药物维持其机能。常用食物疗法和补充缺乏的胰酶来减轻临床症状。

(1) 选择针对胰腺炎的处方粮 主要为高蛋白、高糖和低脂肪食物，注意少食多餐，每日至少饲喂 3 次。

(2)交换消化酶疗法 将胰蛋白酶或胰粉制剂混于食物中进行替代疗法，同时补充维生素 K、维生素 A、维生素 D、维生素 B_{12}、叶酸及钙制剂。

处方 1　维生素 A，犬：100～500 U，口服/肌内注射，1 次/d，连用 10～30 d；猫：30～100 U，口服，1 次/d。

处方 2　维生素 D_3，犬：1 500～3 000 U/kg，肌内注射。

处方 3　维生素 K_1，犬：0.5～1.5 mg/kg，皮下注射/口服，2～3 次/d，连用 7～14 d，然后改为 1 mg/(kg·d)，口服，4～6 周。猫：①5 mg，口服，1 次/d，或 10 mg，口服，每周 2 次；②5～20 mg，皮下注射，2 次/d，针对凝血紊乱。

处方 4　维生素 B_{12}，犬：0.5～1 mg，肌内注射，1 次/d，连用 7 d；猫：0.1～0.2 mg，皮下注射，每周 1 次。

处方 5　复合维生素 B，犬：片剂，1～2 片/次，口服，3 次/d；针剂，0.5～2 mL/次，肌内注射。猫：片剂，0.5～1 片/次，口服，3 次/d；针剂，0.5～1 mL/次，肌内注射。

【主人须知】

对于急性胰腺炎，当胰腺坏死时，理论上应立即施行手术对坏死胰腺进行切除，但胰腺发生坏死时往往病情危重，麻醉风险非常高。对于慢性胰腺炎因胰腺病变难以恢复，主要靠药物维持其机能，常用食物疗法，少食多餐，给予低脂肪、易消化的食物。

三、学生实践

(一)布置任务

根据所学知识，针对以上提供的病例资料，按要求分别完成以下任务。

(1)初步诊断：____

____。

(2)诊断依据：____

____。

(3)鉴别诊断：____

____。

(4)进一步检查：______________________________________。

(5)治疗原则：____。

(6)治疗处方：

××××动物医院处方笺

动物主人/饲养单位______________ 档案号______________

动物种类__________ 动物性别__________ 体重/数量______________

年(日)龄__________ 开具日期______________________

Rp：

执业兽医师__________ 注册号__________ 发药人__________

第一联：存根(白)

(二)工作评价

针对以上任务的完成情况，分别对初步诊断、诊断依据、鉴别诊断、进一步检查、治疗原则和治疗处方等任务分别给予评价和点评。

工作评价			
评价内容	评价结果		
	正确	基本正确	错误
初步诊断			
诊断依据			
鉴别诊断			
进一步检查			
治疗原则			
治疗处方			
学生反思			
教师点评			

任务二　腹膜炎

【病例导学】黄某家养一只萨摩耶犬，3 岁，雌性，体重 23 kg，主诉该犬近 3 d 以来，精神沉郁，食欲废绝，呕吐，体温持续处于 39.8 ℃，腹部疼痛，腹壁紧张且敏感，腹围变大，不敢运动，走动时弓腰，迈步拘谨；呼吸浅而快，呈胸式呼吸，于是前来就诊。

请思考：

1. 该患病犬的初步诊断是什么？
2. 诊断依据主要有哪些？
3. 如何进一步明确诊断？
4. 可采取哪些治疗措施？

一、知识准备

【概述】

腹膜炎是指由于各种致病因素的作用而引起的腹膜炎症，临床上以腹部剧烈疼痛和腹腔积有炎性渗出物为特征。根据临床表现分为急性腹膜炎和慢性腹膜炎；根据腹膜内有无感染病灶分为原发性腹膜炎和继发性腹膜炎；根据炎症的范围或程度又分为局限性腹膜炎和弥漫性腹膜炎。犬多数为继发性腹膜炎。

【病因】

1. 急性腹膜炎　常见继发于下列因素。

(1)消化道穿孔：如消化道的异物、肠套叠及肠梗阻等时，由于肠破裂，消化道内容物漏入腹腔，所以腹膜受到刺激和感染。

(2)膀胱穿孔：主要发生于插入导尿管失误或尿道阻塞使膀胱破裂，尿液刺激腹膜。

(3)生殖器穿孔：主要见于子宫蓄脓及子宫扭转等。

(4)外伤或术后感染：腹壁穿透创、腹部挫伤、腹部外科手术感染、脏器与腹膜粘连以及肿瘤破裂或腹腔内注入刺激性药物等。

2. 慢性腹膜炎　多发生于腹腔脏器炎症的扩散或由急性腹膜炎转变而来。

【症状】

1. 急性腹膜炎

患病犬猫精神高度沉郁，不愿走动，呈弓背姿势，食欲废绝，体温升高，心跳加快，心律不齐，脉搏急速而微弱。呼吸急促，呈现明显的胸式呼吸。剧烈腹痛时，痛苦呻吟，低头收腹，拱背卷缩，反射性呕吐，排粪迟缓。腹腔积液时，下腹部向两侧对称性膨大。触诊病犬猫躲避或抵抗，腹壁紧张，压痛明显。听诊肠音初期增强，后期减弱。叩诊呈水平浊音，浊音区上方呈鼓音。

2. 慢性腹膜炎

病情发展较缓慢，症状较轻，体温一般正常或轻度升高，常发生肠管粘连妨碍肠蠕动，表现消化不良和腹痛；有时伴有腹水和水肿。

二、工作过程

【诊断】

1. 初步诊断　根据病史调查、体格检查和临床症状可以做出初步诊断。

2. 实验室检查

(1)李凡他(Rivalta)试验　必要时可做腹腔穿刺(图 1-57),抽取腹腔穿刺液进行李凡他试验,呈阳性者,即为炎性渗出液,可确诊为腹膜炎。

操作方法:取试管一支,加满蒸馏水,再加 1 滴冰醋酸,混合。用吸管吸取穿刺液,向上述酸化蒸馏水液面上滴加 1～2 滴,若有白色云雾状物自上而下沉至试管底,即为阳性(图 1-58),证明穿刺液中含大量蛋白质,为炎性渗出液。如无白色云雾状物即为阴性,为非炎性渗出液。

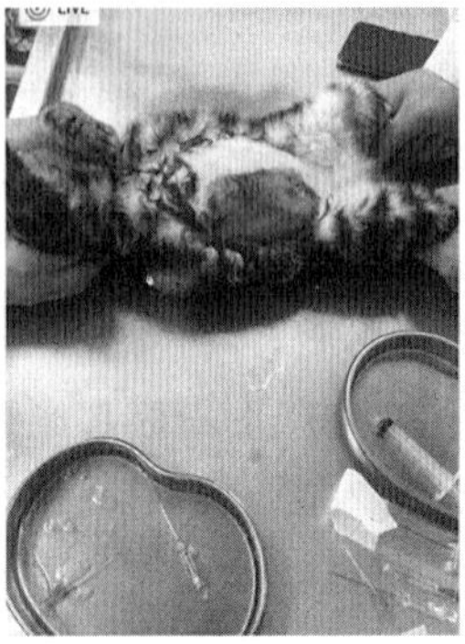

图 1-57　通过腹腔穿刺抽取穿刺液

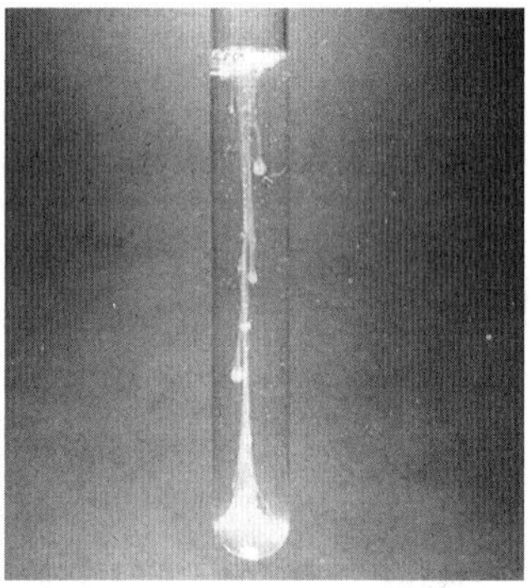

图 1-58　李凡他阳性试验

(2)细胞学检查　腹腔穿刺液中可见嗜中性粒细胞和巨噬细胞。

3. X 线检查　腹部呈现毛玻璃样,腹腔内阴影消失(图 1-59a、图 1-59b)。

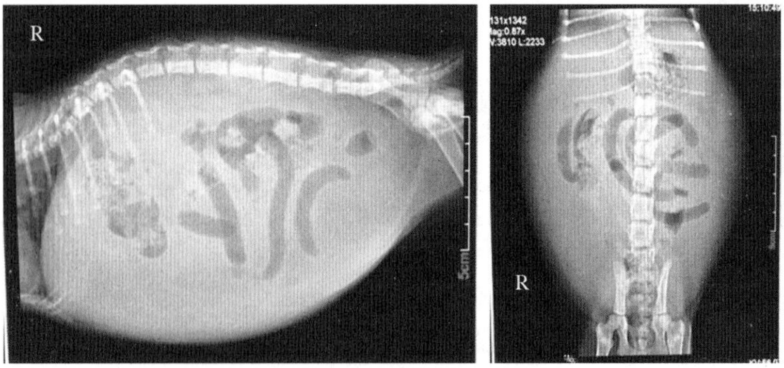

a. 侧位片　　b. 正位片

图 1-59　腹部呈现毛玻璃样

4. 鉴别诊断　临床工作中应与子宫蓄脓以及一些能引起发生腹腔积液的疾病相鉴别。

【治疗】

治疗原则:除去病因,消炎抗菌,控制渗出。

治疗方案:根据治疗原则,结合临床工作实际,参考以下相应的治疗处方。

处方 1　对创伤所致的内脏穿孔、粘连、破裂等引起的腹膜炎,须及时进行手术治疗。

处方 2　对腹腔积液者,要进行腹腔穿刺放液后,再注入抗生素。可在腹腔内注入

20 万 U 青霉素、20 万 U 链霉素，0.25%普鲁卡因溶液 10 mL 和 5%葡萄糖溶液 5 mL。

处方 3　氨苄西林，犬：20～30 mg/kg，口服，2～3 次/d；或 10～20 mg/kg，静脉滴注/皮下注射/肌内注射，2～3 次/d。

处方 4　速诺(阿莫西林克拉维酸钾干混悬剂)，犬/猫：0.1 mL/kg，肌内注射/皮下注射，1 次/d。

处方 5　头孢噻肟钠，犬/猫：20～40 mg/kg，静脉滴注/肌内注射/皮下注射，3～4 次/d。

处方 6　庆大霉素，犬：3～5 mg/kg，皮下注射/肌内注射，2 次/d，连用 2～3 d；肠道感染，10～15 mg/kg，口服。

处方 7　阿米卡星，犬：5～15 mg/kg，肌内注射/皮下注射，1～3 次/d；猫：10 mg/kg，肌内注射/皮下注射，3 次/d。

处方 8　甲硝唑注射液，5～10 mg/kg，静脉滴注。

处方 9　制止渗出，10%葡萄糖酸钙溶液 5～40 mL 加到高渗糖溶液中，静脉滴注。

处方 10　要纠正脱水，维持电解质平衡，改善微循环，可静脉滴注复方氯化钠溶液、5%～10%葡萄糖和等渗盐水，同时补给 B 族维生素、维生素 C 等。

【主人须知】

本病预后慎重，特别是急性和慢性腹膜炎造成广泛性腹腔脏器粘连时多预后不良。尽量让动物安静休息，并给予易消化的食物。

三、学生实践

(一)布置任务

根据所学知识，针对以上提供的病例资料，按要求分别完成以下任务。

(1)初步诊断：____

____

____。

(2)诊断依据：____

____

____。

(3)鉴别诊断：____

____

____。

(4)进一步检查：______________________________________

____。

(5)治疗原则：____。

(6)治疗处方：

××××动物医院处方笺

动物主人/饲养单位＿＿＿＿＿＿＿＿　档案号＿＿＿＿＿＿＿＿

动物种类＿＿＿＿＿　动物性别＿＿＿＿＿　体重/数量＿＿＿＿＿

年(日)龄＿＿＿＿＿　开具日期＿＿＿＿＿＿＿＿

Rp：

执业兽医师＿＿＿＿＿　注册号＿＿＿＿＿　发药人＿＿＿＿＿

第一联：存根(白)

(二)工作评价

针对以上任务的完成情况，分别对初步诊断、诊断依据、鉴别诊断、进一步检查、治疗原则和治疗处方等任务分别给予评价和点评。

工作评价			
评价内容	评价结果		
	正确	基本正确	错误
初步诊断			
诊断依据			
鉴别诊断			
进一步检查			
治疗原则			
治疗处方			
学生反思			
教师点评			

执业兽医资格考试真题精选

1. 急性咽炎时，颌下淋巴结常见的变化是(　　)(2018 年全国执业兽医资格考试试卷下午卷第 3 题)
A. 萎缩、变硬、敏感　B. 肿大、柔软、敏感　C. 肿大、变硬、敏感
D. 萎缩、柔软、敏感　E. 肿大、变硬、不敏感
2. 犬争食软骨、肉块和筋腱时，可能突然引起的食道疾病是(　　)(2018 年全国执业兽医资格考试试卷下午卷第 12 题)
A. 溃疡　B. 痉挛　C. 狭窄
D. 阻塞　E. 麻痹
3. 治疗动物腹膜炎，为制止渗出，应选择静脉注射的药物是(　　)(2018 年全国执业兽医资格考试试卷下午卷第 14 题)
A. 0.9%氯化钠　B. 10%氯化钙　C. 3%氯化钾
D. 5%葡萄糖　E. 0.25%普鲁卡因
4. 与犬牙周病无关的症状是(　　)(2018 年全国执业兽医资格考试试卷下午卷第 30 题)
A. 牙齿磨灭不正　B. 不敢咀嚼硬质食物　C. 牙周袋形成并蓄脓
D. 牙疼痛明显　E. 齿龈肿胀或萎缩
5. 引起实质性黄疸的疾病是(　　)(2019 年全国执业兽医资格考试试卷下午卷第 12 题)
A. 胆管结石　B. 胆囊结石　C. 胆管狭窄
D. 胆囊炎　E. 肝炎
6. 食道阻塞的发病特征是(　　)(2019 年全国执业兽医资格考试试卷下午卷第 13 题)
A. 黏膜发绀　B. 咀嚼障碍　C. 精神沉郁
D. 突然发生　E. 口腔溃疡
7. 犬胃扩张-扭转综合征的临床特征是(　　)(2019 年全国执业兽医资格考试试卷下午卷第 16 题)
A. 腹围增大　B. 腹泻　C. 血便
D. 脾后移　E. 脾肿大
8. 犬急性肝炎的实验室检查出现的变化是(　　)(2019 年全国执业兽医资格考试试卷下午卷第 17 题)
A. 天冬氨酸氨基转移酶活性升高　B. 血浆清蛋白升高
C. 血脂降低　D. ATP 增多　E. 维生素 K 增加
9. 泰迪犬，8 岁，饮食不规律，暴饮暴食，突发腹痛腹胀呕吐，发热，血清淀粉酶超过正常值 5 倍，该病最可能的诊断是(　　)(2020 年全国执业兽医资格考试试卷下午卷第 57 题)
A. 肠梗阻　B. 急性肝炎　C. 胃肠炎
D. 胆囊炎　E. 急性胰腺炎
10. 犬，10 岁，采食障碍，咀嚼异常，发病 6 d 后症状减轻并逐渐消失，以后齿根部骨质增生形成骨赘。该病的诊断最可能为(　　)(2020 年全国执业兽医资格考试试卷下午卷第 59 题)
A. 非化脓性齿槽骨膜炎　B. 牙周炎　C. 化脓性齿槽骨膜炎
D. 齿髓炎　E. 牙龈炎

11. 德国牧羊犬，3岁，训练后突发呼吸困难，结膜发绀，胸腹部X线侧位片可见肋弓前后大面积圆形低密度影，后腔静脉狭窄；正位片可见膈后大面积横梨形低密度影，肠管后移。该犬的初步诊断是（　　）（2019年全国执业兽医资格考试试卷下午卷第55题）

A. 肠套叠　　B. 肠梗阻　　C. 胃内异物
D. 胃幽门阻塞　　E. 胃扩张-扭转综合征

12. 犬，甩尾，擦舔肛门，肛门囊部位肿胀，分泌物恶臭，治疗该病，不宜采用的方法是（　　）（2018年全国执业兽医资格考试试卷下午卷第73题）

A. 挤肛门囊　　B. 清洗消毒　　C. 封闭疗法
D. 刺激剂疗法　　E. 抗生素疗法

13. 犬，雄性，7岁，排尿困难，精神和食欲基本正常，肛门右侧肿胀、隆起，触压较柔软，倒立时，压迫肿胀物体积变小。该肿胀物可能是（　　）（2018年全国执业兽医资格考试试卷下午卷第75题）

A. 血肿　　B. 肛门囊脓肿　　C. 直肠憩室
D. 肛门腺肿瘤　　E. 会阴疝

（14～16题共用题干）

罗威纳犬，雄性，3岁，饱食后半小时，腹围快速增大，口吐白沫，呼吸困难，腹痛不安，触诊腹部鼓胀，有震水音，听诊心率快而弱。

14. 根据临床症状，首先排除的疾病是（　　）（2020年全国执业兽医资格考试试卷下午卷第118题）

A. 急性胃扩张　　B. 食物中毒　　C. 胃扩张-扭转综合征
D. 肠梗阻　　E. 肠痉挛

15. 右侧位X线检查，胃部出现大面积低密度阴影，在阴影中上部横有一中密度折痕，幽门向前背侧移位，脾脏向右移位。正确的治疗方法是（　　）（2020年全国执业兽医资格考试试卷下午卷第119题）

A. 灌肠、洗胃　　B. 实施胃切开术　　C. 注射阿托品
D. 实施胃固定术　　E. 静注20%甘露醇

16. [假设信息]若胃导管探查顺利插入，腹胀迅速减轻，且症状得到缓解，病犬逐渐康复。该病的诊断是（　　）（2020年全国执业兽医资格考试试卷下午卷第120题）

A. 食道狭窄　　B. 急性胃扩张　　C. 肠梗阻
D. 食道阻塞　　E. 胃扩张-扭转综合征

（17～19题共用题干）

母犬，4岁，营养状况良好，偷食炸鸡后，剧烈呕吐，精神沉郁，食欲废绝，腹泻，呻吟，呈祈祷姿势，腹壁触诊高度敏感，血清学检查淀粉酶活性升高。

17. 该病最可能的诊断是（　　）（2019年全国执业兽医资格考试试卷下午卷第71题）

A. 胰腺炎　　B. 脑炎　　C. 肝炎
D. 肠炎　　E. 胃肠炎

18. 确诊需进一步进行（　　）（2019年全国执业兽医资格考试试卷下午卷第72题）

A. 超声检查　　B. X线检查　　C. 脂肪酶检测
D. 碱性磷酸酶检测　　E. 内镜检查

19. 预防该病，不宜(　　)(2019年全国执业兽医资格考试试卷下午卷第73题)
A. 暴饮暴食　B. 禁食　C. 高脂饮食
D. 低蛋白饮食　E. 低盐饮食

(20～22题共用题干)

猫，3岁，饮食欲废绝，流涎，呕吐，消瘦，抽搐，四肢无力，不愿活动，皮肤松弛，缺乏弹性，B超检查肝脏肿大，表面有凸起，腹腔内有腹水。

20. 该猫可视黏膜颜色可能是(　　)(2019年全国执业兽医资格考试试卷下午卷第168题)
A. 淡红色　B. 深红色　C. 淡白色
D. 淡黄色　E. 淡紫色

21. 该病的血液生化检查结果最可能会出现(　　)(2019年全国执业兽医资格考试试卷下午卷第169题)
A. 肌酸激酶活性升高　B. α-淀粉酶活性升高　C. 尿酸浓度升高
D. 丙氨酸氨基转移酶活性升高　E. 肌酐浓度升高

22. 有助于确诊本病的检查方法是(　　)(2019年全国执业兽医资格考试试卷下午卷第170题)
A. 胃导管探诊　B. 内镜检查　C. 肝脏穿刺检查
D. 心电图检查　E. 血气分析

(23～25题共用题干)

牧羊犬，6岁，髋关节发育不良，长期服用阿司匹林，精神沉郁，眼球凹陷，频繁呕吐，呕吐物中带血。触诊腹壁紧张，前腹部敏感。

23. 该病最可能的诊断是(　　)(2019年全国执业兽医资格考试试卷下午卷第177题)
A. 胃炎　B. 肝炎　C. 食道炎
D. 胆囊炎　E. 胰腺炎

24. 确诊该病的检查项目是(　　)(2019年全国执业兽医资格考试试卷下午卷第178题)
A. B超检查　B. X线检查　C. 内镜检查
D. 血清生化检查　E. 病原分离鉴定

25. 该犬持续性呕吐可导致(　　)(2019年全国执业兽医资格考试试卷下午卷第179题)
A. 血钾升高　B. 血钾降低　C. 血磷升高
D. 血磷降低　E. 血钠降低

(26～28题共用题干)

波士顿㹴幼犬，20日龄，饱食后1～2 h发生喷射性呕吐，呕吐物中不含胆汁。钡餐造影观察胃排空时间延长。

26. 该病最可能的诊断是(　　)(2018年全国执业兽医资格考试试卷下午卷第172题)
A. 肠梗阻　B. 胃溃疡　C. 贲门狭窄
D. 幽门狭窄　E. 十二指肠溃疡

27. 根治本病，应采取(　　)(2018年全国执业兽医资格考试试卷下午卷第173题)
A. 胃切开术　B. 肠管截断术　C. 肠管切开术
D. 贲门肌切开术　E. 幽门肌切开术

28. 保守治疗，有效的药物是(　　)(2018 年全国执业兽医资格考试试卷下午卷第 174 题)
A. 胃复安　B. 钙制剂　C. 抗生素
D. 干扰素　E. 肾上腺素

(29～31 题共用题干)

博美犬，雌性，4 岁，正常免疫。食入多量红薯后出现呕吐，次日呕吐加剧，第 3 天就诊，体温 38 ℃，拱背，鼻镜干燥，精神差，血常规检查，白细胞数为 56.3×10^{9}/L，红细胞数为 4.97×10^{12}/L，血红蛋白为 140 g/L。

29. 该犬可以排除的疾病是(　　)(2017 年全国执业兽医资格考试试卷下午卷第 18 题)
A. 犬细小病毒病　B. 急性胃炎　C. 肠套叠
D. 急性胰腺炎　E. 肠炎

30. 进一步诊断，血清生化检查，淀粉酶活性为 3 512 U/L，该病可能是(　　)(2017 年全国执业兽医资格考试试卷下午卷第 186 题)
A. 犬细小病毒病　B. 急性胃炎　C. 急性胰腺炎
D. 胃扭转　E. 肠套叠

31. 治疗该病的首选药物为(　　)(2017 年全国执业兽医资格考试试卷下午卷第 187 题)
A. 肾上腺素　B. 长春新碱　C. 保泰松
D. 呋塞米　E. 抑酶肽

(32～34 题共用备选答案)

A. 胃切开术　B. 肠侧壁切开术　C. 脾脏摘除术
D. 膈修补术　E. 肠管切除术

32. 普通家猫，雄性，12 岁。长期腹胀，排粪困难，腹后部触诊，发现结肠及直肠内有多量坚硬粪便蓄积，反复灌肠仍未能软化排出。对该猫的治疗措施是(　　)(2020 年全国执业兽医资格考试试卷下午卷第 95 题)

33. 拉布拉多犬，7 岁，呕吐、腹泻一周余，排暗黑色稀便，后经剖腹探查术发现空肠后段套叠，套叠处肠管呈暗紫色，相应地肠系膜血管无搏动。对该犬的治疗措施是(　　)(2020 年全国执业兽医资格考试试卷下午卷第 96 题)

34. 泰迪犬，2 岁，突遇车祸，检查后未见体表明显外伤，驻立时全身震颤，呼吸急促，可视黏膜苍白，腹部触诊敏感，B 超检查脾脏结构紊乱不清。对该犬的治疗措施是(　　)(2020 年全国执业兽医资格考试试卷下午卷第 97 题)

模块一参考答案

模块一高清插图

模块二
呼吸系统疾病

【模块导读】

模块介绍

呼吸系统是从鼻开始，以喉头环状软骨下缘为界分为上呼吸道和下呼吸道，具体包括鼻、副鼻窦、喉、气管、支气管和肺等；呼吸道与外界直接相通，是一条较长的管道；空气中的各种微生物、变应原、化学毒物、粉尘、烟尘、真菌孢子、花粉、有害气体等不间断地与呼吸系统相接触，再加上管理不善、气候变化等因素导致机体抵抗力下降，因此在宠物临床中呼吸系统疾病是较为常见的内科病。本模块由 2 个项目 7 个学习任务组成，重点介绍感冒、气管支气管炎、肺炎、肺水肿、肺气肿等常见临床疾病的病因、临床症状、诊断与治疗。

模块目标

（一）知识目标

1. 熟悉上呼吸道和下呼吸道各器官的局部解剖生理知识。
2. 熟悉上呼吸道和下呼吸道各器官疾病的病理知识。
3. 掌握上呼吸道和下呼吸道各器官疾病的病因及临床症状。
4. 掌握上呼吸道和下呼吸道各器官疾病治疗所用药物的药理学知识。
5. 掌握上呼吸道和下呼吸道各器官疾病的治疗与预防措施。

（二）技能目标

1. 具备应用常规诊断仪器设备的能力。
2. 具备对呼吸系统临床病例的综合分析并做出初步诊断的能力。
3. 具备进一步症状鉴别诊断的能力。
4. 能准确开具呼吸系统相关器官疾病的治疗处方并具备实施治疗的能力。
5. 具备与宠物主人良好沟通交流的能力。

（三）素质目标

1. 具备良好的职业道德和职业责任感。
2. 具备吃苦耐劳、乐于钻研、爱岗敬业的工作态度。
3. 具备主动服务社会的意识和团结协作的精神。
4. 树立人与宠物和谐相处的生态理念，尊重生命，关爱宠物。

项目一　上呼吸道疾病

任务一　感 冒

【病例导学】徐某家养一只京巴犬，雄性，4月龄，体重2 kg；因天气突然变冷，在阳台待了一晚上，第2天发现，流清亮的鼻液，偶尔咳嗽，食欲减退，爱喝水，不爱运动。体温39.8 ℃，怕冷发抖，眼睛畏光流泪，打喷嚏，常用前爪搔鼻。

请思考：

1. 该患病犬的初步诊断是什么？
2. 诊断依据主要有哪些？
3. 如何进一步明确诊断？
4. 可采取哪些治疗措施？

一、知识准备

【概述】

感冒是指机体因风寒侵袭而引起的以上呼吸道感染为主的急性、全身性疾病。多发于幼年犬猫。早春、晚秋及气候多变的季节多发。

【病因】

1. 日常管理不当　突然遭受寒冷的刺激(如冬季遇贼风或在室内睡觉时遭穿堂风侵袭、寒冷季节露宿、被雨淋、给犬洗澡后没有及时将毛吹干等)、长途运输、过度劳累和营养不良等均可引起。

2. 细菌或病毒引起　某些呈现高度接触传染性和明显由空气传播引起的感冒可能是由细菌或病毒引起的流行性感冒。

【症状】

精神沉郁，嗜睡，体温39.5 ℃以上，四肢末端发凉。呼吸加快，咳嗽，打喷嚏，流清鼻涕，以后逐渐变成黏性、脓性鼻液(图2-1、图2-2)，眼睛畏光流泪；食欲减退，有时废绝；有的可因鼻黏膜高度肿胀而引起呼吸困难，呼吸次数增多，肺呼吸音增强；心率加快，心音增强。如治疗不及时，常转为气管炎或肺炎。

视频 2-1　犬瘟热早期症状

二、工作过程

【诊断】

1. 初步诊断　根据病史调查(受寒冷侵袭或风吹雨淋，洗澡后受凉发病)和临床症状表现(畏光流泪，流清涕，体温升高，轻微咳嗽，无传染性)可以做出初步诊断。

2.治疗性诊断 应用解热、消炎药物使症状迅速缓解。

3.鉴别诊断 临床工作中应与流感、犬瘟热早期症状和细小病毒病早期症状相鉴别。

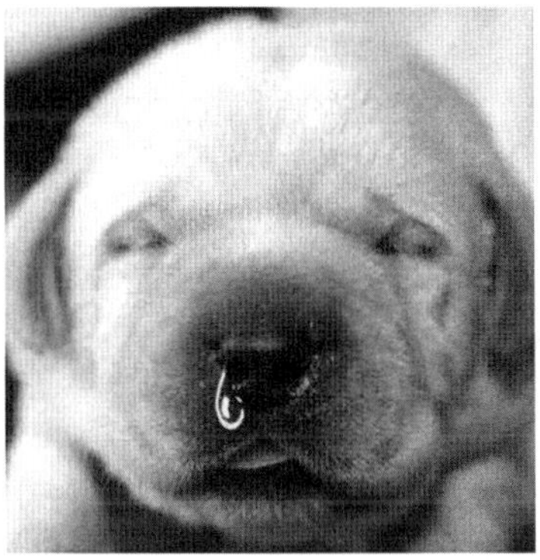

图 2-1 鼻流清涕

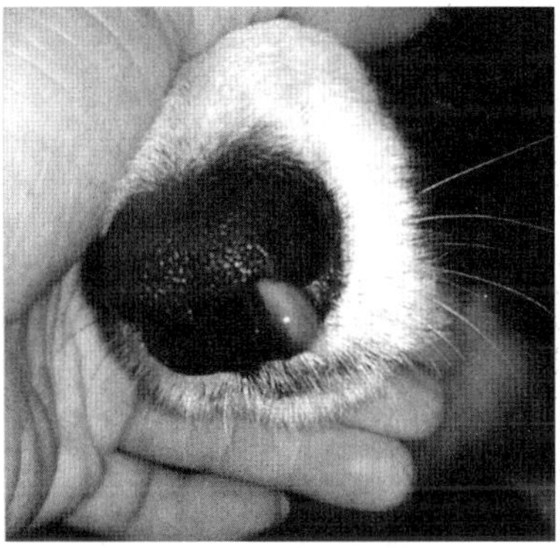

图 2-2 脓性鼻液

【治疗】

治疗原则:解热镇痛,防止继发感染和抗病毒。

治疗方案:根据治疗原则,结合临床工作实际,参考以下相应的治疗处方。

处方 1 复方氨基比林,小型犬 1~2 mL/次,大型犬 5~10 mL/次,皮下注射/肌内注射,2 次/d,连用 2 d。

处方 2 安痛定,小型犬 0.3~0.5 mL/次,大型犬 5~10 mL/次,皮下注射/肌内注射,2 次/d,连用 2 d。

处方 3 氟尼辛葡甲胺注射液,1~2 mg/kg,皮下注射/肌内注射,1~2 次/d,连用不超过 5 d。

处方 4 柴胡注射液,犬:2 mL/次,肌内注射,2 次/d。

处方 5 氨苄西林,犬:20~30 mg/kg,口服,2~3 次/d;或 10~20 mg/kg,静脉滴注/皮下注射/肌内注射,2~3 次/d。

处方 6 阿米卡星注射液,犬:10~20 mg/kg,肌内注射,2 次/d。

处方 7 硫酸头孢喹肟注射液,犬:0.1 mL/kg,皮下注射,1 次/d。

处方 8 板蓝根颗粒剂或感冒清热颗粒剂,犬:每次 1 袋,口服。

处方 9 利巴韦林注射液,犬:15~20 mg/kg,肌内注射,1 次/d。

【主人须知】

加强日常饲养管理和护理;在气温骤变季节,做好防寒保暖工作。及时提供全价日粮,提高机体抵抗力。给犬洗澡后一定要吹干被毛,尤其是长毛犬。

三、学生实践

(一)布置任务

根据所学知识,针对以上提供的病例资料,按要求分别完成以下任务。

(1)初步诊断:____。

(2)诊断依据:____

____。

(3)鉴别诊断：____

____。

(4)进一步检查：____

____。

(5)治疗原则：____。

(6)治疗处方：

×××× 动物医院处方笺

动物主人/饲养单位______________ 档案号______________

动物种类__________ 动物性别__________ 体重/数量__________

年(日)龄__________ 开具日期______________ 第一联：存根(白)

Rp：

执业兽医师__________ 注册号__________ 发药人__________

(二)工作评价

针对以上任务的完成情况，分别对初步诊断、诊断依据、鉴别诊断、进一步检查、治疗原则和治疗处方等任务分别给予评价和点评。

工作评价			
评价内容	评价结果		
	正确	基本正确	错误
初步诊断			
诊断依据			
鉴别诊断			
进一步检查			
治疗原则			
治疗处方			

续表

学生反思	
教师点评	

任务二 鼻 炎

【病例导学】周某饲养一只拉布拉多犬，雄性，5月龄，体重5 kg；在3月龄的时候有一天气候突变寒冷，保暖没有做到位，次日后经常出现打喷嚏，但不发热不咳嗽，精神食欲正常，鼻中无异物，家中也没有什么特别刺激的味道，经常在甩头时会连打几个喷嚏，目前1个月多了，还是没好，有时还会甩一脸鼻水，有时候呼吸时感觉犬的鼻子被堵住了，有点像打呼噜。

请思考：

1. 该患病犬的初步诊断是什么？
2. 诊断依据主要有哪些？
3. 如何进一步明确诊断？
4. 可采取哪些治疗措施？

一、知识准备

【概述】

鼻炎是指部分上呼吸道的鼻和鼻腔内的炎症，临床上以鼻黏膜充血、肿胀，流出浆液性、黏液性及脓性鼻液，呼吸困难，打喷嚏为主要特征，春、秋季节多发。按病程分为急性和慢性鼻炎；按病因分为原发性和继发性鼻炎；以原发性浆液性鼻炎多见。

【病因】

1. 原发性鼻炎　主要由于鼻腔黏膜受寒冷、化学、机械性因素刺激所致。

(1)寒冷刺激　寒冷刺激引起的原发性鼻炎占较大比例。由于季节变换、气温骤降，耐寒能力差、抵抗力不强的动物，鼻黏膜在寒冷刺激下发生充血、渗出，鼻腔内条件性病原菌繁殖而引起黏膜炎症。

(2)化学因素　包括挥发性化工原料，饲养场产生的有害气体，以及某些环境污染物直接刺激鼻并黏膜引起炎症。

(3)机械因素　包括粗暴的鼻腔检查，吸入粉尘、植物芒刺、昆虫、花粉及霉菌孢子，鼻部外伤等直接刺激鼻黏膜引起炎症。

2.继发性鼻炎

(1)继发于某些传染病,如犬瘟热、犬副流感感染、犬腺病毒Ⅱ型感染、猫疱疹病毒Ⅰ型感染、猫杯状病毒感染、博代氏杆菌感染、出血性败血性巴氏杆菌感染。

(2)继发于寄生虫感染,如犬鼻螨、肺棘螨等。

(3)某些过敏性疾病,如药物过敏、环境因素过敏等。

(4)邻近器官炎症蔓延,如咽喉炎、副鼻窦炎及齿槽骨膜炎、呕吐所致鼻腔污染等可波及鼻黏膜而发生炎症。

【症状】

1.急性鼻炎　发病初期鼻黏膜充血、潮红、肿胀,不时地打喷嚏,患病犬猫摇头后退、蹭鼻、流泪。随着炎症的发展,自一侧或两侧鼻孔流出浆液性-黏液性鼻液(图2-3),若混有血液则为血性鼻液。急性期患病犬猫出现呼吸迫促、张口呼吸及吸气性鼻呼吸杂音等呼吸困难症状。伴有结膜炎时,可见大量脓性分泌物。颌下淋巴结明显肿胀时可引起吞咽困难。常并发扁桃体炎和咽喉炎。

2.慢性鼻炎　病情发展缓慢,临床症状时轻时重,主要症状为流鼻液。鼻液的性状为黏液性、脓性、血性或混合性。鼻液的量不多,而可能会在鼻孔的周围形成脓性痂皮,污秽不洁(图2-4、图2-5),可发出腐臭味。有时频频打喷嚏,或张口呼吸,或发出鼻塞声。慢性鼻炎常可继发鼻窦炎和上颌窦蓄脓等,也常为鼻腔肿瘤的诱因。

图2-3　早期流浆液性鼻液

图2-4　中后期两侧鼻孔流出黏液或脓性鼻液

图2-5　后期鼻孔的周围形成脓性痂皮,污秽不洁

二、工作过程

【诊断】

1.初步诊断　根据鼻黏膜充血、肿胀、打喷嚏和流鼻液等特征症状即可做出初步诊断。

2.鉴别诊断　利用鼻液或鼻腔涂擦物培养分离细菌。由病原体引起的猫的呼吸系统疾病也呈现相似症状,因此,有时很难确诊鼻炎是否由病毒引起。临床上可通过病毒的组织学培养或中和反应进行鉴别。

【治疗】

治疗原则:祛除病因、抗菌消炎和局部用药。

治疗方案:根据治疗原则,结合临床工作实际,参考以下相应的治疗处方。

处方1　用2%～3%硼酸溶液或1%高锰酸钾溶液或1%明矾溶液或0.1%鞣酸溶液冲洗鼻腔,滴入消炎药水(如氯霉素眼药水)或涂抹药膏(如红霉素软膏)。

处方2　庆大霉素4万～8万U,利多卡因20～40 mg,地塞米松2～4 mg,注射用水

20 mL，混合滴鼻，每日多次，连用 3～5 d。

处方 3　氨苄西林，犬：20～30 mg/kg，口服，2～3 次/d；或 10～20 mg/kg，皮下注射/肌内注射/静脉滴注，2～3 次/d。

处方 4　速诺（阿莫西林克拉维酸钾干混悬剂），犬/猫：0.1 mL/kg，皮下注射/肌内注射，1 次/d。

处方 5　头孢唑林钠，犬：15～30 mg/kg，肌内注射/静脉滴注，3～4 次/d。

处方 6　硫酸头孢喹肟注射液，犬：0.1mL/kg，皮下注射，1 次/d。

处方 7　1%复方碘甘油，滴鼻，每日多次，连用 10 d（真菌性鼻炎）。

【主人须知】

配合宠物医生仔细护理患病宠物，及时用药和换药；加强卫生防疫工作；加强日常饲养管理，给予营养丰富且容易消化的日粮，以提高宠物机体抵抗力。

三、学生实践

（一）布置任务

根据所学知识，针对以上提供的病例资料，按要求分别完成以下任务。

（1）初步诊断：____

____

____。

（2）诊断依据：____

____

____。

（3）鉴别诊断：____

____

____。

（4）进一步检查：____

____。

（5）治疗原则：____。

(6)治疗处方：

×××× 动物医院处方笺

动物主人/饲养单位________ 档案号________

动物种类________ 动物性别________ 体重/数量________

年(日)龄________ 开具日期________

Rp：

执业兽医师________ 注册号________ 发药人________

第一联：存根(白)

(二)工作评价

针对以上任务的完成情况，分别对初步诊断、诊断依据、鉴别诊断、进一步检查、治疗原则和治疗处方等任务分别给予评价和点评。

工作评价			
评价内容	评价结果		
	正确	基本正确	错误
初步诊断			
诊断依据			
鉴别诊断			
进一步检查			
治疗原则			
治疗处方			
学生反思			
教师点评			

任务三 喉炎

【病例导学】江某家养一只串串犬，雄性，8月龄，体重6 kg，因洗澡没有及时吹干，于第2天出现剧烈咳嗽，声音嘶哑，时而抬头似吞咽状，逐渐也不爱运动，食欲下降，精神不振，体温39.3 ℃，喉部触诊敏感，挣扎明显，诱发咳嗽。

请思考：

1. 该患病犬的初步诊断是什么？
2. 诊断依据主要有哪些？
3. 如何进一步明确诊断？
4. 可采取哪些治疗措施？

一、知识准备

【概述】

喉炎是喉黏膜及黏膜下层组织的炎症，临床上以剧烈咳嗽，喉部敏感、肿胀、疼痛为主要特征。按病程分为急性喉炎和慢性喉炎；按病因分为原发性喉炎和继发性喉炎。

【病因】

1. 原发性喉炎　主要是由于受寒感冒，化学、温热及机械性刺激所致。

2. 继发性喉炎　继发于某些病毒（如犬瘟热病毒、腺病毒Ⅱ型、猫传染性鼻气管炎病毒、猫杯状病毒）等的感染及邻近器官炎症（如鼻炎、咽炎、扁桃体炎、气管炎）的蔓延所致。

【症状】

急性喉炎，主要表现为响亮且刺耳的咳嗽，吠叫声嘶哑甚至完全叫不出声。病初咳嗽声为粗厉、短而有力的痛性干咳，后转为湿咳，咳后常发生呕吐，喉部触诊敏感（图2-6）。轻症时，无明显的全身症状。重症时，全身症状明显，体温升高，精神沉郁，可视黏膜发绀。咽喉附近淋巴结肿胀，喉部出现水肿时，患病犬猫呈吸气性呼吸困难。

慢性喉炎，一般无明显的临床症状，清晨常频频咳嗽，激动、运动时也易咳，喉部触诊敏感。

二、工作过程

【诊断】

1. 初步诊断　根据病史和临床症状即可做出初步诊断。结合喉镜和血液学检查有助于确诊。

2. 鉴别诊断　临床工作中应与鼻炎、咽炎、咽喉肿瘤和支气管炎等疾病相鉴别。

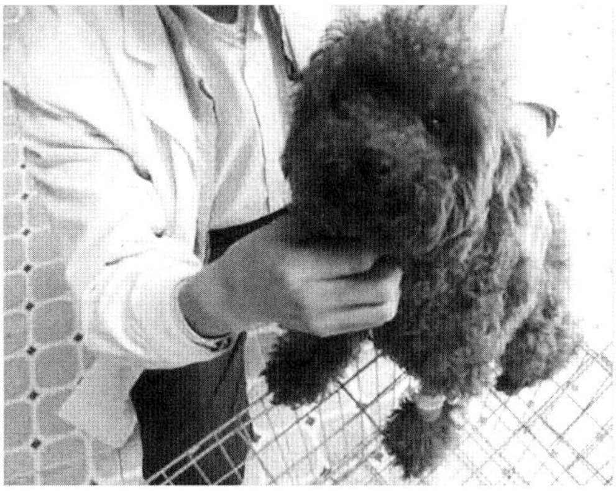

图2-6　喉部触诊敏感

【治疗】

治疗原则：消除致病因素，消炎、化痰、止咳。

治疗方案：根据治疗原则，结合临床工作实际，参考以下相应的治疗处方。

处方1 可待因，犬：15～60 mg/次，口服/皮下注射，3次/d；猫：5～30 mg/次，口服/皮下注射，3次/d。

处方2 氯化铵，犬：0.2～1 g/次，口服，2～3次/d。

处方3 痰咳净，犬：0.2 g/次，口服，2～3次/d。

处方4 复方甘草片，犬：1～2片/次，口服，3次/d。

处方5 喷托维林，犬：25 mg/次，口服，2～3次/d；猫：5～10 mg/次，口服，2～3次/d。

处方6 2%普鲁卡因2 mL，氨苄西林0.5 g，地塞米松5 mg，注射用水2 mL，喉部封闭注射。

处方7 氨苄西林，犬：20～30 mg/kg，口服，2～3次/d；或10～20 mg/kg，皮下注射/肌内注射/静脉滴注，2～3次/d。

处方8 速诺（阿莫西林克拉维酸钾干混悬剂），犬/猫：0.1 mL/kg，皮下注射/肌内注射，1次/d。

处方9 超声波雾化治疗，加入庆大霉素8万IU、鱼腥草2 mL，2次/d，连用5～10 d。

【主人须知】

尽量减少患病犬猫的活动，尽量待在室内，减少应激和避免寒冷刺激。

三、学生实践

（一）布置任务

根据所学知识，针对以上提供的病例资料，按要求分别完成以下任务。

（1）初步诊断：____

____

____。

（2）诊断依据：____

____

____。

（3）鉴别诊断：____

____

____。

（4）进一步检查：____

____。

（5）治疗原则：____。

(6)治疗处方：

××××动物医院处方笺

动物主人/饲养单位＿＿＿＿＿＿＿＿　　档案号＿＿＿＿＿＿＿＿

动物种类＿＿＿＿＿＿　动物性别＿＿＿＿＿＿　体重/数量＿＿＿＿＿＿

年(日)龄＿＿＿＿＿＿　开具日期＿＿＿＿＿＿＿＿＿＿

Rp：

第一联：存根(白)

执业兽医师＿＿＿＿＿＿　注册号＿＿＿＿＿＿　发药人＿＿＿＿＿＿

(二)工作评价

针对以上任务的完成情况，分别对初步诊断、诊断依据、鉴别诊断、进一步检查、治疗原则和治疗处方等任务分别给予评价和点评。

工作评价			
评价内容	评价结果		
	正确	基本正确	错误
初步诊断			
诊断依据			
鉴别诊断			
进一步检查			
治疗原则			
治疗处方			
学生反思			
教师点评			

项目二　下呼吸道疾病

任务一　气管支气管炎

【病例导学】赵某家养一只贵宾犬，雄性，6 月龄，体重 4 kg；平时性格较为活泼好动，前一天上午洗澡后，第 2 天出现精神不振，时而干咳，鼻头微凉，感觉有较多鼻液；在运动、采食、夜间或清晨咳嗽尤为剧烈；触诊颈部气管敏感，诱发咳嗽明显。

请思考：

1. 该患病犬的初步诊断是什么？
2. 诊断依据主要有哪些？
3. 如何进一步明确诊断？
4. 可采取哪些治疗措施？

一、知识准备

【概述】

气管支气管炎是气管、支气管黏膜表层或深层的炎症。临床上以咳嗽，胸部听诊有啰音为主要特征。临床上单纯性支气管炎比较少见，通常是先发生气管炎后继发支气管炎，支气管炎又常常波及细支气管，故而支气管炎大多数与气管炎合并发生。按病程有急性和慢性气管支气管炎之分。

【病因】

1. 物理因素　受潮湿和寒冷空气的刺激、异物的刺激（如灌药时药物误入气管、呕吐时食物进入气管内），吸入烟尘、真菌孢子、尘埃等的刺激以及过度勒紧脖（项）圈、食道内异物及肿瘤等的压迫所致。

2. 化学性因素　挥发性化工原料（如二氧化硫、氯化氢、氯气等）的泄漏、饲养场（舍）内的有害气体（如氨气、硫化氢）或其他化学毒气等直接刺激鼻黏膜所致。

3. 生物性因素　由某些病毒（如犬瘟热病毒、犬副流感病毒、猫鼻气管炎病毒）、细菌（如嗜血杆菌、链球菌、葡萄球菌、肺炎球菌）的感染所致。

视频 2-2　慢性气管支气管炎

4. 其他因素　如上呼吸道或肺部炎症的蔓延、心脏的异常扩张、某些过敏性疾病（如花粉、有机粉尘等变应原所致的过敏）所致。

【症状】

1. 急性气管支气管炎　主要表现为咳嗽。疾病初期为带痛的干咳，后转为湿咳。严重时为痉挛性咳嗽，在清晨尤为严重。有时有鼻液，先为浆液性，逐渐变为黏液性或脓性。肺部听诊可听到气管、支气管干性或湿性啰音(图 2-7)。发病初期,体温可轻度升高,若炎症蔓延到细支气管时,体温持续升高,脉搏频速,有明显的呼吸困难。肺部听诊可听到细支气管啰音。叩诊无明显变化。伴有食欲减退、精神萎靡。重症者,可出现呼吸急促、可视黏膜发绀、腹式呼吸。

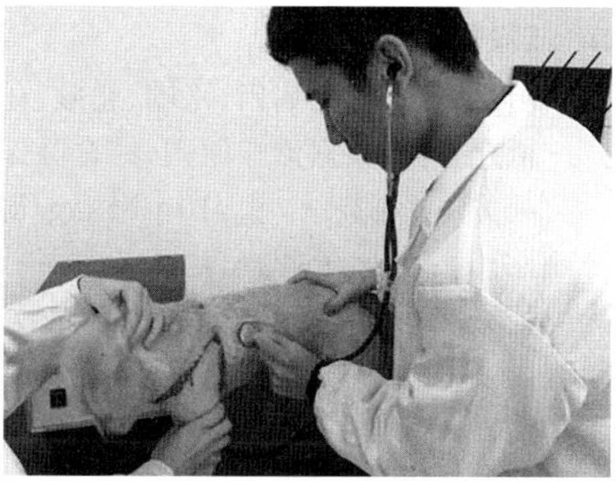

图 2-7　肺部听诊可听到啰音

2.慢性气管支气管炎　全身体况一般表现正常,且许多患病犬猫出现肥胖。临床上咳嗽的变化较大,可听到粗厉的突然发作的痉挛性咳嗽。在运动、采食、夜间和早、晚时咳嗽尤为剧烈,甚至引起气管痉挛。当支气管扩张时,咳嗽后有大量腐臭液外流,严重者出现吸气性呼吸困难,直至死亡。

二、工作过程

【诊断】

1.初步诊断　根据病史调查、临床症状表现(如咳嗽、气喘和胸部听诊有啰音等)和体格检查可做出初步诊断。

2.实验室检查

(1)血液学检查　重症犬猫可见白细胞总数升高,伴有中性粒细胞增多及核左移。病情缓解期可见单核细胞、淋巴细胞增多。若嗜酸性粒细胞增多,多见于寄生虫性或过敏性气管、支气管炎。血气检查时可见血液二氧化碳分压升高。

(2)气管、支气管清洗液检查　气管、支气管清洗液采样检查方法:先对犬猫进行麻醉,当进入麻醉后,插入气管插管。取 14-16 号注射针头通过插管插到气管或支气管。根据犬猫的大小,注入 1～5 mL 灭菌生理盐水,然后吸出。重复数次,回收 0.5 mL 清洗液,用于细菌/真菌培养或直接涂片镜检。

3.X 线检查　急性支气管炎可见斑状阴影;慢性支气管炎可见肺纹理增强,支气管周围有圆形 X 线不能透过的部分(图 2-8)。

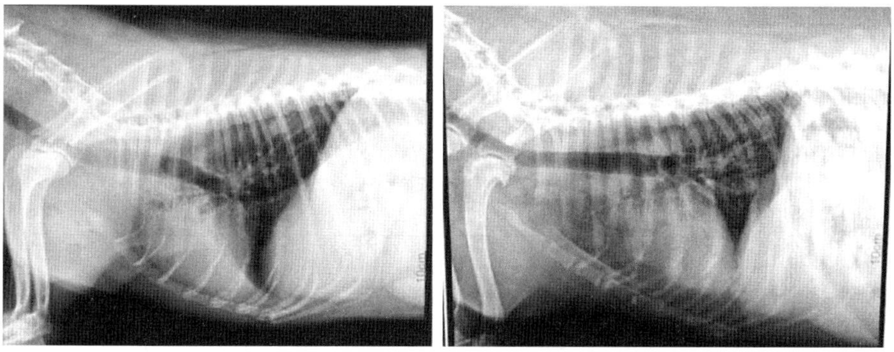

图 2-8　肺纹理增多,肺野内出现"甜甜圈"征象

4.支气管镜检查　可见支气管内有呈线状或充满管腔的黏液,黏膜粗糙增厚。

5.鉴别诊断　临床工作中应与鼻炎、喉炎、肺炎等疾病相鉴别。

【治疗】

治疗原则:祛除病因,平喘、止咳、化痰,抗菌消炎,抗过敏,补液、强心。

治疗方案:根据治疗原则,结合临床工作实际,参考以下相应的治疗处方。

处方 1 氨茶碱,犬:10～15 mg/kg,口服,2～3 次/d;或 50～100 mg/次,肌内注射/静脉滴注。

处方 2 可待因,犬:15～60 mg/次,口服/皮下注射,3 次/d;猫:5～30 mg/次,口服/皮下注射,3 次/d。

处方 3 氯化铵,犬:0.2～1 g/次,口服,2～3 次/d。

处方 4 乙酰半胱氨酸,犬:2～5 mL/次,口腔喷雾,2～3 次/d。

处方 5 复方甘草片,犬:1～2 片/次,口服,3 次/d。

处方 6 氨苄西林,犬:10～20 mg/kg,皮下注射/肌内注射/静脉滴注,2～3 次/d。

处方 7 速诺(阿莫西林克拉维酸钾干混悬剂),犬/猫:0.1 mL/kg,肌内注射/皮下注射,1 次/d。

处方 8 头孢唑林钠,犬:15～30 mg/kg,静脉滴注/肌内注射,3～4 次/d。

处方 9 硫酸头孢喹肟注射液,犬:0.1 mL/kg,皮下注射,1 次/d。

处方 10 地塞米松,犬:0.2～1 mg/kg,口服/肌内注射,3 次/d。

处方 11 扑尔敏,犬:0.5 mg/kg,口服,2～3 次/d;猫:2～4 mg,口服,2 次/d。

处方 12 苯海拉明,犬:2～4 mg/kg,口服,3 次/d。

处方 13 适量 5%葡萄糖溶液或 5%右旋糖酐、生理盐水,以及 10%安钠咖,强心补液。

处方 14 超声波雾化治疗,加入庆大霉素 8 万 IU 、鱼腥草 2 mL、糜蛋白酶 2 mL,2 次/d,连续使用 5～7 d。

【主人须知】

加强饲养管理,防寒保暖,减少刺激,积极治疗原发病。祛除病因,并将病犬或猫从干燥、多烟、多尘土或被污染的场所移走。每天在地面洒水以提高空气湿度,减少黏膜黏液分泌。配合医生仔细护理,按时用药。

三、学生实践

(一)布置任务

根据所学知识,针对以上提供的病例资料,按要求分别完成以下任务。

(1)初步诊断:____

____

____。

(2)诊断依据:____

____

____。

(3)鉴别诊断：______________________________

____

______________________________。

(4)进一步检查：______________________________

______________________________。

(5)治疗原则：______________________________。

(6)治疗处方：

××××动物医院处方笺

动物主人/饲养单位__________ 档案号__________

动物种类__________ 动物性别__________ 体重/数量__________

年(日)龄__________ 开具日期__________

Rp：

执业兽医师__________ 注册号__________ 发药人__________

第一联：存根(白)

(二)工作评价

针对以上任务的完成情况，分别对初步诊断、诊断依据、鉴别诊断、进一步检查、治疗原则和治疗处方等任务分别给予评价和点评。

工作评价			
评价内容	评价结果		
	正确	基本正确	错误
初步诊断			
诊断依据			
鉴别诊断			
进一步检查			
治疗原则			
治疗处方			

续表

学生反思	
教师点评	

任务二　肺炎

【病例导学】胡某饲养一只金毛犬，雄性，年龄 10 岁，体重 30 kg；3 d 前出现食欲减退，精神沉郁，体温升高至 40 ℃以上，稽留不退，呼吸困难，呈腹式呼吸，结膜潮红或发绀，鼻镜干燥，流鼻液，起初为浆液性，后转变为黏液性或脓性，有时伴有剧烈疼痛性咳嗽。肺部听诊呈湿啰音，叩诊病变部呈浊音或半浊音。

请思考：

1. 该患病犬的初步诊断是什么？
2. 诊断依据主要有哪些？
3. 如何进一步明确诊断？
4. 可采取哪些治疗措施？

一、知识准备

【概述】

肺炎是肺实质的炎症。临床上以发热、呼吸障碍，叩诊出现散在或广泛性的浊音区，听诊有啰音或捻发音，低氧血症和某些特殊 X 线检查表现为主要特征。老年及幼年犬猫冬春季易发。

【病因】

1. 物理性因素　受凉、贼风侵袭、舍内潮湿、劳累过度等因素可诱发本病。异物（如药物）、呕吐物或其他刺激性气体或液体的吸入所致。

2. 生物性因素

（1）某些病毒引起　如犬瘟热病毒、犬呼肠孤病毒、猫传染性鼻气管炎病毒、犬猫的疱疹病毒。

（2）某些细菌引起　如金黄色葡萄球菌、溶血性链球菌、肺炎球菌、克雷伯氏杆菌、埃希氏大肠杆菌、绿脓杆菌、棒状杆菌、梭形杆菌、军团菌、牛型结核分枝杆菌、放线菌、诺卡氏菌。

(3)某些真菌引起　如白念珠菌、烟曲霉菌、组织胞浆菌、球孢子菌等。

(4)某些寄生虫引起　如弓形虫、嗜气毛细线虫、猫圆线虫、并殖吸虫、蛔虫及钩虫的幼虫。

(5)支原体和立克次氏体等的感染所致。

3.其他因素　一些化脓性疾病(如子宫炎、乳腺炎、子宫蓄脓等)的病原可经血液途径进入肺而致病;某些过敏原(外界侵入、感染性或自身免疫性的)发生的变态反应或异常的免疫反应等引起。

【症状】

精神不振,食欲减退或废绝,体温高达 40 ℃以上,稽留不退,脉搏可达 100～150 次/min,结膜潮红或发绀;鼻镜干燥,流鼻液,先为浆液性,后为黏液性或脓性,有时可见铁锈色鼻液;常有剧烈的疼痛性咳嗽;呼吸急促,可达 50 次/min,并伴有明显的腹式呼吸,呈进行性呼吸困难,有严重的缺氧症状,可视黏膜发绀。肺部听诊,病初肺泡呼吸音增强,可听到湿性啰音,随着病程发展,肺泡呼吸音减弱或消失,但肺泡呼吸音消失区周围的肺泡呼吸音增强;叩诊病变区域呈浊音或半浊音,周围肺组织呈过清音。

视频 2-3　小金丝猴因肺炎张口呼吸

二、工作过程

【诊断】

1.初步诊断　根据临床症状如呼吸急促,咳嗽剧烈,体温升高至 40 ℃以上,稽留不退等特征可做出初步诊断。

2.实验室检查　血液常规检查:白细胞总数增加,中性粒细胞的比例升高,并伴有核左移现象,多见于细菌性肺炎;嗜酸性粒细胞增加,多见于变态反应性肺炎、犬丝虫病;白细胞总数减少,伴有核右移,多提示预后不良。

3.X 线检查　肺部有典型的炎灶性阴影(图 2-9)。

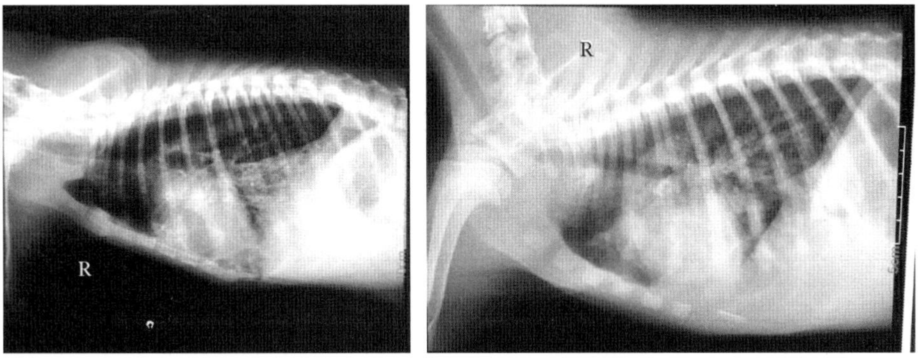

图 2-9　肺部有典型的炎灶性阴影

4.鉴别诊断　临床工作中应与支气管炎、大叶性肺炎等疾病相鉴别。

【治疗】

治疗原则:抗菌消炎、止咳化痰、制止渗出、促进渗出物的吸收与排出,以及其他对症治疗。

治疗方案:根据治疗原则,结合临床工作实际,参考以下相应的治疗处方。

处方1 速诺(阿莫西林克拉维酸钾干混悬剂),犬猫:0.1 mL/kg,肌内注射/皮下注射,1次/d。

处方2 硫酸卡那霉素,犬:10～15 mg/kg,口服,2次/d;或5～7 mg/kg,肌内注射,2次/d,肾功能差者慎用。

处方3 头孢噻吩,犬:10～30 mg/kg,肌内注射/静脉滴注,3～4次/d。

处方4 复方新诺明,抗菌,15 mg/kg,口服/皮下注射,2次/d。

处方5 阿奇霉素,犬:5～10 mg/kg,口服,1～2次/d;猫:7～15 mg/kg,口服,2次/d,连用5～7 d。

处方6 克林霉素,犬:10～12.5 mg/kg,口服,2次/d。

处方7 两性霉素B,犬:0.25～0.5 mg/kg,溶于0.5～1 L 5%葡萄糖溶液,静脉滴注,超过6～8 h,隔天1次,总剂量8～10 mg/kg。猫:0.25 mg/kg,静脉滴注,隔天1次,总剂量5～8 mg/kg。

处方8 碳酸铵,犬:0.2～1 g/次,口服,2～3次/d。

处方9 10%葡萄糖酸钙或5%氯化钙,制止渗出,10～15 mL/次,静脉滴注。

处方10 速尿,犬:2～4 mg/kg,静脉滴注/肌内注射/口服,每4～12 h 1次;猫0.5～2 mg/kg,静脉滴注,3次/d。

处方11 可待因,犬:15～60 mg/次,口服/皮下注射,3次/d;猫:5～30 mg/次,口服/皮下注射,3次/d。

处方12 复方甘草片,犬:1～2片/次,口服,3次/d。

处方13 吸氧。对于呼吸困难、严重缺氧的患病动物,应予以吸氧。

处方14 超声波雾化治疗,加入庆大霉素8万IU、鱼腥草2 mL、糜蛋白酶2 mL,2次/d,连续使用5～7 d。

【主人须知】

为防止病情进一步发展,必须尽早治疗,并做好病犬或病猫的护理,及时用药。

三、学生实践

(一)布置任务

根据所学知识,针对以上提供的病例资料,按要求分别完成以下任务。

(1)初步诊断:____

____

____。

(2)诊断依据:____

____

____。

(3)鉴别诊断:____

____

____。

(4)进一步检查：____

____。

(5)治疗原则：____。

(6)治疗处方：

××××动物医院处方笺

动物主人/饲养单位________________　　档案号________________

动物种类__________　　动物性别__________　　体重/数量________________

年(日)龄__________　　开具日期________________________________

Rp：

第一联：存根(白)

执业兽医师__________　　注册号__________　　发药人__________

(二)工作评价

针对以上任务的完成情况，分别对初步诊断、诊断依据、鉴别诊断、进一步检查、治疗原则和治疗处方等任务分别给予评价和点评。

工作评价			
评价内容	评价结果		
	正确	基本正确	错误
初步诊断			
诊断依据			
鉴别诊断			
进一步检查			
治疗原则			
治疗处方			

续表

学生反思	
教师点评	

任务三　肺水肿

【病例导学】韩某家养一只拉布拉多犬，雌性，9岁，体重32 kg；有一次在宠物医院输液过程中，突然发生呼吸困难，头颈伸展，鼻翼扇动，呼吸数明显增加，可达80次/min以上。体表静脉怒张，眼球突出，结膜潮红或发绀，两鼻孔流出大量含有小泡沫的白色或粉红色鼻液，胸部听诊可听到广泛的水泡音。

请思考：

1. 该患病犬的初步诊断是什么？
2. 诊断依据主要有哪些？
3. 如何进一步明确诊断？
4. 可采取哪些治疗措施？

一、知识准备

【概述】

肺水肿是由于肺毛细血管内血液量异常增加，血液的液体成分渗漏到肺泡、支气管及肺间质内过量积聚所引起的一种非炎性疾病。临床上以呼吸极度困难、流泡沫样鼻液为特征。本病犬和猫均可发生。

【病因】

1. 心源性肺水肿　多见于充血性左心衰竭、过量的静脉输液和肺毛细血管压增高。

2. 非心源性肺水肿　多见于低蛋白血症，如肝病时蛋白合成能力下降、肾小球肾炎的蛋白丢失、消化不良综合征等。

3. 其他因素　某些引起肺泡-毛细血管渗透性增加的疾病，如出血性休克、癫痫发作、内毒素血症、微血栓、烟气吸入、败血症等。肺间质负压增加、肿瘤浸润引起的淋巴循环受阻以及高海拔、麻醉、惊厥和药物等可诱发本病。

【症状】

严重的肺水肿一般呈突然发作，进行性高度混合性呼吸困难，呼吸次数明显增多，眼球突出，静脉怒张，结膜发绀，两侧鼻孔流出大量泡沫状的鼻液。呼吸时呈端坐姿势，头颈伸展，鼻翼扇动，甚至张口呼吸。咳嗽多痰，淡血色。稍微运动，症状加剧。肺部叩诊呈浊音；肺部听诊时，可闻广泛性湿性啰音、水泡音或捻发音。

视频 2-4　呼吸极度困难

二、工作过程

【诊断】

1. 初步诊断　根据病史、突发性呼吸困难，伴有泡沫样鼻液流出等典型症状，可以做出初步诊断。结合肺部听诊和 X 线检查结果，可确诊。

2. X 线检查　胸部 X 线检查，心脏肥大，异常心轮廓影（图 2-10a、图 2-10b），肺视野的阴影呈散在性增强，呼吸道轮廓清晰，支气管周围增厚。如为补液量过大所致，肺泡阴影呈弥漫性地增加，大部分血管几乎难以发现；如因左心功能不全者并发的肺水肿，肺门呈放射状。

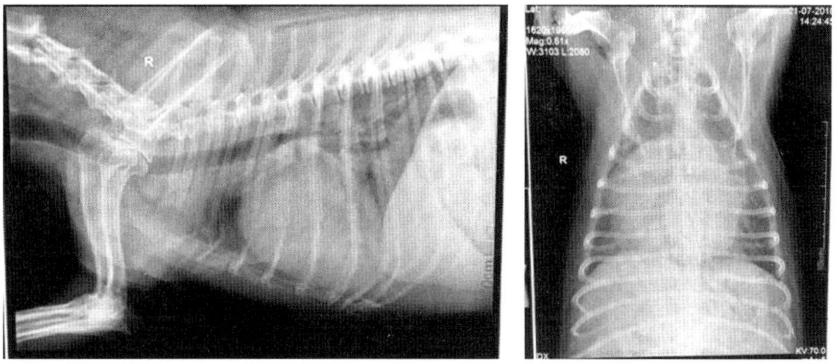

a. 侧位片　　b.正位片

图 2-10　全心增大，伴心源性肺水肿

3. 鉴别诊断　临床工作中应与中暑、急性心力衰竭、肺出血、弥漫性支气管炎相鉴别。中暑除呼吸困难外，伴有神经症状及体温升高；急性心力衰竭时，常伴有肺水肿，但其前期症状是心力衰竭。

【治疗】

治疗原则：除去病因，保持犬猫安静，减轻心脏负担，缓解肺循环障碍，制止渗出，缓解呼吸困难。

治疗方案：根据治疗原则，结合临床工作实际，参考以下相应的治疗处方。

处方 1　苯巴比妥，犬：1～2 mg/kg，口服/肌内注射，2～3 次/d；猫：1 mg/kg，口服/肌内注射，2 次/d。

处方 2　羟吗啡酮，犬：0.05～0.1 mg/kg，静脉滴注，或 0.1～0.2 mg/kg，肌内注射/皮下注射；猫：0.02 mg/kg，静脉滴注。

处方 3　供氧。对于呼吸困难、严重缺氧的患病动物，应予以吸氧。

处方 4　氨茶碱，犬：10～15 mg/kg，口服/肌内注射/静脉滴注，2～3 次/d。

处方 5　肾上腺素扩张气管，犬：0.1～0.5 mL/次；猫：0.1～0.2 mL/次，皮下注射/静脉滴注/肌内注射，生理盐水稀释10倍。

处方6 地高辛，犬：0.005～0.01 mg/kg，口服，2次/d；猫：0.005～0.008 mg/kg，口服，隔日1次或每日1次。

处方7 双氢克尿噻，犬：2～4 mg/kg，口服，1～2次/d。

处方8 安体舒通，犬：1～2 mg/kg，口服，2次/d；猫：12.5 mg，口服，1次/d。

处方9 速尿，犬：2～4 mg/kg，静脉滴注/肌内注射/口服，每4～12 h 1次；猫0.5～2 mg/kg，静脉滴注，3次/d。

处方10 10%葡萄糖酸钙，犬：10～15 mL/次，静脉滴注。

处方11 心得安，犬：0.01～0.10 mg/kg，静脉滴注，10 min以上；或0.2～1 mg/kg，口服，2～3次/d，最大1 mg/(kg·d)。

处方12 地塞米松，犬：0.2～1 mg/kg，口服/肌内注射，3次/d。

处方13 泼尼松龙，犬：0.5～2 mg/kg，肌内注射/口服，2次/d。

【主人须知】

本病的预后与疾病阶段和原发病有关，即使病情减缓，也绝不能忽视原发病的治疗。

三、学生实践

(一)布置任务

根据所学知识，针对以上提供的病例资料，按要求分别完成以下任务。

(1)初步诊断：____

____

____。

(2)诊断依据：____

____

____。

(3)鉴别诊断：____

____

____。

(4)进一步检查：____

____。

(5)治疗原则：____。

(6)治疗处方：

××××动物医院处方笺

动物主人/饲养单位____________ 档案号____________

动物种类________ 动物性别________ 体重/数量________

年(日)龄________ 开具日期____________

Rp：

第一联：存根(白)

执业兽医师________ 注册号________ 发药人________

(二)工作评价

针对以上任务的完成情况，分别对初步诊断、诊断依据、鉴别诊断、进一步检查、治疗原则和治疗处方等任务分别给予评价和点评。

工作评价			
评价内容	评价结果		
	正确	基本正确	错误
初步诊断			
诊断依据			
鉴别诊断			
进一步检查			
治疗原则			
治疗处方			
学生反思			
教师点评			

任务四　肺气肿

【病例导学】陈某家养一只金毛犬，雄性，8岁，体重28 kg；主诉已发生慢性支气管炎多天，近期咳嗽严重频繁，今天出现气喘、张口呼吸，眼结膜发绀，听诊肺泡呼吸音减弱，可听到捻发音。

请思考：

1. 该患病犬的初步诊断是什么？
2. 诊断依据主要有哪些？
3. 如何进一步明确诊断？
4. 可采取哪些治疗措施？

一、知识准备

【概述】

肺气肿是肺泡和间质性气肿的统称。肺泡内空气增多，称为肺泡性肺气肿；肺泡破裂，气体进入间质的疏松结缔组织中，使间质膨胀，称为间质性肺气肿。临床上以呼吸困难，明显缺氧为主要特征。本病犬和猫均可发生。

【病因】

1. 原发性肺气肿　主要是由剧烈运动、急速奔跑、长期挣扎时，强烈的呼吸所致。特别是老年犬，肺泡壁弹性降低，容易发生肺气肿。

2. 继发性肺气肿　常因慢性支气管炎、弥漫性支气管炎时持续咳嗽，或当支气管狭窄和阻塞时，支气管气体通过障碍而发生。

3. 间质性肺气肿　由于剧烈的咳嗽，或异物误入肺内，肺泡内的气压急剧增加，肺泡壁破裂而引起。

【症状】

呼吸困难，气喘，张口呼吸，可视黏膜发绀，精神沉郁，易于疲劳。体温一般正常。听诊肺泡音减弱，可听到破啰音及捻发音。叩诊呈过清音，可知肺组织内空气含量过多而导致体积膨胀，故叩诊界后移。

二、工作过程

【诊断】

1. 初步诊断　根据病史调查、症状表现，肺部听诊、叩诊的变化可以做出初步诊断。

2. X线检查　肺区透明，膈肌后移(图2-11、图2-12)，支气管影像模糊。继发性肺气肿往往还伴有原发病的症状。

3. 鉴别诊断　临床工作中应与肺水肿、喉水肿和皮下气肿进行鉴别诊断。

(1)肺水肿，鼻孔带有泡沫的淡黄色鼻液。

(2)喉水肿，表现为吸气性呼吸困难，吸气时发出喉狭窄音(笛音)。

(3)皮下气肿，颈及肩部皮下气肿，有时是食道和气管破裂所致，但无呼吸困难和肺泡呼吸音的改变。

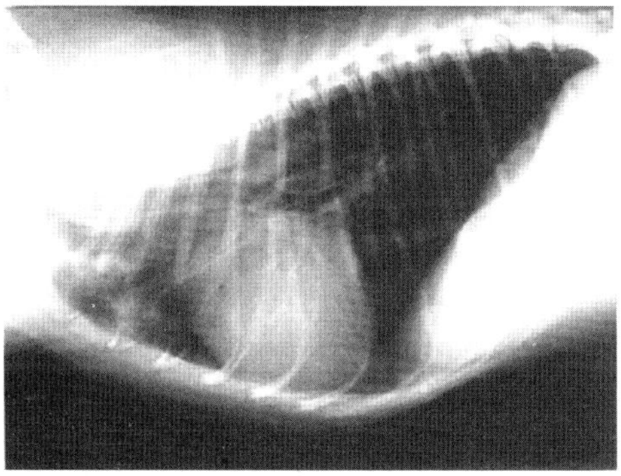

图 2-11 肺气肿(肺区异常透明,膈肌后移)

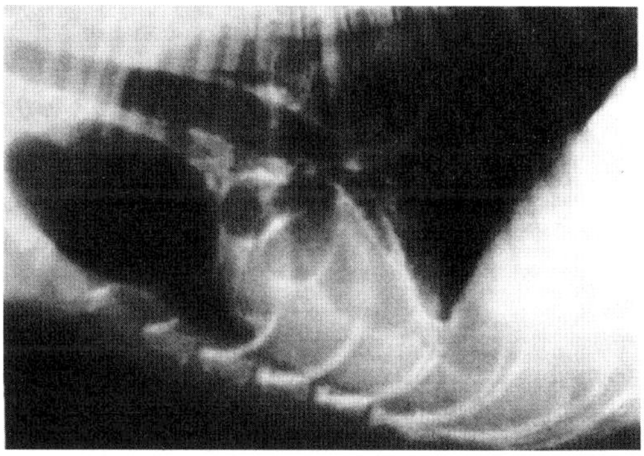

图 2-12 肺气肿(肺组织密度较正常减小,肺野下方有数个充气过度的气泡)

【治疗】

治疗原则:积极治疗原发病,改善肺的通气和换气功能,控制心力衰竭。

治疗方案:根据治疗原则,结合临床工作实际,参考以下相应的治疗处方。

处方 1 四环素,犬:15～20 mg/kg,口服,3 次/d;猫:10 mg/kg,口服,3 次/d。

处方 2 头孢噻肟钠,犬:20～40 mg/kg,静脉滴注/肌内注射/皮下注射,3～4 次/d。

处方 3 复方甘草合剂,镇咳祛痰,犬:5～10 mL/次,口服,3 次/d;猫:2～4 mL/次,口服,3 次/d。

处方 4 供氧。对于呼吸困难、严重缺氧的患病动物,应予以吸氧。

处方 5 喷雾疗法,1%异丙肾上腺素 0.6 mL、庆大霉素 100 mg,卡那霉素 500 mg,多黏菌素 60 mL 及生理盐水 5 mL,溶解后经口腔喷雾,3 次/d,20 min/次。

【主人须知】

本病的预后与原发病及疾病的阶段有关,单纯性肺气肿经过充分休息、吸氧和对症治疗,气肿大多数可自行吸收,但不能忽视原发病的继续治疗。

三、学生实践

(一)布置任务

根据所学知识,针对以上提供的病例资料,按要求分别完成以下任务。

(1)初步诊断:______________________________

______________________________。

(2)诊断依据:______________________________

______________________________。

(3)鉴别诊断:______________________________

______________________________。

(4)进一步检查:______________________________。

(5)治疗原则：____。

(6)治疗处方：

××××动物医院处方笺

动物主人/饲养单位__________________ 档案号__________________

动物种类__________ 动物性别__________ 体重/数量______________

年(日)龄__________ 开具日期_________________________________

第一联：存根(白)

Rp：

执业兽医师____________ 注册号____________ 发药人____________

(二)工作评价

针对以上任务的完成情况，分别对初步诊断、诊断依据、鉴别诊断、进一步检查、治疗原则和治疗处方等任务分别给予评价和点评。

工作评价			
评价内容	评价结果		
	正确	基本正确	错误
初步诊断			
诊断依据			
鉴别诊断			
进一步检查			
治疗原则			
治疗处方			
学生反思			
教师点评			

执业兽医资格考试真题精选

1. 健康动物肺区边缘的正常叩诊音是(　　)(2020 年全国执业兽医资格考试试卷下午卷第 27 题)

A. 清音　　B. 半浊音　　C. 浊音
D. 鼓音　　E. 过清音

2. 引起心脏浊音区增大的疾病是(　　)(2019 年全国执业兽医资格考试试卷下午卷第 5 题)

A. 肺水肿　　B. 肺萎缩　　C. 间质性肺气肿
D. 肺泡气肿　　E. 胸膜炎

3. 胸壁透创,早期最严重的并发症是(　　)(2018 年全国执业兽医资格考试试卷下午卷第 31 题)

A. 胸膜炎　　B. 胸腔蓄脓　　C. 闭合性气胸
D. 开放性气胸　　E. 张力性气胸

4. 大叶性肺炎患畜典型的热型是(　　)(2016 年全国执业兽医资格考试试卷下午卷第 14 题)

A. 弛张热　　B. 波浪热　　C. 回归热
D. 不定型热　　E. 稽留热

5. 肺脏叩诊音不包括(　　)(2016 年全国执业兽医资格考试试卷下午卷第 23 题)

A. 清音　　B. 过清音　　C. 浊音
D. 钢管音　　E. 空瓮音

6. 德国牧羊犬,3 岁,弛张热,咳嗽,呼吸数增加,胸部叩诊呈局灶性浊音区,X 线检查可见肺野有(　　)　(2017 年全国执业兽医资格考试试卷下午卷第 73 题)

A. 点片状的渗出性阴影　　B. 大片状均匀的渗出性阴影
C. 肺野中下部密度增加　　D. 肺野下方密度降低
E. 弥散性斑块状高密度阴影

(7～9 题共用题干)

犬,雌性,2 岁,已免疫,主人家正值装修。患犬精神沉郁,食欲下降,频繁打喷嚏,大量流鼻液,摇头,摩擦鼻部。

7. 对患犬鼻液的最佳检查方法是(　　)(2019 年全国执业兽医资格考试试卷下午卷第 68 题)

A. 生化检查　　B. 视诊＋显微镜检查　　C. 嗅诊
D. 嗅诊＋显微镜检查　　E. 视诊

8. 患犬初期流出无色透明、稀薄如水的鼻液,性质是(　　)(2019 年全国执业兽医资格考试试卷下午卷第 69 题)

A. 浆液性鼻液　　B. 黏液性鼻液　　C. 黏脓性鼻液
D. 腐败性鼻液　　E. 血性鼻液

9. 治疗时，首先采取的措施是(　　)(2019 年全国执业兽医资格考试试卷下午卷第 70 题)

A. 保温　B. 增加饮水　C. 凡士林涂鼻镜

D. 改变饲养环境　E. 抗生素治疗

(10～12 题共用题干)

马，体温 40.5 ℃，发病 5 d，精神沉郁，呼吸急促，脉搏数增加，流大量鼻液，肺部叩诊有大片浊音区。X 线检查肺有大片均匀致密影。

10. 患马流出特征性鼻液的颜色是(　　)(2019 年全国执业兽医资格考试试卷下午卷第 191 题)

A. 无色　B. 白色　C. 黄色

D. 红色　E. 铁锈色

11. 患马流出特征性鼻液的性质属于(　　)(2019 年全国执业兽医资格考试试卷下午卷第 192 题)

A. 浆液性鼻液　B. 黏液性鼻液　C. 黏脓性鼻液

D. 腐败性鼻液　E. 血性鼻液

12. 临床可做出的初步诊断是(　　)(2019 年全国执业兽医资格考试试卷下午卷第 193 题)

A. 小叶性肺炎　B. 大叶性肺炎　C. 吸入性肺炎

D. 慢性阻塞性肺炎　E. 间质性肺炎

(13～15 题共用题干)

德国牧羊犬，雌性，7 月龄，未免疫，体温 40.5 ℃，精神沉郁，眼和鼻有脓性分泌物，鼻镜干燥，足垫硬实。

13. 引起该病的病毒属于(　　)(2017 年全国执业兽医资格考试试卷下午卷第 179 题)

A. 副黏病毒科　B. 细小病毒科　C. 腺病毒科

D. 弹状病毒科　E. 冠状病毒科

14. 该病例血常规检查的特征为(　　)(2017 年全国执业兽医资格考试试卷下午卷第 180 题)

A. 白细胞总数增多　B. 白细胞总数减少　C. 中性粒细胞增加

D. 血小板减少　E. 嗜酸性粒细胞增多

15. 最适宜做快速诊断的样本是(　　)(2017 年全国执业兽医资格考试试卷下午卷第 181 题)

A. 眼鼻分泌物　B. 腹腔渗出液　C. 胸腔渗出液

D. 关节液　E. 尿液

(16～18 题共用题干)

马，16 岁，长期劳役，发病约半年，易疲劳，出汗，可视黏膜发绀，呼气性呼吸困难，沿肋骨弓有一较深的凹陷沟，体温正常。

16. 该病最可能的诊断是(　　)(2016 年全国执业兽医资格考试试卷下午卷第 194 题)

A. 急性肺泡气肿　B. 慢性肺泡气肿　C. 间质性肺气肿

D. 肺充血　E. 肺水肿

17. 肺部叩诊的变化是(　　)(2016 年全国执业兽医资格考试试卷下午卷第 195 题)
A. 叩诊过清音,叩诊界后移
B. 叩诊浊音,叩诊界后移
C. 叩诊半浊音,叩诊界后移
D. 叩诊过清音,叩诊界前移
E. 叩诊浊音,叩诊界前移

18. 对本病的治疗,不应该选用(　　)(2016 年全国执业兽医资格考试试卷下午卷第 196 题)
A. 氨茶碱
B. 地塞米松
C. 新斯的明
D. 阿莫西林
E. 沙拉沙星

模块二参考答案

模块二高清插图

模块三
心血管系统疾病

【模块导读】

模块介绍

心血管系统由心脏、血管和调节血液循环的神经体液等构成，其功能是为全身组织器官运输血液，通过血液将氧、营养物质和激素等供给各组织，并将各组织代谢物运走，以保证动物体进行正常的新陈代谢。其疾病包括先天性和后天性心血管疾病。血液中含有红细胞、白细胞和血小板3种有形细胞成分。本模块由心脏疾病和血液疾病2个项目6个学习任务组成，重点介绍心力衰竭、心肌炎、心包炎、犬扩张型心肌病、贫血和血小板减少症等常见临床疾病的病因、临床症状、诊断与治疗。

模块目标

知识目标

1. 熟悉心脏、血细胞解剖生理知识。
2. 熟悉心脏、血液疾病的病理知识。
2. 掌握心脏、血液疾病的病因及临床症状。
4. 掌握心脏、血液疾病、治疗所用药物的药理学知识。
5. 掌握心脏、血液疾病治疗与预防措施。

技能目标

1. 具备应用常规诊断仪器设备的能力。
2. 具备对心血管系统临床病例的综合分析并做出初步诊断的能力。
3. 具备进一步症状鉴别诊断的能力。
4. 能准确开具心血管系统相关疾病的治疗处方并具备实施治疗的能力。
5. 具备与宠物主人良好沟通交流的能力。

素质目标

1. 具备良好的职业道德和职业责任感。
2. 具备吃苦耐劳、乐于钻研、爱岗敬业的工作态度。
3. 具备主动服务社会的意识和团结协作的精神。
4. 树立人与宠物和谐相处的生态理念，尊重生命，关爱宠物。

项目一　心脏疾病

任务一　心力衰竭

【病例导学】邱某家养一只博美犬，雄性，13 岁，体重 8 kg，常规免疫和驱虫全面。主诉两周前该犬出现呼吸困难，腹围增大；曾在外出牵遛时出现昏厥，昏厥后几分钟之内又清醒。近几天发现患犬精神沉郁，食欲减退，牵遛时不爱跑动。于是带来医院就诊。

请思考：

1. 该患病犬的初步诊断是什么？
2. 诊断依据主要有哪些？
3. 如何进一步明确诊断？
4. 可采取哪些治疗措施？

一、知识准备

【概述】

心力衰竭是由心肌收缩或舒张功能障碍，心脏泵血功能降低，导致心输出量减少，不能满足机体代谢需要而引起的一系列症状和体征的综合征。同时表现出肺循环或体循环淤血。

【病因】

1. 心脏负荷加重　①舒张期负荷加重，常见于心脏瓣膜闭锁不全及先天性动脉导管未闭等；②收缩期负荷加重，见于主、肺动脉瓣狭窄或体、肺循环动脉高压。

2. 心室充盈受阻　肥厚型心肌病、限制性心肌病、缩窄性心肌病及心脏压塞等。

3. 心肌衰竭　心脏冠状动脉痉挛、栓塞和冠状动脉硬化时，冠状动脉供血不足导致心肌缺血或梗死；特发性扩张性心肌病；传染性心肌炎；一些药物（如阿霉素）中毒同样可以导致心肌衰竭。

4. 心肌突然遭受剧烈刺激（如触电、快速或过量静脉注射钙剂等）或心肌收缩受抑制（如麻醉引起的反射性心搏骤停或心动徐缓）等。

5. 过快或过量的输液以及不常剧烈运动的犬猫突然运动量过大（如长途奔跑）引起。

6. 严重的心律失常、手术、分娩、严重感染、电解质平衡紊乱等，都可直接或间接地影响心脏机能，促进心力衰竭的发生。

【症状】

根据临床症状表现分为以下 5 种类型。

1. 急性心力衰竭　表现突然倒地痉挛，神志不清，高度呼吸困难，精神极度沉郁，可视黏膜发绀，体表静脉怒张。并发肺水肿，胸部听诊可见广泛性湿啰音，两侧鼻孔流出泡沫样鼻液。

2. 慢性心力衰竭　病程发展缓慢，常可持续数月或数年。患病动物精神沉郁，运动不耐受，可视黏膜发绀，颈静脉扩张；四肢常发生对称性水肿，触诊呈捏粉样，无热、无痛。心脏听诊时心音减弱，往往出现心杂音和心律不齐。

3. 左心衰竭　呈现肺充血、水肿，表现咳嗽、呼吸急促、呼吸困难、端坐呼吸、肺部出现捻发音、咯血、疲劳、可视黏膜发绀；可能出现心律失常，还有可能继发右心衰竭。

4. 右心衰竭　呈现体循环淤血，表现颈静脉扩张、肝脏和脾脏充血；同时出现心性水肿，表现胸腔积液、腹水、心包积液、皮下水肿；还可能出现心律失常。

5. 充血性心力衰竭　常由右心衰竭或左心衰竭发展而来，呼吸困难，咳嗽不爱运动，腹围增大，食欲废绝。精神沉郁，毛细血管充盈缓，黏膜发绀或苍白。心动过速或过缓，心音浑浊，心律失常，有缩期杂音；心脏叩诊浊音区扩大。

二、工作过程

【诊断】

1. 初步诊断　根据发病史、发病原因和临床症状，特别是全身血液循环障碍、静脉怒张、呼吸困难等可以做出初步诊断。

2. X 线检查　右心衰竭时可发现心影增大，左心衰竭时则有肺门影增大及肺纹理增粗等具有诊断意义（图 3-1、图 3-2）。

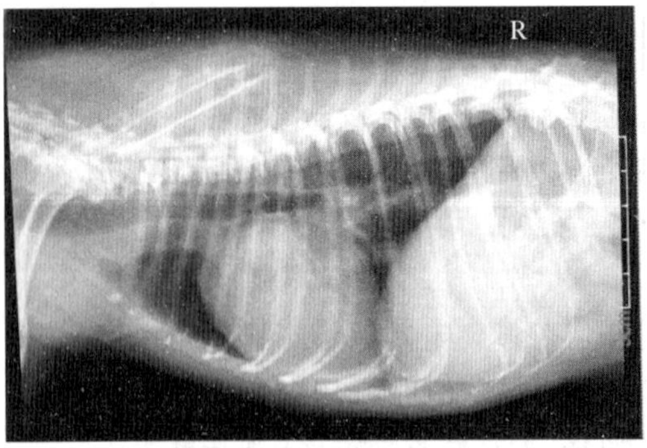

图 3-1　左心影增大

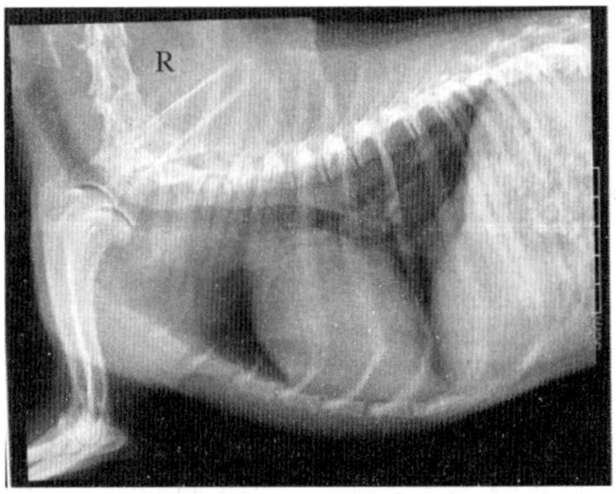

图 3-2　右心影增大

3. 其他检查　心电图学和血液中心肌酶谱的检查结果对确诊有帮助。

4. 鉴别诊断　临床工作中应与肺水肿、肺充血等引起呼吸困难相鉴别。

【治疗】

治疗原则：(1)急性心力衰竭的治疗原则，应采取胸部按压心脏、输氧、心脏内注射肾上腺素或 10%氯化钙或葡萄糖酸钙，把舌拉出口腔外以利于呼吸，必要时进行气管插管。(2)慢性心力衰竭的治疗原则是减轻心脏负担，提高心肌收缩力；使用强心剂、利尿剂和血管扩张剂，辅之以对症治疗。

治疗方案：根据治疗原则，结合临床工作实际，参考以下相应的治疗处方。

处方 1　地西泮（镇静），犬：0.2～0.6 mg/kg，静脉滴注；猫：0.1～0.2 mg/kg，静脉滴注。

处方2 洋地黄毒苷(心房纤颤),犬:①0.006～0.012 mg/kg,全效量,静脉滴注,维持量为全效量的1/10;②0.11 mg/kg,口服,2次/d,全效量,维持量为全效量的1/10,1次/d。

处方3 毛花丙苷(充血性心力衰竭),0.3～0.6 mg/次,混于10～20倍5%葡萄糖溶液,静脉滴注,视需要4～6 h后,重复半量给药。

处方4 双氢克尿噻,2～4 mg/kg,口服,1～2次/d。

处方5 速尿,犬:2～4 mg/kg,静脉滴注/肌内注射/口服,每4～12 h 1次;猫:0.5～2 mg/kg,静脉滴注,3次/d。

处方6 补液、供氧。

处方7 苯磺酸氨氯地平片(血管扩张),犬:0.05～0.25 mg/kg,口服,1次/d;猫:0.625～1.25 mg,口服,1次/d。

处方8 开博通(血管扩张),犬:0.5～2 mg/kg,口服,2～3次/d。

处方9 盐酸贝那普利片,犬:0.25～0.5 mg/kg,口服,1次/d;猫:0.5 mg/kg,口服,1次/d。

【主人须知】

本病完全康复比较难,平时饲养宠物时要按时接种疫苗和驱虫,严防发生对犬猫危害较大的传染病和寄生虫病;确诊心脏疾病的动物应坚持长期服用控制心力衰竭的药物,配合低钠饮食和限制运动,定期体检。

三、学生实践

(一)布置任务

根据所学知识,针对以上提供的病例资料,按要求分别完成以下任务。

(1)初步诊断:____________________

____

____________________。

(2)诊断依据:____________________

____

____________________。

(3)鉴别诊断:____________________

____

____________________。

(4)进一步检查:____________________

____________________。

(5)治疗原则:____________________。

(6)治疗处方：

××××动物医院处方笺

动物主人/饲养单位________________ 档案号________________

动物种类__________ 动物性别__________ 体重/数量__________

年(日)龄__________ 开具日期________________

Rp:

执业兽医师__________ 注册号__________ 发药人__________

第一联：存根(白)

(二)工作评价

针对以上任务的完成情况，分别对初步诊断、诊断依据、鉴别诊断、进一步检查、治疗原则和治疗处方等任务分别给予评价和点评。

工作评价			
评价内容	评价结果		
	正确	基本正确	错误
初步诊断			
诊断依据			
鉴别诊断			
进一步检查			
治疗原则			
治疗处方			
学生反思			
教师点评			

任务二　心肌炎

【病例导学】梁某饲养一只德国牧羊犬，雄性，10 岁，体重 25 kg，常规免疫和驱虫全面。主诉突然出现嗜睡、食欲不振、体重减轻；就诊时体温 39.8 ℃，呼吸困难，听诊心浊音区增大，心脏杂音，心律不齐。

请思考：

1. 该患病犬的初步诊断是什么？
2. 诊断依据主要有哪些？
3. 如何进一步明确诊断？
4. 可采取哪些治疗措施？

一、知识准备

【概述】

心肌炎是指心肌的局限性或弥漫性的炎性病变为主要表现的疾病。心脏可因致病源的直接侵袭、代谢的毒素或宿主的免疫反应而损伤。引起心肌炎的非感染性因素包括心脏毒性药物和药物的超敏反应。

心肌炎可引起心脏节律不齐和心脏功能的进行性损伤。

【病因】

1. 感染性因素

①细菌。菌血症、细菌性心内膜炎或心包炎可引起心肌炎，常见引起心肌炎的细菌病包括肺炎链球菌、葡萄球菌、绿脓杆菌、李氏杆菌等。

②病毒。犬细小病毒和犬瘟热病毒可引起 4～8 周龄无母源抗体保护幼犬的心肌炎。

③寄生虫。弓形虫、犬孢子虫、犬巴贝斯虫和犬肝簇虫均可感染心肌。

2. 非感染性因素　药物（多比柔星和儿茶酚胺）、重金属（砷、铅和汞）、抗肿瘤药（环磷酰胺、白介素-2 和 α-干扰素）和毒素（毒蛇、蜘蛛咬伤）都可导致心肌炎。

3. 创伤性因素　胸壁和心脏的穿透创和非穿透创（如胸壁碰撞、压迫、外力等）都可以造成心脏的损伤，从而发生心律失常。对于犬猫来说，非穿透创要比穿透创更为常见。

【症状】

根据心肌炎发生的原因不同，可分为感染性心肌炎、非感染性心肌炎和创伤性心肌炎，具体临床表现如下。

1. 感染性心肌炎　细菌性心肌炎的临床症状包括患病动物精神沉郁、体重减轻、非持续性的高热；听诊检查和心电图检查可能发现心律失常和心脏传导异常；当动物并发瓣膜性心内膜炎的时候听诊检查会发现心杂音。犬细小病毒性心肌炎可能会导致幼犬的突然死亡（图 3-3、图 3-4）。

2. 非感染性心肌炎　听诊检查和心电图检查可能发现心律失常和心脏传导异常。

3. 创伤性心肌炎　创伤性心肌炎导致的心律失常很常见，当发生纵隔穿孔、心脏破裂或心包破裂时，动物可能很快发展为心力衰竭和休克。

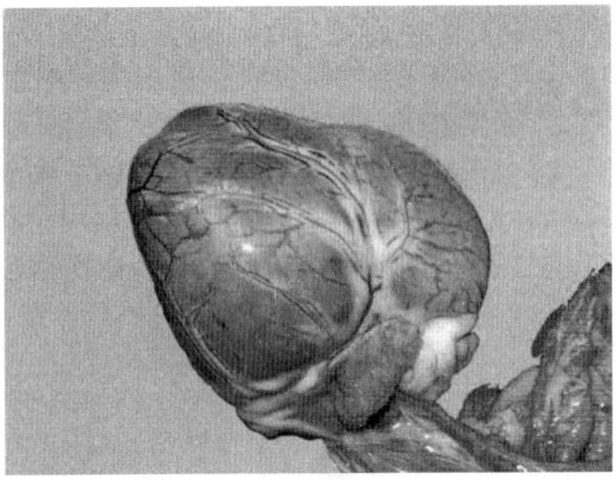

图 3-3 心肌炎犬(细小病毒感染,非化脓性心肌炎,表面血管怒张)

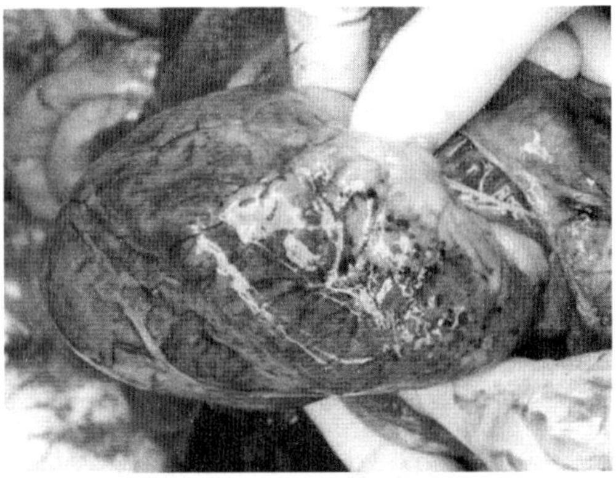

图 3-4 心肌炎(犬传染性肝炎,心脏表面点状出血)

二、工作过程

【诊断】

1. 初步诊断　通常并发于传染病,无特异的临床症状,因此诊断较难,应以病史,临床症状结合实验室检查、影像学检查和心电图检查等进行综合分析。

2. 实验室检查　约半数病例血沉加快。急性期或心肌炎活动期血清肌酸磷酸激酶(CK)及其同工酶(CK-MB)、乳酸脱氢酶(LDH)、天冬氨酸氨基转移酶(AST)活性增强。血清肌钙蛋白 T 检测、肌钙蛋白 I 检测对心肌损伤的诊断具有较高的特异性和敏感性,其定量检查有助于心肌损伤范围和预后的判断。

3. 心电图检查　心电图改变以心律失常尤其是期前收缩最常见,其次为房室传导阻滞多见,约 1/3 病例有复极波异常,可表现为 S-T 改变。此外,心室肥大、Q-T 间期延长、低电压等改变也可出现。

4. X 线检查　严重病例因左心功能不全有肺淤血或肺水肿征象。

5. 鉴别诊断　临床工作中应与心力衰竭、肥厚型心肌病、扩张性心肌病、心脏瓣膜病、心丝虫病等相鉴别。

【治疗】

治疗原则:祛除病因,减轻心脏负担,增加心肌营养,抗感染和对症治疗。

治疗方案:根据治疗原则,结合临床工作实际,参考以下相应的治疗处方。

处方 1　乙酰丙嗪,犬:0.025～0.2 mg/kg,静脉滴注,最大 2.5 mg,或 0.1～0.25 mg/kg,肌内注射/皮下注射/口服;猫:0.025～0.1 mg/kg,静脉滴注,最大 1 mg。

处方 2　供氧,解决呼吸困难。

处方 3　补液,加入维生素 C、维生素 B_1、ATP、辅酶 A、改善心肌代谢,修复损伤心肌。

处方 4　心得安(室性心律失常),犬:0.15～1.0 mg/kg,口服,3 次/d,或 0.01～0.1 mg/kg,静脉滴注 5～10 min 以上;猫:2.5～5 mg,口服,2～3 次/d。

处方 5　氨苄西林 0.5～1.6 g,地塞米松 1.5～12 mg,注射用水 4 mL,肌内注射,2 次/d,连用 3～4 d。

处方 6　速诺(阿莫西林克拉维酸钾干混悬剂),犬/猫:0.1 mL/kg,肌内注射/皮下注射,1 次/d。

处方 7　头孢噻肟钠，犬：20～40 mg/kg，静脉滴注/肌内注射/皮下注射，3～4 次/d。

处方 8　洋地黄毒苷（心功能不全），犬：①0.006～0.012 mg/kg，全效量，静脉滴注，维持量为全效量的 1/10；②0.11 mg/kg，口服，2 次/d，全效量，维持量为全效量的 1/10，1 次/d。

处方 9　双氢克尿噻，2～4 mg/kg，口服，1～2 次/d。

处方 10　速尿，犬：2～4 mg/kg，静脉滴注/肌内注射/口服，每 4～12 h 1 次；猫：0.5～2 mg/kg，静脉滴注，3 次/d。

【主人须知】

药物治疗时药物的剂量和疗程要足。治疗期间严格保持动物静养；罹患心肌炎的宠物可能突发心力衰竭死亡，所以通常预后不良。治愈后的宠物应按时做好驱虫和疫苗接种，定期体检，尽量避免剧烈运动。

三、学生实践

（一）布置任务

根据所学知识，针对以上提供的病例资料，按要求分别完成以下任务。

（1）初步诊断：____。

（2）诊断依据：____。

（3）鉴别诊断：____。

（4）进一步检查：____。

（5）治疗原则：____。

(6)治疗处方：

×××× 动物医院处方笺

动物主人/饲养单位________________ 档案号________________

动物种类__________ 动物性别__________ 体重/数量__________

年(日)龄__________ 开具日期________________

第一联：存根(白)

Rp：

执业兽医师__________ 注册号__________ 发药人__________

(二)工作评价

针对以上任务的完成情况，分别对初步诊断、诊断依据、鉴别诊断、进一步检查、治疗原则和治疗处方等任务分别给予评价和点评。

工作评价			
评价内容	评价结果		
	正确	基本正确	错误
初步诊断			
诊断依据			
鉴别诊断			
进一步检查			
治疗原则			
治疗处方			
学生反思			
教师点评			

任务三　心包炎

【病例导学】胡某家养一只金毛犬，雄性，7 岁，体重 25 kg，常规免疫和驱虫全面。主诉近来牵遛的时候该犬不爱跑动，食欲减退。就诊时患犬精神沉郁，体温 38.9 ℃，呼吸困难，心脏听诊出现拍水音。

请思考：

1. 该患病犬的初步诊断是什么？
2. 诊断依据主要有哪些？
3. 如何进一步明确诊断？
4. 可采取哪些治疗措施？

一、知识准备

【概述】

心包积液是心包疾病的重要体征之一，是指心包腔内有大量液体积聚，进而影响心脏功能的一种疾病。根据液体性质可分为渗出性心包积液、漏出性心包积液、出血性心包积液 3 种。

【病因】

1. 渗出性心包积液　见于感染和某些免疫性疾病，如犬瘟热、犬钩端螺旋体、猫传染性腹膜炎、结核病、大肠杆菌病，以及红斑狼疮、尿毒症、心肌病等。

2. 漏出性心包积液　见于右心衰竭、低蛋白血症、黏液性水肿、肾病综合征等。

3. 出血性心包积液　见于一些心脏肿瘤、创伤、出血性疾病等。

【症状】

患病犬猫表现精神沉郁或不安，食欲不振或废绝，呼吸加快，咳嗽，虚弱，嗜睡，有时出现呕吐，可视黏膜苍白，少数患病犬猫体温升高，呼吸困难，腹水、晕厥，甚至突然死亡。颈静脉怒张，脉搏细弱，心率加快；听诊可听到拍水音。

二、工作过程

【诊断】

1. 初步诊断　根据病史、临床症状结合临床检查（叩诊心浊音区向上扩大，听诊心音遥远、微弱甚至消失。初期可听到心包摩擦音，积液较多时，为拍水音）可做出初步诊断。

2. X 线检查　可见圆形扩张的心脏影像（图 3-5）。

3. 心电图检查　QRS 波降低，ST 段上升。

4. 超声检查　超声诊断显示心包腔内大量无回声区。

5. 鉴别诊断　临床工作中应与结核性心包炎、病毒性心包炎和化脓性心包炎相鉴别。

【治疗】

治疗原则：祛除原发病，对症治疗。

治疗方案：积极治疗原发病，对有渗出性和漏出性心包积液可通过穿刺的方法排除积液（图 3-6）。对有凝块的出血性心包积液应行外科手术去除血凝块。

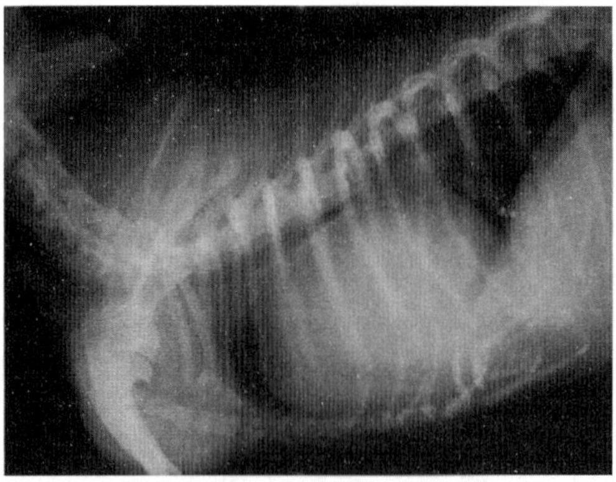

图 3-5　心包炎(患心包积液的7岁可卡犬侧位片)

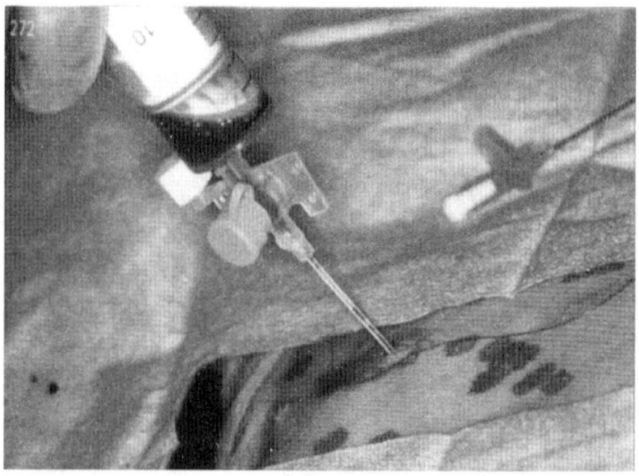

图 3-6　心包炎(心包穿刺术,在肋骨软骨关节的水平线上,将导管刺入心包)

【主人须知】

心包穿刺具有一定的风险,应慎重选择。治疗期间严格保持动物静养;急性心包压塞的宠物可能突发心力衰竭死亡,所以通常预后不良。原发性心包积液通常需要进行周期性的复查。

三、学生实践

(一)布置任务

根据所学知识,针对以上提供的病例资料,按要求分别完成以下任务。

(1)初步诊断:______________________________

____

______________________________。

(2)诊断依据:______________________________

____

______________________________。

(3)鉴别诊断:______________________________

____

______________________________。

(4)进一步检查:______________________________

______________________________。

(5)治疗原则:______________________________。

(6)治疗处方：

××××动物医院处方笺

动物主人/饲养单位＿＿＿＿＿＿＿＿　档案号＿＿＿＿＿＿＿＿

动物种类＿＿＿＿＿　动物性别＿＿＿＿＿　体重/数量＿＿＿＿＿

年(日)龄＿＿＿＿＿　开具日期＿＿＿＿＿＿＿＿＿＿

Rp：

第一联：存根(白)

执业兽医师＿＿＿＿＿　注册号＿＿＿＿＿　发药人＿＿＿＿＿

(二)工作评价

针对以上任务的完成情况，分别对初步诊断、诊断依据、鉴别诊断、进一步检查、治疗原则和治疗处方等任务分别给予评价和点评。

工作评价			
评价内容	评价结果		
	正确	基本正确	错误
初步诊断			
诊断依据			
鉴别诊断			
进一步检查			
治疗原则			
治疗处方			
学生反思			
教师点评			

任务四　犬扩张型心肌病

【病例导学】丁某家养一只贵宾犬，雄性，10 岁，体重 7 kg，常规免疫和驱虫全面。主诉该犬咳嗽已持续 2 个月，尤其晚上咳嗽厉害，食欲和大小便均正常，听诊心脏有杂音。

请思考：

1. 该患病犬的初步诊断是什么？
2. 诊断依据主要有哪些？
3. 如何进一步明确诊断？
4. 可采取哪些治疗措施？

一、知识准备

【概述】

犬扩张型心肌病是指以心室扩张为特征，并伴有心室收缩功能减退、充血性心力衰竭和心律失常，犬的扩张性心肌病主要发生在中型犬，并随年龄增加而增多；中年犬（4～10 岁）多发，雄犬发病率几乎是雌犬的 2 倍。

【病因】

目前，确切病因尚不清楚，多认为与以下因素有关。

1. 遗传因素　犬扩张型心肌病主要由遗传性所致，常见于大型犬和巨型犬，包括大丹犬、杜宾犬、圣伯纳犬、拳师犬、阿富汗犬和大麦町犬，也常见于可卡犬。

2. 其他因素　病毒性感染、微血管反应性增加、营养缺乏、免疫介导、心肌毒素、遗传缺陷或几种疾病共同作用等。

【症状】

病犬常表现不同程度的左心衰竭或右心衰竭的体征。病史调查为精神委顿、虚弱、体重减轻和腹部膨胀。临床检查可见咳嗽、呼吸困难、晕厥、食欲减退、体重下降、烦渴和腹水。心区触诊可感心搏动快速而节律失常，听诊可见奔马调，左房室瓣有微弱或中度的收缩期杂音。右心衰竭表现腹部扩张、厌食、体重下降、易疲劳。拳师犬和多伯曼犬常发生左心衰竭或晕厥。工作犬因活动有耐受性，病情逐渐发生，出现临床症状需几个月以上，而非工作犬仅需几天或几周。

二、工作过程

【诊断】

1. 初步诊断　根据病史、临床症状和体格检查（本病大部分发生于左心，往往在左侧心尖区可听到收缩期杂音或奔马调；颈静脉膨胀、股动脉脉速减弱；如果存在左心衰可见腹水表现）可做出初步诊断。

2. 心电图检查　因病变程度不同，心电图各异，但大部分会出现 QRS 波升高。

3. X 线检查　影像显示有全心增大、左心增大、肺水肿以及胸腔积液等（图 3-7、

图 3-8)。也有一小部分 X 线检查表现为正常。

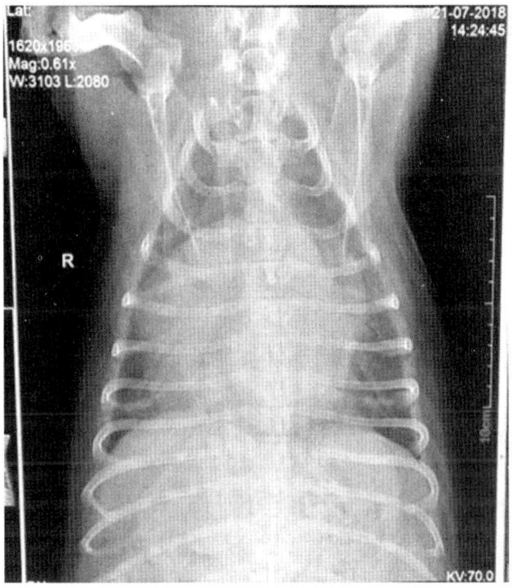

图 3-7　全心增大,伴心源性肺水肿(一)

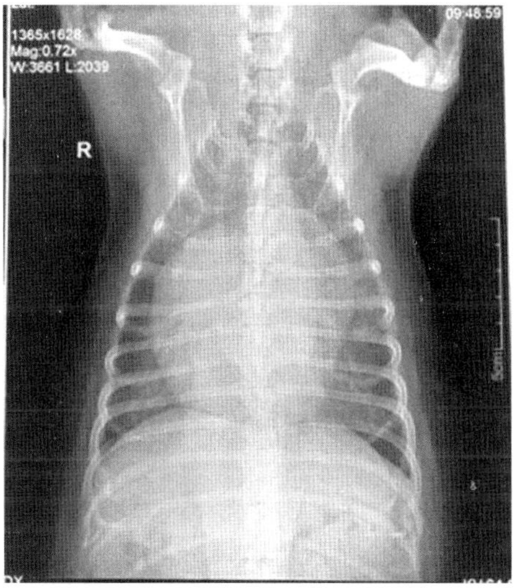

图 3-8　全心增大,伴心源性肺水肿(二)

4.超声心动图　提示心腔扩张、心室壁收缩功能下降以及室中隔移位。

5.鉴别诊断　临床工作中应与心力衰竭、肥厚型心肌病等相鉴别。

【治疗】

治疗原则:减轻心脏负荷,矫正心律失常,增强心脏功能,增加血流灌注,解除充血性心力衰竭。根据心力衰竭的情况选择疗法。限制任何剧烈的训练,在心力衰竭稳定以前,强制实施严格的休息。饲喂低钠食物,补充维生素和矿物质。

治疗方案:根据治疗原则,结合临床工作实际,参考以下相应的治疗处方。

处方 1　洋地黄毒苷(心功能不全),犬:①0.006～0.012 mg/kg,全效量,静脉滴注,维持量为全效量的 1/10;②0.11 mg/kg,口服,2 次/d,全效量,维持量为全效量的 1/10,1 次/d。

处方 2　地高辛(充血性心力衰竭、室上心律过速),犬:0.005～0.01 mg/kg,口服,2 次/d。

处方 3　双氢克尿噻,2～4 mg/kg,口服,1～2 次/d。

处方 4　速尿,犬:2～4 mg/kg,静脉滴注/肌内注射/口服,每 4～12 h 1 次。

处方 5　多巴酚丁胺,犬:2～25 μg/(kg·min),静脉滴注。

处方 6　苯磺酸氨氯地平片(血管扩张),犬:0.05～0.25 mg/kg,口服,1 次/d。

处方 7　开博通(血管扩张),犬:0.5～2 mg/kg,口服,2～3 次/d。

处方 8　匹莫苯丹,犬:饭前 1 h 服用,0.125～0.2 mg/kg,每 12 h 1 次。

【主人须知】

药物治疗时药物的剂量和疗程要足。充血性心力衰竭治疗期间应严格保持动物静养;但患犬一般预后不良,当出现心力衰竭时,大部分患犬存活时间不超过 3 个月。

三、学生实践

(一)布置任务

根据所学知识,针对以上提供的病例资料,按要求分别完成以下任务。

(1)初步诊断:____

____。

(2)诊断依据:____

____

____。

(3)鉴别诊断:____

____

____。

(4)进一步检查:____

____。

(5)治疗原则:____。

(6)治疗处方:

××××动物医院处方笺

动物主人/饲养单位____________　　档案号____________

动物种类________　动物性别________　体重/数量____________

年(日)龄________　开具日期____________________

第一联:存根(白)

Rp:

执业兽医师____________　注册号____________　发药人____________

(二)工作评价

针对以上任务的完成情况,分别对初步诊断、诊断依据、鉴别诊断、进一步检查、治疗原则和治疗处方等任务分别给予评价和点评。

工作评价			
评价内容	评价结果		
	正确	基本正确	错误
初步诊断			
诊断依据			
鉴别诊断			
进一步检查			
治疗原则			
治疗处方			
学生反思			
教师点评			

项目二　血液疾病

任务一　贫 血

【病例导学】马某饲养一只边境牧羊犬，雌性，2岁，体重15 kg，常规免疫和驱虫全面。主诉发病前一天偷吃垃圾桶里倒掉的剩菜，其中有大量炒洋葱。第2天出现精神沉郁、呕吐、呼吸急促，体温38.7 ℃，可视黏膜黄染，尿液呈酱油色。于是带其前来就诊。

请思考：

1. 该患病犬的初步诊断是什么？
2. 诊断依据主要有哪些？
3. 如何进一步明确诊断？
4. 可采取哪些治疗措施？

一、知识准备

【概述】

贫血是指单位容积的血液中红细胞数、血红蛋白含量及血细胞比容低于正常值的现象，临床上以黏膜苍白、呼吸加快、全身无力等为特征。贫血不是特定的疾病，而是伴随多种疾病时的一种症状。

【病因】

按照贫血的发生原因可分为以下4类。

1. 出血性贫血　出血性贫血是指红细胞或血红蛋白丧失过多所致，见于各种创伤时的急性出血、胃肠道寄生虫时的慢性出血、胃肠道损伤和溃疡、膀胱炎出血、尿结石出血、子宫出血、肾出血等。

2. 溶血性贫血　溶血性贫血是指由于各种原因引起红细胞大量破坏导致的贫血，包括下列情况。

(1)免疫介导性溶血性贫血　由于红细胞表面覆盖有免疫球蛋白和/或补体导致红细胞迅速破坏。

(2)遗传性贫血　多表现溶血性贫血，常与先天免疫以及凝血因子有关。

(3)红细胞寄生物　如巴尔通体、巴贝斯焦虫、猫住白细胞虫等寄生物致使红细胞被破坏。

(4)中毒氧化物导致的贫血　如洋葱、对乙酰氨基酚、有机磷、锌等氧化物质破坏血红蛋白及细胞膜。

(5)裂解性溶血　如弥散性血管内凝血(DIC)，心、肝疾病，心丝虫，肿瘤，脉管炎，溶血性尿毒症等，致使红细胞机械性分裂。

3. 营养性贫血　营养性贫血是指因缺乏某些造血物质，影响红细胞和血红蛋白的生成而发生的贫血，主要包括缺乏蛋白质、铁、铜、钴、维生素 B_{12} 及叶酸等造血物质所引起。

4. 再生障碍性贫血　再生障碍性贫血是指骨髓造血机能发生障碍引起的贫血。临床上表现严重的进行性贫血。见于子宫蓄脓，脓肿形成，尿毒症，一些慢性感染性疾病（如慢性肝炎、肾病等），还有辐射伤害（如 X 线照射）；这些因素开始导致再生不全性贫血，仅表现红细胞再生能力破坏，它是短时的，而不是以严重的骨髓机能衰竭为先决条件；病情发展，才使骨髓损害至衰竭的程度，表现血细胞成形不全性贫血。

【症状】

根据贫血的程度不同而表现出轻重不同的临床症状，常见的有：可视黏膜苍白（图 3-9、图 3-10）、精神沉郁、嗜睡、不耐运动、对寒冷也比较敏感。心跳和脉搏数明显增加，气喘，被毛粗乱，有血色素尿或血尿，感染性疾病会出现体温升高。

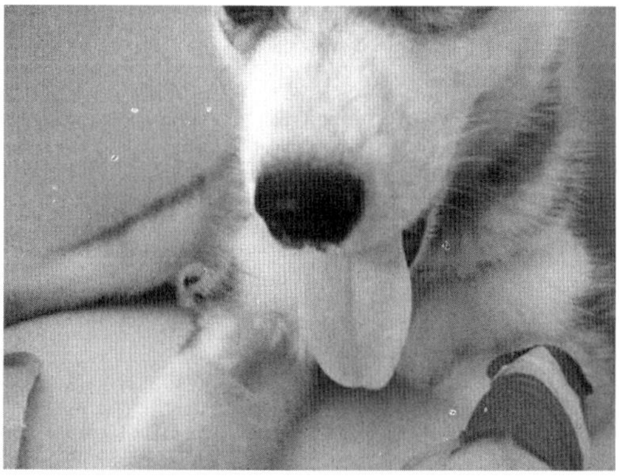

图 3-9　贫血犬舌头苍白色

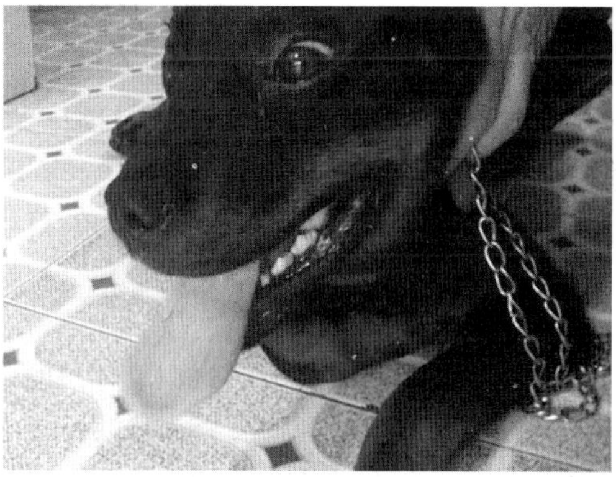

图 3-10　健康犬舌头粉红色

二、工作过程

视频 3-1　贫血舌头苍白

【诊断】

1. 初步诊断　根据病史、临床症状，结合体格检查可做出初步诊断。

2. 实验室检查　贫血的原因和性质不同，检查结果不同。

(1)出血性贫血　急性出血时红细胞和血浆同时损失。初期只是血容量减少，血细胞比容和血红蛋白量基本不变化；后期，血小板增加，外周血出现多染性红细胞，网织红细胞数增加，慢性出血，病情发展比较缓慢，可持续数月甚至数年。血液检查，常发现白细胞增多，血小板增多，以及低色素性贫血，还可见血清铁浓度降低，血清总铁结合力也降低。

(2)溶血性贫血　急性溶血性贫血时病情危急，血清游离胆红素迅速增高；慢性溶血性贫血时病情缓慢，可出现合并肝细胞性黄疸。还会出现血红蛋白尿和尿胆原排出增多。网织红细胞和骨髓幼红细胞增多。若要区别溶血的病因，尚需配合其他检查包括：①免疫介导溶血，除可发现大量球形红细胞，还要检测红细胞表面的免疫球蛋白或补体；②遗传性溶血，可测定溶血因子或凝血因子；③寄生物溶血，可发现血巴尔通体、焦虫等；④中毒性溶血，常可发现海恩茨氏体；⑤裂解性溶血，血涂片上可见裂红细胞、角膜细胞或棘红细胞，凝血酶原时间延长等。

(3)营养性贫血　维生素 B_{12} 或叶酸缺乏时，骨髓象和血象出现巨幼红细胞，也可见巨粒细胞和巨核细胞；缺铁时，血象可见小红细胞，骨髓象可见幼红细胞增生。

(4)再生障碍性贫血　以血象出现幼粒细胞和幼红细胞为特征。为了与出血和溶血性贫血区别,可做骨髓象检查。

【治疗】

治疗原则:消除原发病,补血,对症治疗和防止继发感染。

治疗方案:根据治疗原则,结合临床工作实际,参考以下相应的治疗处方。

处方1　康力龙(刺激红细胞生成),犬:1～4 mg/次,口服,2次/d;猫:1～2 mg/次,口服,2次/d。

处方2　促红细胞生成素,犬:100 U/kg,隔日1次,皮下注射,连用10 d。

处方3　羟甲烯龙(刺激红细胞生成),1 mg/kg,口服,1～2次/d。

处方4　泼尼松龙(免疫性溶血性贫血),1～2 mg/(kg·d),口服,2次/d。

处方5　输全血,贫血不严重可输血浆。

处方6　硫酸亚铁,犬:100～300 mg,口服,1次/d;猫:50～100 mg,口服,1次/d。

处方7　叶酸,犬:1～5 mg/d,口服/皮下注射;猫:2.5 mg/d,口服。

处方8　头孢噻肟钠,犬:20～40 mg/kg,静脉滴注/肌内注射/皮下注射,3～4次/d。

处方9　氨苄西林,20～30 mg/kg,口服,2～3次/d;或10～20 mg/kg,静脉滴注/皮下注射/肌内注射,2～3次/d。

【主人须知】

当动物出现四肢无力、口色苍白等症状时,要及时到宠物医院就诊,而且每半月复诊一次。饲养时不应以洋葱为食。犬猫生病时应送医治疗或咨询宠物医师,不可擅自用药,以防药物中毒。对有遗传性贫血的动物,仔细观察其治疗效果,一般不宜留作种用。

三、学生实践

(一)布置任务

根据所学知识,针对以上提供的病例资料,按要求分别完成以下任务。

(1)初步诊断:____

____。

(2)诊断依据:____

____

____。

(3)鉴别诊断:____

____

____。

(4)进一步检查:____

____。

(5)治疗原则：____。

(6)治疗处方：

××××动物医院处方笺

动物主人/饲养单位____________________　档案号____________________

动物种类____________　动物性别____________　体重/数量____________________

年(日)龄____________　开具日期____

第一联：存根（白）

Rp：

执业兽医师____________　注册号____________　发药人____________

(二)工作评价

针对以上任务的完成情况，分别对初步诊断、诊断依据、鉴别诊断、进一步检查、治疗原则和治疗处方等任务分别给予评价和点评。

工作评价			
评价内容	评价结果		
	正确	基本正确	错误
初步诊断			
诊断依据			
鉴别诊断			
进一步检查			
治疗原则			
治疗处方			
学生反思			
教师点评			

任务二　血小板减少症

【病例导学】范某家养一只古牧犬，雌性，8 岁，体重 33 kg。常规免疫和驱虫全面。主诉就诊时已发病 4 d，体温 38.8 ℃，心跳加快，呼吸急促，口腔黏膜出现淤点和淤斑；食欲减退，腹部、腿部、背部出现淤斑；同时出现血尿和黑粪症。触诊体表淋巴结未见明显异常、腹部不敏感；听诊胸腔未见明显异常。

请思考：

1. 该患病犬的初步诊断是什么？
2. 诊断依据主要有哪些？
3. 如何进一步明确诊断？
4. 可采取哪些治疗措施？

一、知识准备

【概述】

血小板减少症是指由于血小板数量减少而引起的疾病。临床上以皮肤和黏膜上出现广泛的弥散性出血斑、淤血斑点等为主要特征。

【病因】

1. 原发性因素　是由血小板的同种免疫或自体免疫反应引起的，一般发生于幼犬，临床上比较少见。

2. 继发性因素　多见于某些细菌性、病毒性、血液寄生虫性、钩端螺旋体疾病、伴有弥散性血管内凝血经过的各种疾病和注射疫苗以及临床上使用的某些具有细胞毒性的化学物质，如环磷酰胺、氯霉素、氨基比林等，可发生于不同年龄的犬。

【症状】

表现皮肤的浅表出血和黏膜出血为特征。浅表出血，多见于腹部、股内侧出血、耳郭和四肢等部位；黏膜出血，包括鼻出血、齿龈出血、胃肠出血、尿道出血、口腔和阴道黏膜常有点状出血；有时尚可见到眼前房和眼底出血。当受到外伤时，易出现淤血斑，常有出血不止的现象。此外由于出血部位不同，表现出受损脏器特有的症状。出血严重的犬猫出现贫血。

二、工作过程

【诊断】

1. 初步诊断　根据动物临床症状表现，皮肤浅表和黏膜出血现象，再结合动物发病前的具体情况，如是否输过血、应用过药物及骨髓的健康状况等可做出初步诊断。

2. 实验室检查

(1)血液检查　外周血细胞计数是确定血小板减少症的关键性检查，若外周血液中血小板的数量低于 1.5×10^5 个/μL 时，则该动物患有血小板减少症。

(2)血涂片检查　外周血涂片检查能为查找病因提供线索。

(3)血清学检查　主要是根据抗原抗体反应来检测感染性病原和免疫性因素，

如 ELISA。

3. 鉴别诊断　注意与凝血因子缺乏、肝脏疾病、灭鼠剂中毒和猫传染性腹膜炎引起的自发性出血相鉴别。

【治疗】

治疗原则：止血，抗过敏，抗出血。

治疗方案：根据治疗原则，结合临床工作实际，参考以下相应的治疗处方。

处方 1　地塞米松（消炎抗变态反应），0.2～1 mg/kg，口服/肌内注射，3 次/d。

处方 2　泼尼松龙（消炎抗变态反应），0.5～2 mg/kg，肌内注射/口服，2 次/d。

处方 3　长春新碱（免疫性血小板减少症），犬：0.02 mg/kg，静脉滴注，间隔 7～10 d。

处方 4　环磷酰胺（免疫性血小板减少症），犬：2 mg/kg，口服，1 次/d，连用 4 d/周，或隔天 1 次，连用 3～4 周。

处方 5　输入新鲜全血或富含血小板的血浆。

处方 6　中西医结合治疗。血热妄行者可用犀角地黄汤；阴虚火旺者可用大补阴丸；脾虚者可用归脾汤；此外应用补气化瘀汤（党参、黄芪、当归、川芎、赤芍、红花、鸡血藤、益母草）随证化裁，也有良好效果。

【主人须知】

患病动物血小板数量减少、凝血时间延长，应防止受伤。定期进行血小板计数；不能长期大量使用类固醇药物，尽量中西医结合，互相配合应用。患有免疫介导性血小板减少症的动物需要接受长期治疗。

三、学生实践

（一）布置任务

所学知识，针对以上提供的病例资料，按要求分别完成以下任务。

（1）初步诊断：______________________________

______________________________。

（2）诊断依据：______________________________

____

______________________________。

（3）鉴别诊断：______________________________

____

______________________________。

（4）进一步检查：______________________________

______________________________。

（5）治疗原则：______________________________。

(6)治疗处方：

××××动物医院处方笺

动物主人/饲养单位＿＿＿＿＿＿＿＿ 档案号＿＿＿＿＿＿＿＿

动物种类＿＿＿＿＿ 动物性别＿＿＿＿＿ 体重/数量＿＿＿＿＿

年(日)龄＿＿＿＿＿ 开具日期＿＿＿＿＿＿＿＿

Rp：

第一联：存根(白)

执业兽医师＿＿＿＿＿ 注册号＿＿＿＿＿ 发药人＿＿＿＿＿

(二)工作评价

针对以上任务的完成情况，分别对初步诊断、诊断依据、鉴别诊断、进一步检查、治疗原则和治疗处方等任务分别给予评价和点评。

工作评价			
评价内容	评价结果		
	正确	基本正确	错误
初步诊断			
诊断依据			
鉴别诊断			
进一步检查			
治疗原则			
治疗处方			
学生反思			
教师点评			

执业兽医资格考试真题精选

1. 皮肤颜色呈现苍白、黄染的现象见于(　　)(2020 年全国执业兽医资格考试试卷下午卷第 26 题)
   A. 出血性贫血　B. 再生障碍性贫血　C. 溶血性贫血
   D. 亚硝酸盐中毒　E. 一氧化碳中毒
2. 属于低血容量性休克的是(　　)(2020 年全国执业兽医资格考试试卷下午卷第 46 题)
   A. 中毒性休克　B. 心源性休克　C. 过敏性休克
   D. 感染性休克　E. 失血性休克
3. 不引起贫血的营养因素是(　　)(2019 年全国执业兽医资格考试试卷下午卷第 19 题)
   A. 叶酸　B. 钴　C. 铜
   D. 钙　E. 维生素 B_{12}
4. 心肌炎时,临床上不会出现(　　)(2018 年全国执业兽医资格考试试卷下午卷第 15 题)
   A. 大脉　B. 小脉　C. 早期收缩
   D. 节律不齐　E. 第二心音增强
5. 引起心外杂音的是(　　)(2015 年全国执业兽医资格考试试卷下午卷第 2 题)
   A. 心瓣膜肥厚　B. 纤维素性心包炎　C. 严重贫血
   D. 心瓣膜闭锁不全　E. 心瓣膜狭窄
6. 心肌损伤时,活性升高的血清酶是(　　)(2015 年全国执业兽医资格考试试卷下午卷第 6 题)
   A. 脂肪酶　B. α-淀粉酶　C. 碱性磷酸酶
   D. 丙氨酸氨基转移酶　E. 肌酸激酶
7. 犬,5 岁,体温 40.5 ℃,呈明显的腹式呼吸,常取坐姿。胸腔穿刺见多量淡黄色、浑浊的液体,其中蛋白质含量和中性粒细胞数升高。治疗该病不宜采用(　　)(2020 年全国执业兽医资格考试试卷下午卷第 67 题)
   A. 抗菌消炎　B. 强心利尿　C. 解热镇痛
   D. 大量补液　E. 穿刺放液

(8～10 题共用题干)

京巴犬,雄性,1 岁,体重 3.5 kg,体温 37.5 ℃,精神沉郁,不爱运动,眼结膜发绀,湿性咳嗽,呼吸困难,肺部听诊有啰音,未见全身水肿,血常规检查无异常。

8. 该病发生的器官系统是(　　)(2020 年全国执业兽医资格考试试卷下午卷第 161 题)
   A. 生殖系统　B. 心血管系统　C. 泌尿系统
   D. 消化系统　E. 神经系统

9. 治疗该病不宜采用的方法是(　　)(2020 年全国执业兽医资格考试试卷下午卷第 162 题)

A. 限制食盐摄入　　B. 输血　　C. 输氧

D. 强心　　E. 利尿

10. 确诊该病的检查方法首选(　　)(2020 年全国执业兽医资格考试试卷下午卷第 163 题)

A. 脑电图检查　　B. X 线检查　　C. 气管镜检查

D. 胃镜检查　　E. 心脏超声检查

(11～13 题共用题干)

比特犬,2 岁,体温 40.3 ℃,精神沉郁,食欲废绝,可视黏膜黄染,尿呈黄褐色;血常规检查红细胞 3.56×10^{12}/L,白细胞 7.50×10^{9}/L,血红蛋白 72 g/L;血液涂片检查,在病原寄生细胞中,可见有梨籽形虫体。

11. 治疗本病的特效药是(　　)(2018 年全国执业兽医资格考试试卷下午卷第 169 题)

A. 咪唑苯脲　　B. 吡喹酮　　C. 伊曲康唑

D. 多拉菌素　　E. 咪达唑仑

12. 该病主要传播媒介是(　　)(2018 年全国执业兽医资格考试试卷下午卷第 170 题)

A. 硬蜱　　B. 苍蝇　　C. 蚊

D. 鼠　　E. 蟑螂

13. 该病原寄生的细胞是(　　)(2018 年全国执业兽医资格考试试卷下午卷第 171 题)

A. 红细胞　　B. 中性粒细胞　　C. T 淋巴细胞

D. B 淋巴细胞　　E. 单核细胞

(14～15 题共用题干)

一新生仔犬,初生时活泼健壮,采食母乳后逐渐出现精神沉郁、反应迟钝、喜卧的现象。皮肤及可视黏膜黄染,尿量少而黏稠,血液学检查,红细胞数显著减少。

14. 导致此病发生的原因是(　　)(2018 年全国执业兽医资格考试试卷下午卷第 189 题)

A. 仔犬分娩过程中呛入了大量羊水　　B. 仔犬体内发生了免疫溶血反应

C. 仔犬肝脏损伤　　D. 母犬乳汁中乳蛋白含量过低

E. 母犬乳汁中乳糖含量过低

15. 该病最可能的诊断是(　　)(2018 年全国执业兽医资格考试试卷下午卷第 190 题)

A. 新生仔犬溶血病　　B. 仔犬低血糖症　　C. 仔犬出血性紫癜

D. 仔犬孱弱　　E. 仔犬低钙血症

(16～18 题共用题干)

大丹犬,雄性,2 岁,咳嗽,呼吸困难,食欲减退,体温 39 ℃,不愿站立,消瘦,被毛粗糙,眼结膜苍白,听诊呼吸音粗厉,有心杂音。X 线检查发现,心脏轮廓增大,右心房、右心室和肺动脉扩张,肺区有几条密度大的阴影。血液检查,红细胞总数及血红蛋白降低。

16. 该病最可能的病原是(　　)(2016 年全国执业兽医资格考试试卷下午卷第 169 题)

A. 犬恶丝虫　　B. 犬巴贝斯虫　　C. 犬绦虫

D. 犬钩虫　　E. 犬蛔虫

17. 目前临床上快速诊断的方法是(　　)(2016 年全国执业兽医资格考试试卷下午卷第 170 题)

A. 抗原检查　B. 粪便检查　C. 尿液检查

D. 血常规检查　E. 血液生化检查

18. 该病的示病特征是(　　)(2016 年全国执业兽医资格考试试卷下午卷第 171 题)

A. 肺动脉扩张及心杂音　B. 肺扩张　C. 主动脉狭窄

D. 贫血　E. 粪潜血

模块三参考答案

模块三高清插图

模块四
泌尿系统疾病

【模块导读】

模块介绍

泌尿系统由肾脏、输尿管、膀胱、尿道及相关的血管神经组成。其主要功能是通过泌尿，排出体内的代谢终末产物和进入体内的有害物质；参与水盐代谢、酸碱代谢的调节，以维持机体内环境的相对恒定。在正常状态下，泌尿器官，特别是肾脏具有强大的代偿功能。但在病原微生物、营养代谢紊乱、某些毒物的中毒、机体的变态反应、机械性刺激以及寒冷潮湿等因素的作用下，超过了泌尿器官自身的代偿能力而发生疾病。本模块由肾脏疾病和尿路疾病 2 个项目 6 个学习任务组成，重点介绍急性肾衰竭、慢性肾衰竭、肾炎、膀胱炎、尿石症和猫泌尿系统综合征等常见临床疾病的病因、临床症状、诊断与治疗。

模块目标

(一)知识目标

1. 熟悉泌尿器官局部解剖生理知识。
2. 熟悉泌尿器官疾病的病理知识。
3. 掌握泌尿器官疾病的病因及其临床症状。
4. 掌握泌尿器官疾病治疗所用药物的药理学知识。
5. 掌握泌尿器官疾病治疗与预防措施。

(二)技能目标

1. 具备应用常规诊断仪器设备的能力。
2. 具备对泌尿系统临床病例的综合分析并做出初步诊断的能力。
3. 具备进一步症状鉴别诊断的能力。
4. 能准确开具泌尿系统相关疾病的治疗处方并具备实施治疗的能力。
5. 具备与宠物主人良好沟通交流的能力。

(三)素质目标

1. 具备良好的职业道德和职业责任感。
2. 具备吃苦耐劳、乐于钻研、爱岗敬业的工作态度。
3. 具备主动服务社会的意识和团结协作的精神。
4. 树立人与宠物和谐相处的生态理念，尊重生命，关爱宠物。

项目一　肾脏疾病

任务一　急性肾衰竭

【病例导学】 蒋某饲养一只贵宾犬，雌性，2岁，体重6 kg。主诉该犬呕吐近6 d，呕吐物为黄色泡沫，腹泻，呈黄色水状，无食欲、精神沉郁。少尿，无大便。就诊时体温37.8 ℃，精神状态很差，心律不齐，呼吸音重，可视黏膜轻度黄染，皮毛干燥无光泽。腹部触诊肾区敏感。口腔及呼出气体有轻度异味。触诊皮肤可知弹性降低呈中度脱水状态，体型瘦弱。腹部深部触诊感知肾区偏大。

请思考：

1. 该患病犬的初步诊断是什么？
2. 诊断依据主要有哪些？
3. 如何进一步明确诊断？
4. 可采取哪些治疗措施？

一、知识准备

【概述】

急性肾衰竭又称急性肾功能不全，是指由多种原因造成的急性肾实质性损害而导致的肾功能抑制。临床上以发病急骤，少尿或无尿，代谢紊乱和尿毒症等为主要特征。

【病因】

根据致病部位不同可分为肾前性因素、肾性因素和肾后性因素3类。

1. 肾前性因素　由泌尿系统以外的因素引起，如外伤或手术造成大出血、严重腹泻和呕吐、大面积烧伤、腹水、休克、心力衰竭、心输出血量减少等。

2. 肾性因素　由肾脏本身的疾病引起，如肾小球、肾小管和肾间质病变；钩端螺旋体、细菌等造成的肾脏感染；氨基糖苷类抗生素、磺胺类药物、非甾体类抗炎药物、阿昔洛韦、两性霉素B等药物中毒以及乙二醇、重金属、蛇毒、蜂毒等造成的肾中毒；肾动脉血栓、弥漫性血管内凝血等引起的肾血液循环障碍等。

3. 肾后性因素　由于尿液排出受阻所致，多见于双侧输尿管或尿道阻塞（如损伤、结石等）。由于尿液排出受阻，而肾仍正常泌尿，尿液积聚，导致肾小管、肾小球内压力过高，不仅使肾小球滤过受阻，尿中积聚代谢产物，也可造成肾小管破裂或坏死，因而发生急性肾衰。

【症状】

临床表现可分为 3 个阶段。

1.第一阶段少尿期　此阶段持续时间不定，短者约 1 周，长者 2～3 周。如果长期无尿，则有可能发生肾皮质坏死。患病犬猫在原发病症状的基础上，排尿明显减少甚至无尿。由于水、盐及代谢产物排泄障碍，而出现水肿、心力衰竭、高钾血症、低钠血症、代谢性酸中毒、氮血症，且易发生感染等。

2.第二阶段多尿期　此阶段持续时间 1～2 周。如能耐过此阶段，便进入恢复期。患病犬猫经过少尿期后尿量开始增多而进入多尿期。表现为排尿次数和排尿量均增多。此时，水肿开始消退，血压逐渐下降。同时，因水、钾、钠丧失，可表现四肢无力、瘫痪、心律失常，甚至休克，重者可猝死；因患病犬猫多死于多尿期，故又称为危险期。

3.第三阶段恢复期　恢复期的长短，取决于肾实质病变恢复的程度。重症犬猫，若肾小球功能迟迟不能恢复时，可转为慢性肾功能衰竭。患病犬猫排尿量逐渐恢复正常，各种症状逐渐减轻或消除。但由于机体蛋白质消耗量大，体力消耗严重，仍表现四肢乏力、肌肉萎缩、消瘦等症状。

二、工作过程

【诊断】

1.初步诊断　根据病史调查、尿液变化及水肿症状可做出初步诊断。

2.实验室检查

(1)尿液检查　第一阶段少尿期的尿量少，而比重低。即在某些诱发病史的基础上(如严重外伤、烧伤、失水、失血、中毒、感染等)，特别是有休克时，每天尿量突然减少至每千克体重 20 mL 以下(少尿)，甚至 1.5～5 mL 及以下(每天尿量正常指标为每千克体重 20～167 mL)；尿正常比重为 1.015～1.050，若比重低于 1.010 为可疑，在 1.007～1.009 时即可确诊。同时，尿钠浓度偏高，尿中可见红细胞、白细胞和各种管型及蛋白。第二阶段多尿期的尿比重偏低，尿中含有白细胞。

(2)血液检查　白细胞总数增加，嗜中性粒细胞比例增高；血中肌酐、尿素氮、尿酸、磷酸盐、钾含量升高；血清钠、氯、二氧化碳结合力降低。

(3)补液试验　给少尿期的患病犬猫补液 500 mL 后，再静脉注射利尿素或速尿 10 mg。若仍无尿或尿比重低者，可认为是急性肾功能衰竭。

(4)肾造影检查　急性肾衰竭时，造影剂排泄缓慢。根据肾显影情况，可判断肾衰竭程度。如肾显影慢和逐渐加深，表明肾小球滤过率低；显影快而不易消退，表明造影剂在间质和肾小管内积聚；肾显影极淡，表明肾小球滤过功能极度障碍。

(5)超声检查　可确定肾后性梗阻。

3.鉴别诊断　临床工作中应注意与慢性肾功能衰竭的区别。

(1)急性肾衰竭　有发生过局部缺血或接触毒物的病史，临床检查时，体质较好，肾光滑、肿胀、有痛感，有严重的肾机能障碍，血清钾逐渐升高，代谢性酸中毒重。

(2)慢性肾衰竭　往往有发生过肾病或肾机能不全的病史，长期烦渴、多尿，慢性消瘦，血清钾逐渐降低，有轻度的代谢性酸中毒。

【治疗】

治疗原则：祛除病因，防止脱水和休克，纠正高血钾和酸中毒，缓解氮血症。

治疗方案：根据治疗原则，结合临床工作实际，参考以下相应的治疗处方。

处方 1　速尿，2～6 mg/kg，静脉注射，3 次/d。

处方 2　碳酸氢钠（纠正酸中毒），酸中毒时，1～2 g/kg，静脉注射。

处方 3　生理盐水或乳酸林格液（高钾血症时使用），静脉注射，10～20 mL/kg。

处方 4　25%葡萄糖溶液（高氮血症时使用），1～3 mL/kg，静脉注射。

处方 5　氨苄西林，10～20 mg/kg，肌内注射/静脉注射，2～3 次/d。

处方 6　速诺（阿莫西林克拉维酸钾干混悬剂），犬/猫：0.1 mL/kg，肌内注射/皮下注射，1 次/d。

处方 7　地塞米松，0.3～0.6 mg/kg，肌内注射，1 次/d。

处方 8　根据临床症状进行其他对症治疗。

【主人须知】

遇有严重创伤、感染或中毒疾病，必须及时送宠物医院诊治。以便及时发现肾衰竭，得到及时的抢救，切勿延误抢救时间。治疗过程必须耐心细致地配合医生做好护理工作。恢复期要及时补充营养、给予高蛋白、高碳水化合物和维生素丰富的饮食。

三、学生实践

（一）布置任务

根据所学知识，针对以上提供的病例资料，按要求分别完成以下任务。

（1）初步诊断：____

____。

（2）诊断依据：____

____

____。

（3）鉴别诊断：____

____

____。

（4）进一步检查：______________________________________

____。

（5）治疗原则：____。

(6)治疗处方：

××××动物医院处方笺

动物主人/饲养单位________________ 档案号________________

动物种类__________ 动物性别__________ 体重/数量__________

年(日)龄__________ 开具日期________________

第一联：存根(白)

Rp:

执业兽医师__________ 注册号__________ 发药人__________

(二)工作评价

针对以上任务的完成情况，分别对初步诊断、诊断依据、鉴别诊断、进一步检查、治疗原则和治疗处方等任务分别给予评价和点评。

工作评价			
评价内容	评价结果		
	正确	基本正确	错误
初步诊断			
诊断依据			
鉴别诊断			
进一步检查			
治疗原则			
治疗处方			
学生反思			
教师点评			

任务二　慢性肾衰竭

【病例导学】肖某饲养一只吉娃娃犬，雄性，4岁，体重4.8 kg。主诉该犬几个月前寄养后开始出现腹泻，每月当中有一半以上时间是软便，偶尔便秘；3个月前开始发现多饮多尿现象，体重减轻。针对腹泻主人曾使用过益生菌，但依然会有腹泻情况。经检查，该犬精神沉郁，体温39.1 ℃，呼吸数36次/min，心率125次/min，血压180 mmHg，眼结膜颜色粉红，眼睛双侧白内障；未发现其他明显异常。

请思考：

1. 该患病犬的初步诊断是什么？
2. 诊断依据主要有哪些？
3. 如何进一步明确诊断？
4. 可采取哪些治疗措施？

一、知识准备

【概述】

慢性肾衰竭是由于功能性肾组织长期或严重丧失，承担肾功能的肾单位绝对数减少，引起机体内环境平衡失调和代谢严重紊乱而出现的综合征。表现为肾源性氮质血症，持续时间长，通常超过2周。

【病因】

大多数情况下无法确定犬猫慢性肾病的根本原因，可能的原因有急性肾衰竭转变成慢性肾衰竭、家族遗传性肾病、慢性肾盂肾炎、慢性肾小球肾炎、淀粉样变性肾病、慢性阻塞性泌尿道疾病、肿瘤、全身性高血压、猫传染性腹膜炎等。

各种疾病引起的肾小球滤过率下降，约有75%肾单位进行性破坏是慢性肾衰产生的原因。肾脏排泄和调节功能失常，蛋白质分解产物积聚于血中导致氮血症，若无其他症状，称肾功能不全期。随着血浆非蛋白氮积聚，高达100 mg/dL，并出现酸碱平衡紊乱，即为尿毒症期，继而发生全身性疾病。

【症状】

患病宠物多饮多尿，厌食，消瘦，体重减轻，嗜睡，呕吐，口腔异味，毛发蓬乱无光泽，脱水等。

根据本病的发展过程和症状表现程度，可将慢性肾衰竭分为4期。

病期	Ⅰ期（储备能减少期）	Ⅱ期（代偿期）	Ⅲ期（氮质血症期）	Ⅳ期（尿毒症期）
肾小球滤过率	＞50%	50%～30%	30%～5%	＜5%
尿量	正常	多尿	少尿	无尿

续表

病期		Ⅰ期 （储备能减少期）	Ⅱ期 （代偿期）	Ⅲ期 （氮质血症期）	Ⅳ期 （尿毒症期）
电解质	Na^{+}	正常	有时降低	多降低	降低
	K^{+}	正常	正常	有时降低	升高
	Ca^{2+}	正常	正常	降低	降低
	PO_4^{3-}	正常	正常	升高	升高
酸碱平衡		正常	正常	酸中毒	酸中毒
其他		血中肌酐及尿素氮轻度升高	轻度脱水、贫血、心力衰竭等	中度至重度贫血、血中尿素氮可高达 1.3 g/L 以上	呈现尿毒症多种临床症状，尤其是神经症状和骨骼变形明显，血中尿素氮可高达 2～2.5 g/L

二、工作过程

【诊断】

1. 初步诊断　根据病史调查和临床症状可做出初步诊断。

2. 实验室检查

(1)血常规检查　可能出现正细胞性、正色素性非再生性贫血，因肾衰严重程度不同，贫血程度不同。

(2)血液生化检查　肌酐、尿素氮高于正常值。部分猫慢性肾衰初期，肌酐可能增加，尿素氮保持正常。稳定的慢性肾衰病例，常见代偿良好的轻度代谢性酸中毒。85%肾单元失去功能时，血磷会升高，血钙可能正常、升高或降低；若出现少尿、无尿，则血钾升高，但食欲下降、呕吐、多尿的患畜，血钾会下降。

(3)尿液检查　通常会发现低渗尿（脱水病例除外），低渗尿时要注意检查有无细菌感染。蛋白尿可能表示慢性肾病恶化，应注意监测 UPC（尿蛋白与尿肌酐比）。

3. 影像学检查　肾脏变小，B 超检查发现肾脏回声增强、肾脏形状不规则和皮髓质分界不清。

4. 鉴别诊断　临床工作中应与急性肾衰竭，肾前性、肾性和肾后性氮质血症相鉴别。

【治疗】

治疗原则：控制病程发展，恢复代偿，延长生命。

治疗方案：根据治疗原则，结合发病的不同病期，参考以下相应的治疗方法。

第Ⅰ期　饲喂肾脏处方粮，供给随时都有的干净饮用水，使用制酸剂（避免过多胃酸）和肠道磷结合剂，控制血压，治疗泌尿系统或全身性感染，尽可能避免麻醉或肾毒性药物。

第Ⅱ期　若无法维持体内水分充足，则进行皮下输液，并视治疗需要可加入止吐药。治疗中应监测血磷、血钾水平并予以纠正，控制好血压。

第Ⅲ期　应用血管紧张素转化酶抑制剂(ACEI)保护肾脏,控制蛋白尿,同时监测和控制血压,维持收缩压<145 mmHg。此外,可能需要使用骨化三醇控制甲状旁腺素,防止甲状旁腺增生。

第Ⅳ期　需要长期采用透析疗法。

【主人须知】

慢性肾衰竭是渐进性的不可逆转性疾病,治疗的目的主要是为了减缓病程和缓解临床症状;患病动物需要在家中进行皮下输液治疗,以维持动物所需的水分;慢性肾衰竭的动物应将低磷肾病处方粮作为日粮,同时尿毒症会导致动物食欲减退,可以通过将食物加热和加入风味物质,改善肾病日粮的口味;慢性肾衰竭引起的多尿还会导致水溶性维生素的丢失,需要额外补充水溶性维生素;还应限制钠的摄入。最终宠物将经历一段生活质量较差的疾病期,多预后不良。

三、学生实践

(一)布置任务

根据所学知识,针对以上提供的病例资料,按要求分别完成以下任务。

(1)初步诊断:____

____。

(2)诊断依据:____

____

____。

(3)鉴别诊断:____

____

____。

(4)进一步检查:____

____。

(5)治疗原则:____。

(6)治疗处方：

××××动物医院处方笺

动物主人/饲养单位＿＿＿＿＿＿＿＿＿＿ 档案号＿＿＿＿＿＿＿＿＿＿

动物种类＿＿＿＿＿＿ 动物性别＿＿＿＿＿＿ 体重/数量＿＿＿＿＿＿

年(日)龄＿＿＿＿＿＿ 开具日期＿＿＿＿＿＿＿＿＿＿＿＿＿＿

Rp：

执业兽医师＿＿＿＿＿＿ 注册号＿＿＿＿＿＿ 发药人＿＿＿＿＿＿

第一联：存根(白)

(二)工作评价

针对以上任务的完成情况，分别对初步诊断、诊断依据、鉴别诊断、进一步检查、治疗原则和治疗处方等任务分别给予评价和点评。

工作评价			
评价内容	评价结果		
	正确	基本正确	错误
初步诊断			
诊断依据			
鉴别诊断			
进一步检查			
治疗原则			
治疗处方			
学生反思			
教师点评			

任务三　肾炎

【病例导学】全某家养一只牧羊犬，5 岁，雌性，体重 20 kg。主诉犬 3 d 前发病，精神沉郁、无食欲、拱背夹尾、尿淋漓。临床检查：体温 39.8 ℃，弓腰，按压该患病犬腰部，躲闪、疼痛、吠叫。该犬行走困难，后躯不能站立。眼睑轻度水肿。排尿次数多，但每次尿量小，尿呈点滴状。有絮状物或石灰样沉渣。

请思考：

1. 该患病犬的初步诊断是什么？
2. 诊断依据主要有哪些？
3. 如何进一步明确诊断？
4. 可采取哪些治疗措施？

一、知识准备

【概述】

肾炎是指肾小球、肾小管或肾间质组织发生炎症性病理变化的统称。临床上以肾区疼痛，尿量减少，血尿为特征；按病程可分为急性和慢性肾炎；多见于中年犬猫，犬发病率高，其中母犬更为常见。

【病因】

肾炎的发生一般认为与感染、中毒、变态反应等因素有关。

1. 感染因素　①细菌：溶血性链球菌、肺炎双球菌、葡萄球菌、犬钩端螺旋体、埃希氏大肠杆菌、结核分枝杆菌。②病毒：犬瘟热病毒、犬传染性肝炎病毒、猫传染性腹膜炎病毒、猫白血病病毒。③寄生虫：犬恶心丝虫、弓形虫等感染。④系病毒、细菌及其毒素作用于肾所引起，或是病愈后的变态反应所致。

2. 中毒因素　①内源性毒素中毒：严重胃肠道炎症、皮肤疾病、代谢障碍性疾病、皮肤大面积烧伤或烫伤所产生的内毒素、代谢产物或组织分解产物等。②外源性毒物：应用有强烈刺激性的药物（如松节油、石炭酸、水杨酸等），误食有毒植物及被砷、汞、铅、磷等毒物污染的食物。

3. 受寒感冒　机体遭受寒冷的刺激，引起全身血管发生反射性收缩（尤其是肾小球毛细血管的痉挛性收缩），导致肾血液循环及营养发生障碍，肾防御机能降低，病原微生物侵入，促使肾炎发生。

4. 邻近器官的炎症　膀胱炎、子宫内膜炎、阴道炎及乳腺炎等蔓延而引起。

5. 机械因素　因撞击、踢打等外力造成肾损伤所致。

【症状】

1. 急性肾炎　精神沉郁，体温升高，厌食，有时发生呕吐，腹泻。肾区敏感，肾肿大，触诊疼痛。不愿活动，站立时背腰拱起，后肢集拢于腹下。频频排尿，但每次尿量少，甚至无尿。尿色较暗而浑浊，有时呈粉红色，内含蛋白质和沉渣。随着病程延长，由于血液循环障碍和全身静脉淤血，可见眼睑、胸、腹下水肿。当发展为尿毒症时，则出现呼吸困难，衰竭无力，肌肉痉挛，昏睡，体温降低，呼出气体有尿臭味。

2.慢性肾炎　多由急性肾炎发展而来，食欲不振，消瘦，被毛无光泽，皮肤失去弹性，体温正常或偏低，可视黏膜苍白。有的出现明显的水肿，高血压，血尿或尿毒症。初期多尿，后期尿少，发展为尿毒症时出现意识丧失，肌肉痉挛，昏睡。病程长短不一，轻者数月痊愈，重者可延长1～2年不定，有的反复发作。

二、工作过程

【诊断】

1.初步诊断　根据病史调查和典型症状（如肾区敏感、触诊疼痛、水肿症状和排尿变化等）可做出初步诊断。

2.实验室检查

(1)血常规检查　红细胞数轻度减少，白细胞数正常或偏高，血沉加快。

(2)血液生化检查　血清中γ球蛋白减少，α_2球蛋白增多。多尿时低血钠，少尿时高血钙，严重病例血中非蛋白氮升高。

(3)尿常规检查　急性肾小球肾炎，尿比重增高，蛋白含量增多，尿沉渣中可见有透明颗粒、红细胞管型，有的可见有上皮管型及散在的红细胞、肾上皮细胞、白细胞和病原菌等。

慢性肾小球肾炎多尿时尿液比重减小，潜伏期尿蛋白较少，活动期常增多，晚期尿蛋白减少。尿沉渣中可见大量颗粒和透明管型，晚期可见粗大的蜡样管型；当出现红细胞管型时，则为肾小球肾炎的急性发作。

3.鉴别诊断　临床工作中应与尿道炎、膀胱炎和肾结石等疾病相鉴别。

【治疗】

治疗原则：加强护理，抗菌消炎，利尿消肿，抑制免疫反应和防止尿毒症。

治疗方案：根据治疗原则，结合临床工作实际，参考以下相应的治疗处方。

处方1　氨苄西林，10～20 mg/kg，肌内注射/静脉注射，2～3次/d。

处方2　拜有利（恩诺沙星），2.5～5 mg/kg，皮下注射/静脉注射，2次/d。

处方3　头孢拉定，犬：50～100 mg/kg，口服，2次/d；猫：25～50 mg/kg，肌内注射/静脉滴注，2次/d。

处方4　速诺（阿莫西林克拉维酸钾干混悬剂），犬/猫：0.1 mL/kg，肌内注射/皮下注射，1次/d。

处方5　速尿注射液，2～6 mg/kg，静脉注射，3次/d。

处方6　双氢克尿噻，2～4 mg/kg，口服，1～2次/d。

处方7　环孢霉素A，犬：15 mg/kg，口服，1次/d。

处方8　硫唑嘌呤，犬：1～2.5 mg/kg，口服，隔天1次。

处方9　环磷酰胺，犬：2.2 mg/kg，口服，1次/d，连用4 d/周。

处方10　地塞米松，1～4 mg/kg，缓慢静脉注射。

处方11　如并发急性心力衰竭、高血压、血尿或尿毒症时，则需进行对症治疗。

【主人须知】

肾炎病情复杂多变，必须密切关注病情发展，及时向医生通报，配合医生仔细护理，按时用药，让动物安静休息，给予低盐和低蛋白食物。

三、学生实践

(一)布置任务

根据所学知识,针对以上提供的病例资料,按要求分别完成以下任务。

(1)初步诊断:____

____。

(2)诊断依据:____

____

____。

(3)鉴别诊断:____

____

____。

(4)进一步检查:____

____。

(5)治疗原则:____。

(6)治疗处方:

××××动物医院处方笺

动物主人/饲养单位______________________　　档案号______________________

动物种类______________　动物性别______________　体重/数量______________

年(日)龄______________　开具日期______________________________

Rp:

第一联:存根(白)

执业兽医师______________　注册号______________　发药人______________

(二)工作评价

针对以上任务的完成情况，分别对初步诊断、诊断依据、鉴别诊断、进一步检查、治疗原则和治疗处方等任务分别给予评价和点评。

工作评价			
评价内容	评价结果		
	正确	基本正确	错误
初步诊断			
诊断依据			
鉴别诊断			
进一步检查			
治疗原则			
治疗处方			
学生反思			
教师点评			

项目二　尿路疾病

任务一　膀胱炎

【病例导学】 崔某饲养一只腊肠犬，3岁，雌性，体重8 kg，主诉近5 d来经常有排尿动作，但尿量不多，表现不安、躁动，有时看到尿液中带红色。临床检查：触诊腹部，该犬紧张，可触摸到充盈的膀胱。

请思考：

1. 该患病犬的初步诊断是什么？
2. 诊断依据主要有哪些？
3. 如何进一步明确诊断？
4. 可采取哪些治疗措施？

一、知识准备

【概述】

膀胱炎是指膀胱黏膜或黏膜下层组织的炎症。临床上以尿频、排尿困难、痛性尿淋漓、膀胱部位触诊敏感和尿沉渣中出现大量的膀胱上皮细胞、白细胞和血细胞等为特征。母性犬猫和老年犬猫多发。

【病因】

1. 病原微生物的感染　多由链球菌、变形杆菌、化脓杆菌、葡萄球菌、绿脓杆菌、大肠杆菌等感染所引起，这些细菌通过血液、淋巴或尿道侵入膀胱。

2. 膀胱黏膜机械性刺激或损伤　使用导尿管或膀胱镜时损伤膀胱黏膜，膀胱结石或新生物（肿瘤）、各种有毒物质或强烈刺激性药物（如松节油、甲醛、环磷酰胺等）的刺激；各种原因引起的尿潴留（如尿道结石、肿瘤及排尿神经障碍等）均可引起本病。

3. 邻近器官炎症蔓延引起　肾炎、输尿管炎、阴道炎、子宫内膜炎、前列腺炎蔓延至膀胱。

【症状】

1. 急性膀胱炎　患病犬猫出现尿少而频和疼痛不安。患病犬猫频繁排尿或呈排尿姿势，但每次排出的尿量较少或呈点滴状流出，但当膀胱括约肌肿胀、痉挛或膀胱颈肿胀引起尿闭时，仅有排尿姿势而无尿排出。同时排尿时疼痛不安，出现终末血尿，严重时表现为极度疼痛不安（肾性腹痛），呻吟，腹围明显增大，并且随着病程的延长出现尿毒症表现。当炎症波及深部组织或继发其他炎症时，可出现体温升高、精神沉郁、食欲不振等不同程度的全身症状。尿液浑浊，有强烈的氨臭味。

2. 慢性膀胱炎　症状与急性膀胱炎基本类似，但病程较长，其他症状较轻，触诊膀胱壁肥厚，一般不敏感，尿沉渣镜检，有大量白细胞、膀胱上皮细胞、红细胞及微生物等。当尿路发生阻塞时，则出现排尿困难现象。

二、工作过程

【诊断】

1. 初步诊断　根据病史调查和典型症状（如尿少而频、尿痛和膀胱触诊敏感）等可做出初步诊断。

2. 实验室检查

(1)血液检查　一般无白细胞增加和嗜中性粒细胞核左移现象。这些变化可与肾盂肾炎和前列腺炎相区别。

(2)尿液检查　采集自然排尿或穿刺尿，在光镜下检查，尿中混有多量白细胞，呈浑浊时为脓尿，呈褐色时为血尿。尿中查到细菌时，说明膀胱已被感染。若同时查到脓尿、血尿、蛋白尿、细菌尿时，说明是尿路感染。

3. X 线检查　可进行膀胱充气造影或膀胱双重造影，观察膀胱壁的影像变化。造影检查可见膀胱壁增厚，黏膜不规则，呈局灶性或弥散性轮廓不整，其程度从轻度的毛刷状表面到显著的凹凸不平（图 4-1）。

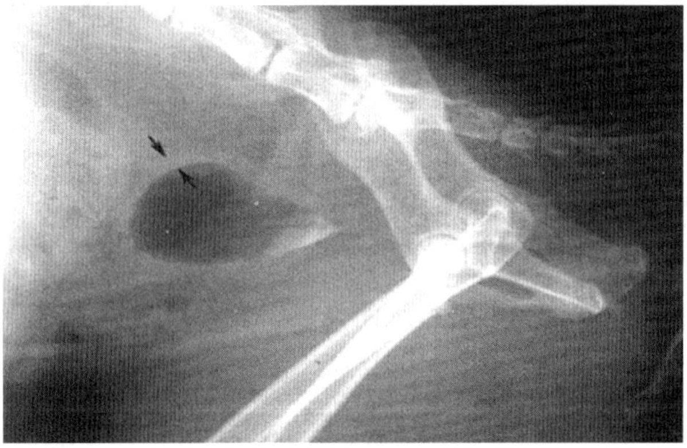

图 4-1　犬膀胱炎（膀胱壁增厚）

4. B 超检查　膀胱炎的声像图表现为膀胱壁增厚、轮廓不规则，黏膜下层为低回声带（图 4-2、图 4-3）。

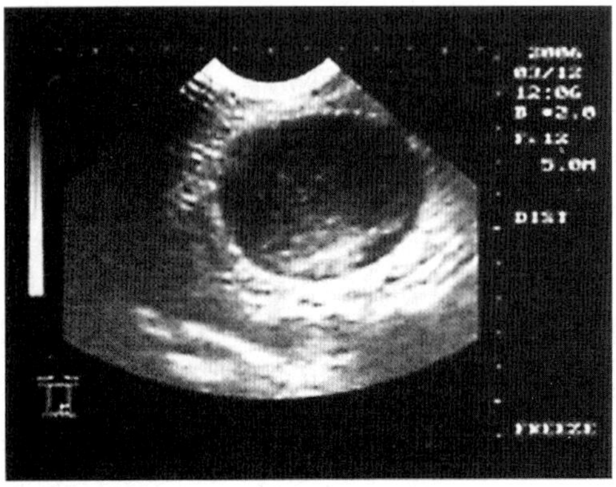

图 4-2　犬膀胱炎声像图

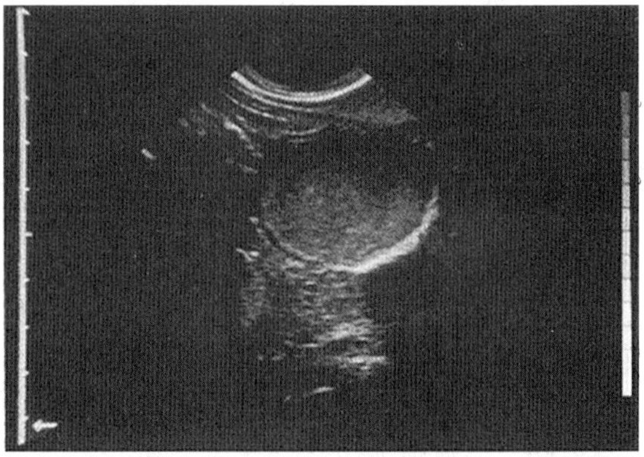

图 4-3　猫膀胱炎声像图

5. 鉴别诊断　临床工作中应与肾盂肾炎、前列腺炎、泌尿道结石、泌尿道肿瘤、尿道异常、膀胱内憩室等相鉴别。

【治疗】

治疗原则：改善饲养管理，抗菌消炎和对症治疗。

治疗方案：根据治疗原则，结合临床工作实际，参考以下相应的治疗处方。

处方 1　0.1％雷佛努尔溶液或 0.1％高锰酸钾溶液消毒，冲洗膀胱。

处方 2　1％～2％明矾溶液或鞣酸溶液收敛，冲洗膀胱。

处方 3　直接注入青霉素溶液 40 万～80 万 U 溶于 5～10 mL 注射用水中。

处方 4　恩诺沙星(拜有利)，2.5～5 mg/kg，皮下注射或静脉注射，2 次/d。

处方 5　止血敏，5～15 mg/kg，肌内注射，2 次/d。

处方 6　安络血，0.1～0.3 mg/kg，肌内注射，2 次/d。

【主人须知】

当观察到动物有出现异常的排尿行为或异常的尿液性质(如颜色、气味、内容物等)则应及时送宠物医院诊治，并且积极配合治疗；治疗期间可增加饮水量，也可以选择将日粮改为湿粮来促进水分的摄入；治疗结束后应及时复查，避免复发。对于反复发作的膀胱炎应配合医生寻找潜在病因，进行针对性治疗。

三、学生实践

(一)布置任务

根据所学知识，针对以上提供的病例资料，按要求分别完成以下任务。

(1)初步诊断：____

____。

(2)诊断依据：____

____

____。

(3)鉴别诊断：____

____

____。

(4)进一步检查：____

____。

(5)治疗原则：____。

(6)治疗处方：

××××动物医院处方笺

动物主人/饲养单位＿＿＿＿＿＿＿＿＿＿ 档案号＿＿＿＿＿＿＿＿＿＿

动物种类＿＿＿＿＿＿ 动物性别＿＿＿＿＿＿ 体重/数量＿＿＿＿＿＿

年(日)龄＿＿＿＿＿＿ 开具日期＿＿＿＿＿＿＿＿＿＿

Rp：

执业兽医师＿＿＿＿＿＿ 注册号＿＿＿＿＿＿ 发药人＿＿＿＿＿＿

第一联：存根(白)

(二)工作评价

针对以上任务的完成情况，分别对初步诊断、诊断依据、鉴别诊断、进一步检查、治疗原则和治疗处方等任务分别给予评价和点评。

工作评价			
评价内容	评价结果		
	正确	基本正确	错误
初步诊断			
诊断依据			
鉴别诊断			
进一步检查			
治疗原则			
治疗处方			
学生反思			
教师点评			

任务二　尿石症

【病例导学】马某家养一只哈士奇，雄性，2 岁，14 kg，常规免疫和驱虫完善。主诉平时采食较挑剔不吃犬粮，以火腿肠为主。发病两天，食欲减退，未见排便，有排尿动作但一直未排出尿液。临床检查：患犬精神沉郁，弓背，体温 38.7 ℃，呼吸急促。触诊腹部有紧实感、膀胱增大，压迫膀胱无尿液排出，触诊膀胱区时患犬有明显的疼痛反应。

请思考：

1. 该患病犬的初步诊断是什么？
2. 诊断依据主要有哪些？
3. 如何进一步明确诊断？
4. 可采取哪些治疗措施？

一、知识准备

【概述】

尿石症又称尿路结石，是肾结石、输尿管结石、膀胱结石和尿道结石的统称。临床上以排尿困难、阻塞部位疼痛和血尿为特征。老年犬猫多见，且有明显的家族遗传倾向性，如柯利犬、腊肠犬和小型贵宾犬等易发。此外，雄性犬猫以尿道结石多见，雌性犬猫以膀胱结石多见。

【病因】

尿石症形成的原因目前尚未完全清楚，一般认为与下面因素有关。

1. 尿路感染　多见于葡萄球菌和变形杆菌感染。直接损伤尿路上皮，使其脱落，促使结石核心的形成。感染菌可使尿液变碱，有利于磷酸镁铵结石的形成。

2. 长期饮水不足　引起尿液浓缩，致使盐类浓度过高而促进尿结石的形成。

3. 日粮营养不均衡　如饲喂高蛋白、高镁离子的日粮时，易促进磷酸镁铵结石的形成。

4. 维生素 A 缺乏或雌激素过剩　可使上皮细胞脱落，进而促进尿石的形成。

5. 某些代谢的遗传缺陷　如英国斗牛犬、约克夏㹴尿酸盐遗传代谢缺陷易形成尿酸铵结石，或机体代谢紊乱易形成胱氨酸结石。某些品种犬（如达尔马提亚犬）因肝缺乏氨和尿酸转化酶而发生尿酸盐结石。

6. 其他因素　如甲状旁腺功能亢进、维生素 D 过多、周期性尿液潴留、磺胺药物及某些重金属（如铅）的中毒、慢性原发性高血钙症、高降钙素等作用引起。

【症状】

当尿结石的体积细小而数量较少时，一般不表现任何症状，而当结石体积较大或阻塞尿路时，则出现明显的临床症状。由于结石阻塞的部位、体积大小和对组织损害程度的不同，临床症状表现有所不同。

（1）肾结石　多位于肾盂，初期形成的肾结石常不会导致犬猫出现明显的症状，多呈现肾盂肾炎的症状。患病犬猫常做排尿姿势，频频排尿，每次排尿量较少，尿中有时带血，触诊肾区疼痛，步态强拘、行动谨慎。继发细菌感染时，体温会升高。

(2)输尿管结石　患病犬猫不愿走动，有剧烈腹痛表现，弓腰行走，触诊腹部疼痛。输尿管单侧阻塞或两侧不完全阻塞时，可见血尿、蛋白尿和脓尿；如果双侧输尿管同时出现完全阻塞时，无尿进入膀胱，则呈现尿闭或无尿，从而导致肾盂肾炎和肾盂积水。

(3)膀胱结石　老年犬猫最常见，患病犬猫出现排尿困难，尿频，尿量排出少，尿液中带血，尤其是排尿末期的尿含血量多。触诊可以摸到较大的结石。

(4)尿道结石　公犬猫发病率较高。尿道不完全阻塞时，都出现排尿疼痛，尿液呈滴状，尿液颜色发红，含有红细胞。结石完全阻塞尿路时，则发生尿闭、较大的腹痛。膀胱过度充盈，努责频率增加，却无尿液排出。延误病情，可引起膀胱破裂、尿毒症。

二、工作过程

【诊断】

1. 初步诊断　根据病史调查、体格检查结合临床症状(如尿痛、尿淋漓及血尿等)可做出初步诊断。

2. 尿道探查　对于尿道结石和膀胱颈口结石可通过导尿管探查进行确诊。

3. X线检查　可以观察到在肾脏、输尿管、充盈的膀胱内或尿道中有密度大小不等的阴影(图4-4、图4-5)。

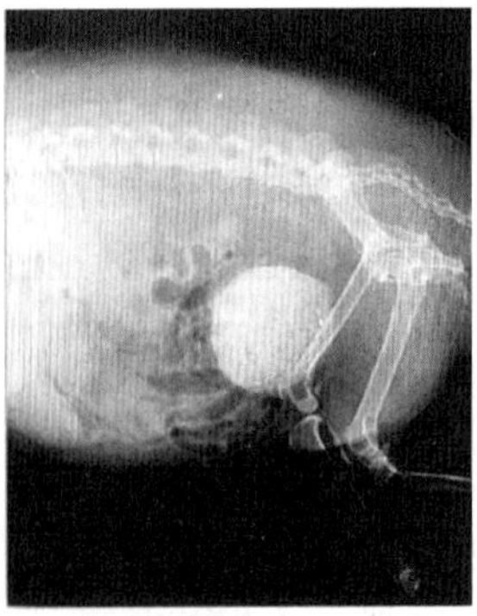

图4-4　膀胱结石X线检查

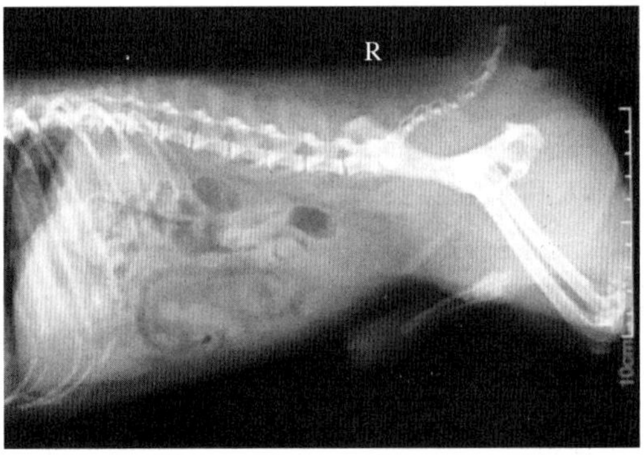

图4-5　双肾结石、膀胱结石、阴茎骨段尿道结石

4. B超检查　在结石阻塞部位或者膀胱内可以探查到若干个有极强回声的大小不一的圆形光团，后带声影(图4-6、图4-7)。

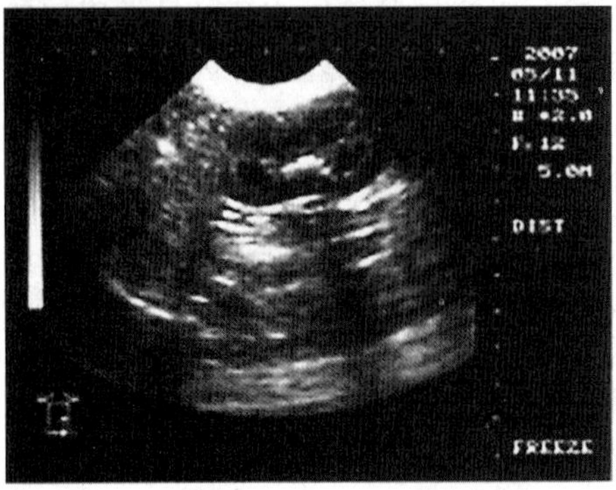

图4-6　超声扫查显示肾脏内可见有强回声光团，后带声影

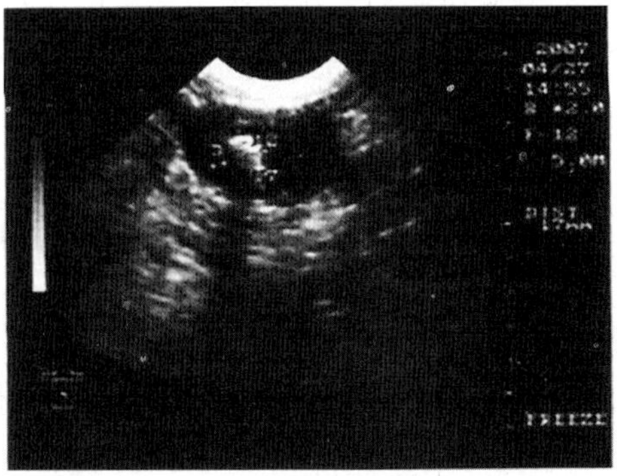

图4-7　超声扫查显示膀胱内可见有强回声光团，后带声影

5. 鉴别诊断　临床工作中应与肾炎、尿道炎、膀胱炎等疾病相鉴别。

【治疗】

治疗原则:加强护理、及时排出结石和对症治疗。

治疗方案:根据治疗原则,结合临床工作实际,参考以下相应的治疗处方。

处方 1　饮食药物治疗。可用于不完全阻塞或病情较轻的病例,如给予处方食物,促进结石的溶解。

处方 2　醋羟胺酸/乙酰氧肟酸,阻止鸟粪石等尿结石的形成,12.5 mg/kg,口服,2 次/d。

处方 3　*D*-青霉胺,阻止胱氨酸盐结石的形成,15 mg/kg,口服,2 次/d。

处方 4　外科手术治疗。对体积较大的结石,必须及时施行手术切开术取出结石(图 4-8a、图 4-8b、图 4-9a、图 4-9b)。

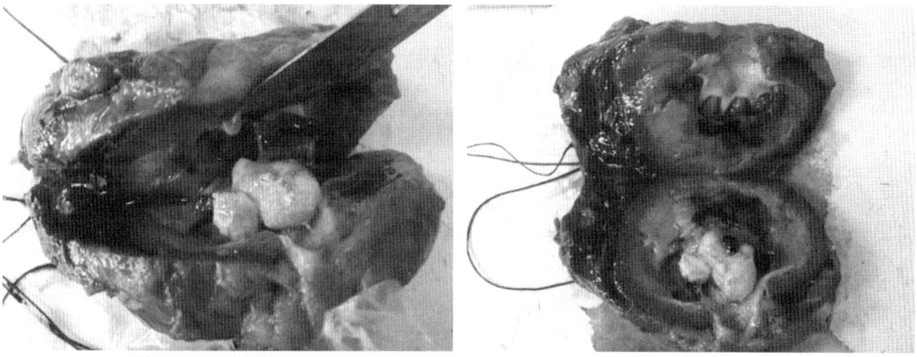

a.用手术刀正中切开肾脏　　b.2颗结石位于肾盂中

图 4-8　肾结石

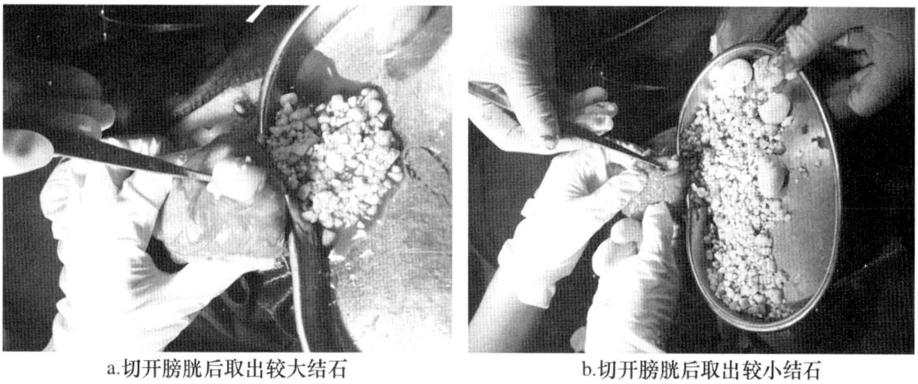

a.切开膀胱后取出较大结石　　b.切开膀胱后取出较小结石

图 4-9　膀胱结石

【主人须知】

对于尿石症的手术病例必须认真观察病情,仔细护理;膀胱切开术后 2～3 d 常见少量血液或血凝块流出;尿道切开术或尿道造口术,术后 4～5 d 常见尿道出血,只要及时清理消毒应用伊丽莎白项圈防止舔咬伤口即可。为预防尿结石再发生,可选择优质专用处方日粮;长期口服中草药金钱草水煎液有一定预防作用。

三、学生实践

(一)布置任务

根据所学知识,针对以上提供的病例资料,按要求分别完成以下任务。

(1)初步诊断:______________________________

______________________________。

(2)诊断依据:______________________________

____

______________________________。

(3)鉴别诊断:______________________________

____

______________________________。

(4)进一步检查:______________________________

______________________________。

(5)治疗原则:______________________________。

(6)治疗处方:

××××动物医院处方笺

动物主人/饲养单位__________ 档案号__________

动物种类__________ 动物性别__________ 体重/数量__________

年(日)龄__________ 开具日期__________

Rp:

第一联:存根(白)

执业兽医师__________ 注册号__________ 发药人__________

(二)工作评价

针对以上任务的完成情况,分别对初步诊断、诊断依据、鉴别诊断、进一步检查、治疗原则和治疗处方等任务分别给予评价和点评。

工作评价			
评价内容	评价结果		
	正确	基本正确	错误
初步诊断			
诊断依据			
鉴别诊断			
进一步检查			
治疗原则			
治疗处方			
学生反思			
教师点评			

任务三　猫泌尿系统综合征

【病例导学】徐某家养一只英国短毛猫，雄性，2 岁，体重 4 kg；免疫和驱虫完善。主诉最近一周以来，该猫精神一直不好，喜欢在猫砂盆里趴着；前 3 d 尿频，尿量少，尿色正常，不吃不喝，第 4 天后有食欲但吃得比较少，且吃了会呕吐；第 5 天后食欲废绝，完全尿不出且蹲厕后频繁舔舐生殖器，于是带其就诊。经查患猫体温 38.6 ℃，呼吸为 26 次/min，心率为 123 次/min，走路步态拘谨，精神沉郁、眼神呆滞，接近时能闻到明显的腥臊味（血腥味和氨味）；腹围较大，腹部触诊膀胱充盈，病猫紧张、哀叫；被毛脏乱，皮肤弹性下降。

请思考：

1. 该患病猫的初步诊断是什么？
2. 诊断依据主要有哪些？
3. 如何进一步明确诊断？
4. 可采取哪些治疗措施？

一、知识准备

【概述】

猫泌尿系统综合征是指由于膀胱和尿道结石、结晶和栓塞等刺激，引起膀胱和尿道黏膜炎症，甚至造成尿道阻塞的一组综合征。多发生在1～6岁的猫，公、母猫均可发生，以长毛猫发病率最高。临床上以排尿困难、努责、频尿、疼痛性尿淋漓、血尿、部分或全部尿道阻塞等为特征。

【病因】

1. 日粮营养不均衡　饲喂含过量镁的干食物是形成猫泌尿系统综合征的主要原因。日粮中的镁和碱性尿液易形成磷酸铵镁结晶；饲喂干食物、饮水少、排尿次数减少、尿液浓稠，尿中结晶或颗粒易在膀胱和尿道中形成和增大，引起尿道阻塞。

2. 病原微生物感染　某些细菌（如金黄色葡萄球菌、棒状杆菌）、病毒（如细小病毒、疱疹病毒）、支原体、真菌（如念珠菌、曲霉菌）、寄生虫（如毛首线虫）等引起膀胱炎或尿道炎时，产生的细胞碎片，有利于尿结石的形成。

3. 尿路疾病　特发性膀胱炎、间质性膀胱炎、膀胱脐尿管憩室、尿失禁、尿道狭窄、脐尿管、包茎异常、肿瘤（如前列腺肿瘤、膀胱、尿道肿瘤）、神经性疾病（如尿道痉挛、膀胱麻痹）和医源性因素（如尿道插管、逆行尿道冲洗）等均可引起。

4. 诱发因素　饮水少、活动少、去势、卵巢摘除、肥胖、气候寒冷以及应激状态等。

【症状】

临床表现为尿频、少尿、血尿或无尿。患猫精神沉郁，不停走动，鸣叫和频频舔生殖器，频做排尿姿势但无尿排出。若发生尿道阻塞，患猫表现绝食、呕吐、脱水、电解质丢失及酸中毒等。如阻塞物不及时排出，常于3～5 d内虚脱休克而死。尿道阻塞时，腹部触诊可感知腹围增大、膀胱饱满，有时膀胱破裂、腹腔积液。

二、工作过程

【诊断】

1. 初步诊断　根据病史调查、体格检查和特征性临床症状（如排尿及尿液变化）等可做出初步诊断。

2. 实验室检查

(1)血液生化检查　尿素氮和肌酐升高，碳酸氢盐减少。

(2)尿常规检查　尿pH呈碱性，尿中含有蛋白和潜血，尿沉渣中有磷酸镁铵结晶。

3. X线检查　X线影像显示膀胱积尿膨大，膀胱或尿道内有结石阴影（图4-10a、图4-10b）。

4. 鉴别诊断　应与肾盂肾炎、膀胱炎、尿道炎、急性肾衰竭、低血溶性休克等疾病相鉴别。

【治疗】

治疗原则：疏通尿道、抗菌消炎和对症治疗。

治疗方案：根据治疗原则，结合临床工作实际，参考以下相应治疗处方。

1. 若尿道未完全阻塞，可采用药物配合相对应的下泌尿道处方食物进行治疗。

处方1　蛋氨酸，猫：0.2～0.4 g/d，口服。

处方2　氯化铵，猫：0.8～1 g/d，口服。

处方3　酸性磷酸钠，40 mg/(kg·d)，拌食饲喂。

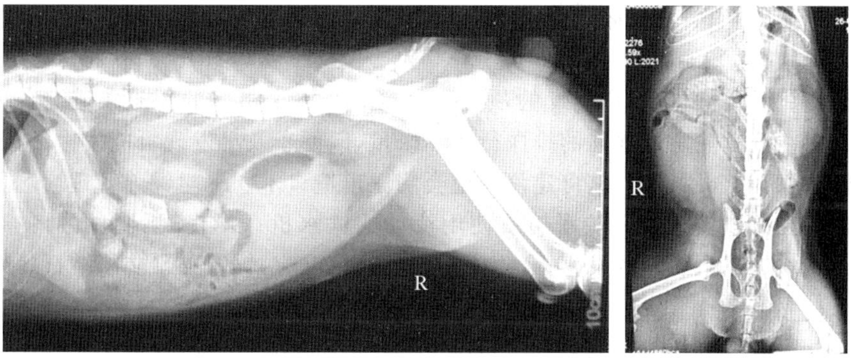

a.侧位片　　b.正位片

图 4-10　X 线检查(膀胱积尿膨大)

处方 4　氨苄西林,10～20 mg/kg,肌内注射/静脉注射,2～3 次/d。

处方 5　适时补充体液、电解质溶液,纠正酸中毒。

2.若尿道已经完全阻塞,首选的方法是进行尿道冲洗,先将患猫麻醉,用导尿管冲洗尿道,排出膀胱内潴留的尿液,导尿管应留置 1～3 d,以保持尿道畅通,避免复发(图 4-11 至图 4-14)。若无法进行尿道冲洗,则应立即进行外科手术治疗。也可先进行膀胱穿刺,排出尿液后再根据病情进行适当的处置。

视频 4-1　使用导尿管导尿

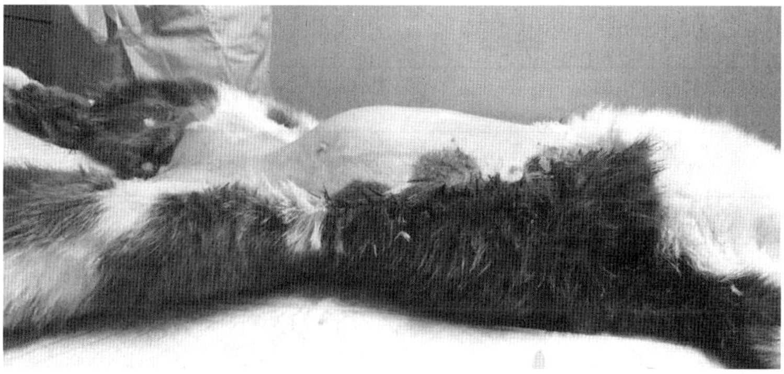

图 4-11　膀胱饱满、腹围增大

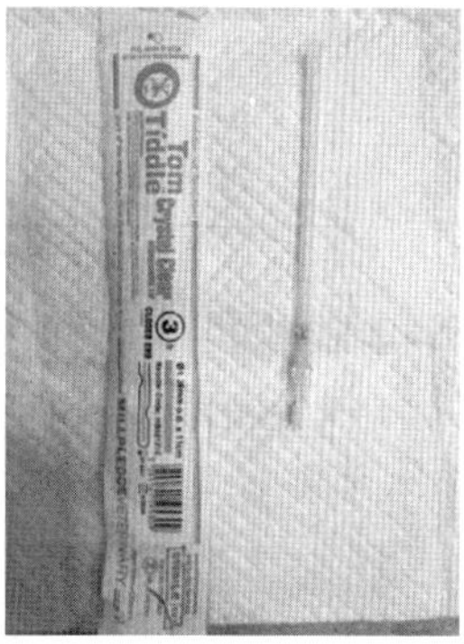

图 4-12　导尿管

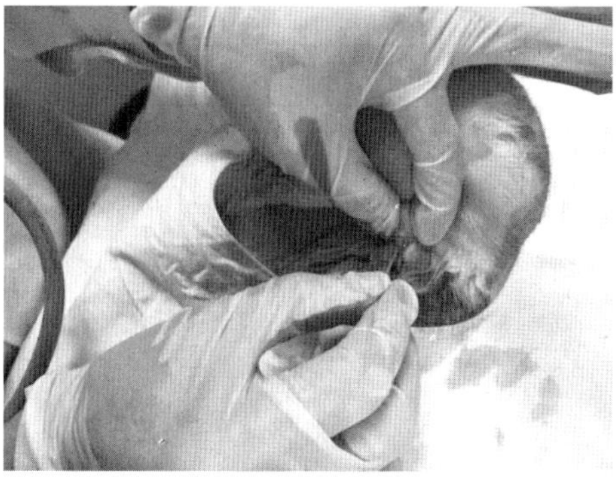

图 4-13　将导尿管的头部插入尿道口,继续向前插入膀胱腔内

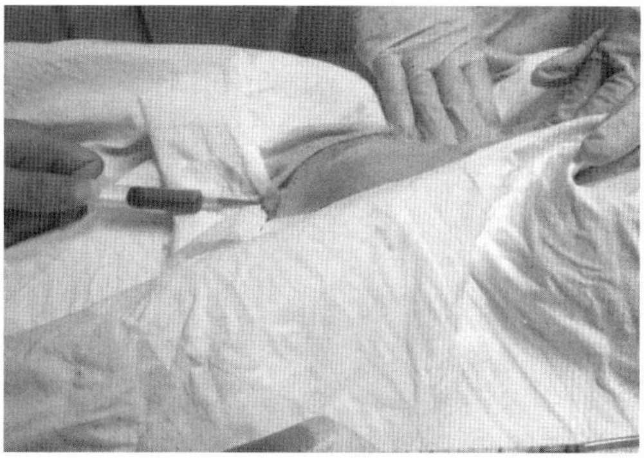

图 4-14　通过导尿管反复对膀胱进行冲洗

3. 对于反复发作的公猫尿道完全阻塞，可实施会阴尿道造口术。

【主人须知】

猫非阻塞性下泌尿道炎症复发的预后往往良好。完全阻塞的下泌尿道综合征可能会复发，主人应在平时注意观察猫的排尿行为和尿量，以便于及早发现可能发生的尿道阻塞。对于反复发作的完全尿道阻塞，可建议实施会阴尿道造口术。平时饲养管理应增加猫的饮水量，可选择在家中多放置一些水碗或使用流动式饮水机；多与猫玩耍，增加猫咪的活动量，可促进饮水和减少肥胖的发生；合理安排猫的日粮配方，饲喂猫预防尿结石处方食物。

三、学生实践

（一）布置任务

根据所学知识，针对以上提供的病例资料，按要求分别完成以下任务。

(1)初步诊断：______________________________。

(2)诊断依据：______________________________

______________________________。

(3)鉴别诊断：______________________________

______________________________。

(4)进一步检查：______________________________

______________________________。

(5)治疗原则：______________________________。

(6)治疗处方：

××××动物医院处方笺

动物主人/饲养单位______________ 档案号______________

动物种类__________ 动物性别__________ 体重/数量__________

年(日)龄__________ 开具日期______________________

Rp：

第一联：存根（白）

执业兽医师__________ 注册号__________ 发药人__________

(二)工作评价

针对以上任务的完成情况,分别对初步诊断、诊断依据、鉴别诊断、进一步检查、治疗原则和治疗处方等任务分别给予评价和点评。

工作评价			
评价内容	评价结果		
	正确	基本正确	错误
初步诊断			
诊断依据			
鉴别诊断			
进一步检查			
治疗原则			
治疗处方			
学生反思			
教师点评			

执业兽医资格考试真题精选

1. 病犬不排尿,触诊膀胱增大、不敏感,按压有尿排出。提示( ) (2020 年全国执业兽医资格考试试卷下午卷第 20 题)
   A. 膀胱麻痹　　B. 膀胱破裂　　C. 括约肌痉挛
   D. 膀胱炎　　E. 膀胱结石
2. 急性尿道损伤的典型症状是( )(2020 年全国执业兽医资格考试试卷下午卷第 49 题)
   A. 尿中带血　　B. 尿闭　　C. 体温升高
   D. 阴囊肿大　　E. 前列腺肿大
3. 诊断猫泌尿系统综合征的方法不包括( )(2020 年全国执业兽医资格考试试卷下午卷第 50 题)
   A. 放射造影检查　　B. 心电图检查　　C. X 线检查
   D. 导尿管探诊　　E. B 超检查

4. 母犬的膀胱结石主要成分为(　　)(2019 年全国执业兽医资格考试试卷下午卷第 18 题)

A. 碳酸盐　B. 尿酸盐　C. 胱氨酸

D. 硅酸盐　E. 磷酸盐

5. 家畜频繁做排尿动作,但尿液仅呈细流状或滴状排出的症状称为(　　)(2018 年全国执业兽医资格考试试卷下午卷第 4 题)

A. 尿淋漓　B. 尿失禁　C. 尿闭

D. 少尿　E. 无尿

6. 血清尿素氮升高最常见于(　　)(2018 年全国执业兽医资格考试试卷下午卷第 6 题)

A. 心脏疾病　B. 肝脏疾病　C. 肺脏疾病

D. 脾脏疾病　E. 肾脏疾病

7. 动物出现尿频症状,提示(　　)(2018 年全国执业兽医资格考试试卷下午卷第 16 题)

A. 肾病　B. 尿毒症　C. 膀胱麻痹

D. 尿道炎　E. 慢性肾衰

8. 北京犬,10 岁,频做排尿姿势,排尿困难,X 线检查可见膀胱内有大小不等的高密度影。最可能的红尿性质是(　　)(2018 年全国执业兽医资格考试试卷下午卷第 55 题)

A. 血尿　B. 血红蛋白尿　C. 肌红蛋白尿

D. 卟啉尿　E. 药物性红尿

9. 猫下泌尿道结石最常见的成分是(　　)(2016 年全国执业兽医资格考试试卷下午卷第 15 题)

A. 磷酸镁铵　B. 尿酸盐　C. 草酸盐

D. 硅酸盐　E. 胱氨酸

10. 猫,12 岁,突发尿量增多,不食,精神萎靡,四肢无力,血清生化检查可见(　　)(2019 年全国执业兽医资格考试试卷下午卷第 54 题)

A. 钠升高　B. 钾升高　C. 氯升高

D. 钾降低　E. 钙降低

11. 治疗猫磷酸镁铵结石,可以用于酸化尿液的药物是(　　)(2017 年全国执业兽医资格考试试卷下午卷第 14 题)

A. 稀盐酸　B. 磷酸氢二钠　C. 蛋氨酸

D. 氢氧化铝　E. 水合氯醛

12. 公犬,6 岁,频频排尿,尿量显著减少,尿沉渣检查见多量肾上皮细胞及各种管型,触诊(　　)(2017 年全国执业兽医资格考试试卷下午卷第 71 题)

A. 肾区敏感　B. 肾区不敏感　C. 膀胱敏感

D. 膀胱不敏感　E. 尿道敏感

(13～15 题共用题干)

中华田园犬,雄性,3 岁,体重 10 kg,已输液 2 d,共计 1 300 mL,无尿,呼吸急促,呕吐,血清生化检查肌酐、尿素氮、磷酸盐增高,血钾浓度 9.0 mmol/L,B 超检查见双肾被膜光滑,体积增大,皮质与髓质结构清晰,肾盂未见明显积液,膀胱轻度充盈,腹腔内未见积液。

13. 该犬最可能的诊断是(　　)(2019 年全国执业兽医资格考试试卷下午卷第 188 题)

A. 急性肾功能衰竭　B. 慢性肾功能衰竭　C. 输尿管异位症

D. 膀胱破裂　E. 糖尿病

14. 该病犬心电图特征最可能是(　　)(2019 年全国执业兽医资格考试试卷下午卷第 189 题)
A. P 波消失　B. QRS 波群变窄　C. P—R 间期缩短
D. T 波基底变宽　E. T 波低
15. 治疗该病不宜采取的方法是(　　)(2019 年全国执业兽医资格考试试卷下午卷第 190 题)
A. 利尿　B. 静滴 25%葡萄糖,加胰岛素
C. 静滴 10%葡萄糖酸钙　D. 静滴复方氯化钠　E. 腹膜透析

(16～18 题共用题干)

公犬,6 岁,突然发病,频做排尿姿势,强力努责,但仅有少量尿液滴出。腹部触诊膀胱充盈、敏感。

16. 该病最可能的诊断是(　　)(2018 年全国执业兽医资格考试试卷下午卷第 175 题)
A. 肾结石　B. 输尿管结石　C. 尿道结石
D. 肾炎　E. 膀胱炎
17. 患犬的排尿异常属于(　　)(2018 年全国执业兽医资格考试试卷下午卷第 176 题)
A. 频尿　B. 多尿　C. 少尿
D. 尿失禁　E. 尿闭
18. 该犬尿液检查可能发现(　　)(2018 年全国执业兽医资格考试试卷下午卷第 177 题)
A. 尿糖阳性　B. 尿胆素原增多　C. 尿潜血阳性
D. 尿酮体阳性　E. 尿胆红素阳性

(19～20 题共用备选答案)

A. 膀胱破裂　B. 膀胱炎　C. 膀胱结石
D. 膀胱麻痹　E. 膀胱憩室

19. 母犬,腹围膨大,尿少,触诊腹部膀胱充盈,用力按压有尿液排出,尿沉渣检查无管型细胞。该病最可能的诊断是(　　)(2016 年全国执业兽医资格考试试卷下午卷第 60 题)
20. 犬,尿频、量少、色红,腹围膨大,触诊膀胱充盈,有压痛感,尿沉渣检查,可见大量多角形扁平细胞,核小呈圆形或椭圆形,以及红细胞,多棱状、棺盖状结晶。该病最可能的诊断是(　　)(2016 年全国执业兽医资格考试试卷下午卷第 61 题)

模块四参考答案

模块四高清插图

模块五
神经系统疾病

【模块导读】

模块介绍

神经系统是宠物机体重要的调节系统，可接受和传导体内器官和外界环境的各种刺激。神经系统由中枢神经系统和外周神经系统构成，其中中枢神经系统包括脑和脊髓，外周神经系统包括脑和脊髓发出的神经和神经节。随着犬猫饲养数量的逐年增多和纯种化倾向的发展，神经系统疾病在临床上开始增多，尤其是与先天性因素有关的神经系统疾病，如癫痫、脑积水等慢性中枢神经异常在临床上比较多见。后天性神经系统疾病中，因交通事故或管理不当导致的脑膜炎、脊髓炎、日(热)射病、脑和脊髓的震荡和挫伤、外周神经损伤等也占相当比例。本模块由脑部疾病和脊髓疾病2个项目5个学习任务组成，重点介绍脑膜脑炎、日射病和热射病、癫痫、脊髓炎、脊髓损伤等常见临床疾病的病因、临床症状、诊断与治疗。

模块目标

(一)知识目标

1. 熟悉脑和脊髓解剖生理知识。
2. 熟悉脑和脊髓疾病的病理知识。
3. 掌握脑和脊髓疾病的病因及临床症状。
4. 掌握脑和脊髓疾病治疗所用药物的药理学知识。
5. 掌握脑和脊髓疾病的治疗与预防措施。

(二)技能目标

1. 具备应用常规诊断仪器设备的能力。
2. 具备对神经系统临床病例的综合分析并做出初步诊断的能力。
3. 具备进一步症状鉴别诊断的能力。
4. 能准确开具神经系统相关疾病的治疗处方并具备实施治疗的能力。
5. 能熟悉与神经系统疾病治疗相关的理疗方法。
6. 具备与宠物主人良好沟通交流的能力。

(三)素质目标

1. 具备良好的职业道德和职业责任感。
2. 具备吃苦耐劳、乐于钻研、爱岗敬业的工作态度。
3. 具备主动服务社会的意识和团结协作的精神。
4. 树立人与宠物和谐相处的生态理念，尊重生命，关爱宠物。

项目一　脑部疾病

任务一　脑膜脑炎

【病例导学】张某家养一只吉娃娃犬，雄性，6岁，体重3.5 kg；就诊时表现头后仰、口角抽搐，全身肌肉痉挛，四肢僵硬，眼突外翻，咬牙磨牙，口吐白沫。呼吸43次/min，脉搏150次/min，体温39.2 ℃，知觉消失，触摸皮肤大声嚎叫，精神兴奋，放在地上向一侧作圆圈运动，无目的地乱撞，每发作1次持续8 min左右。

请思考：

1. 该患病犬的初步诊断是什么？
2. 诊断依据主要有哪些？
3. 如何进一步明确诊断？
4. 可采取哪些治疗措施？

一、知识准备

【概述】

脑膜脑炎是指脑膜和脑实质的炎症。临床上以伴有一般脑症状、灶性脑症状和脑膜刺激症状为特征。可分为化脓性和非化脓性两类。

【病因】

1. 原发性脑膜脑炎　由感染性和非感染性因素引起。

(1)感染因素　①病毒感染，如狂犬病病毒、犬瘟热病毒，病毒沿神经干或经血液循环进入神经中枢，引起非化脓性脑炎。②细菌感染，如大肠杆菌等，细菌经血液转移引起继发性化脓性脑膜脑炎。③原虫感染，主要是弓形虫和犬新孢子虫，在幼年动物可出现神经症状。④霉菌感染，如新型隐球菌、荚膜组织胞浆菌，在机体免疫力低下时偶尔可发生感染。

(2)非感染因素　包括中毒、颗粒性脑膜脑炎、免疫性疾病、创伤、肿瘤等。

2. 继发性脑膜脑炎　多见于邻近部位感染(如脊髓炎、副鼻窦炎、中耳炎等)的蔓延，化脓性疾病(如大面积创伤感染、子宫蓄脓等)引起的脓毒败血症，以及其他部位感染后化脓菌随血液循环转移至脑部而引起。

【症状】

主要表现是神经症状，神经症状可分为一般脑症状、灶性脑症状和脑膜刺激症状。

1. 一般脑症状　患病犬猫先兴奋后抑制或交替出现。病初，呈现高度兴奋，感觉过敏，反射机能亢进，瞳孔缩小，视觉紊乱，呼吸急促，脉搏增数，烦躁不安、惊恐。有的意识障碍、

视频 5-1 小泰迪犬转圈圈

视频 5-2 犬瘟热头部和四肢抽搐

不识主人，捕捉时咬人，无目的地奔走，冲撞障碍物。后期以沉郁为主，头下垂，眼半闭，反应迟钝，肌肉无力，甚至嗜睡。

2. 灶性脑症状　取决于炎症灶在脑组织中的部位。大脑受损时，表现行为和性情的改变，步态不稳，转圈，甚至口吐白沫，吞咽障碍，听觉减退，视觉丧失，癫痫样痉挛；脑干受损时，表现精神沉郁，头偏斜（图 5-1），共济失调，四肢无力，眼球震颤、斜视；炎症侵害小脑时，出现共济失调，肌肉颤抖，眼球震颤，姿势异常。炎症波及呼吸中枢时，出现呼吸困难。另外，还可出现颈部肌肉痉挛或麻痹，角弓反张，倒地时四肢做有节奏运动（图 5-2）。某一组肌肉或某一器官麻痹，如面神经麻痹引起口唇歪斜，半侧躯体麻痹时呈现偏瘫等。

3. 脑膜刺激症状　是以脑膜炎为主的脑膜脑炎，常伴发前数段脊髓膜炎症，脊神经受到刺激，颈、背部敏感。轻微刺激或触摸该处，则有强烈的疼痛反应，肌肉强直性痉挛（图 5-3）。

单纯性脑炎，体温升高不常见，但化脓性脑膜脑炎时体温升高，有的达 41 ℃。犬瘟热病毒引起的脑炎神经症状则常见于嘴角、头部、四肢、腹部单一肌群或多肌群出现阵发性有节奏的抽搐。一般脑炎死亡率高，偶尔恢复也容易留下后遗症。

图 5-1　犬头颈歪斜

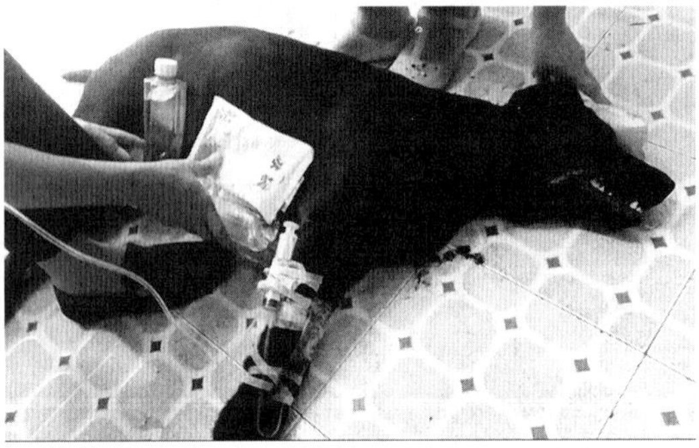

图 5-2　犬倒地不起，四肢做有节奏划动

图 5-3　四肢肌肉强直性痉挛

二、工作过程

【诊断】

1. 初步诊断　根据病史调查、体格检查和临床表现（如兴奋、抑制、痉挛、麻痹、意识障碍等症状）可做出初步诊断。

2. 实验室检查　无菌采集脑脊液进行检查，若为细菌性脑膜脑炎，脑脊液中蛋白质含量和白细胞数量显著增加。粒细胞性脑膜脑炎时，脑脊液中蛋白质含量、白细胞数量增加，并见大量的单核细胞，巴哥犬还可见嗜酸性粒细胞增多。化脓性脑膜脑炎时，脑脊液中除嗜中性粒细胞增多外，还可见到病原微生物。

此外，脑脊液血清学试验有助于确定特定的病原；CT 和 MRI 检查能够较好地确定脑部器质性病变的部位和本质。

3. 鉴别诊断　临床工作中应与中毒、中暑等疾病相鉴别（图 5-4、图 5-5）。

图 5-4　脑膜脑炎(患犬表现为典型的神经症状,头部靠墙)

图 5-5　苏牧犬伊维菌素中毒(站立不稳,神志不清,遇到阻挡物后抵住不动)

【治疗】

治疗原则:加强护理、降低颅内压、抗菌消炎、对症治疗。

治疗方案:根据治疗原则,结合临床工作实际,参考以下相应的治疗处方。

处方 1　甘露醇,0.5～1 g/kg,缓慢静脉滴注,3～4 次/d。

处方 2　山梨醇,1～2 g/kg,缓慢静脉滴注,3～4 次/d。

处方 3　头孢噻肟钠,20～40 mg/kg,静脉滴注/肌内注射/皮下注射,3～4 次/d。

处方 4　氨苄西林,20～30 mg/kg,口服,2～3 次/d;或 10～20 mg/kg,静脉滴注/皮下注射/肌内注射,2～3 次/d。

处方 5　速诺(阿莫西林克拉维酸钾干混悬剂),犬/猫:0.1 mL/kg,肌内注射/皮下注射,1 次/d。

处方 6　复方新诺明,15～20 mg/kg,口服/肌内注射,2 次/d。

处方 7　苯巴比妥,犬:1～2.5 mg/kg,口服,2 次/d;猫:2.5 mg/kg,口服,1 次/d。

处方 8　氯丙嗪,3 mg/kg,口服,2 次/d;或 1～2 mg/kg,肌内注射,1 次/d;或 0.5～1 mg/kg,静脉滴注,1 次/d。

【主人须知】

病犬应置于阴凉通风处,犬舍保持安静,光线要暗。给予牛奶、鸡蛋、肉汤等易消化的营养丰富的食物。有些大脑损伤是不可恢复的,即使动物存活下来,常留有后遗症;一般情况下,动物昏迷时间超过 48 h,则很难存活,当症状继续恶化,则表明病情加重;若动物有主动攻击行为,怀疑狂犬病时,应立即上报动物疾病预防控制机构,建议迅速扑杀、焚烧处理。

三、学生实践

(一)布置任务

根据所学知识,针对以上提供的病例资料,按要求分别完成以下任务。

(1)初步诊断:____。

(2)诊断依据:____

____。

(3)鉴别诊断:____

____。

(4)进一步检查：____

____。

(5)治疗原则：____

____。

(6)治疗处方：

××××动物医院处方笺

动物主人/饲养单位__________ 档案号__________

动物种类__________ 动物性别__________ 体重/数量__________

年(日)龄__________ 开具日期__________

第一联：存根(白)

Rp：

执业兽医师__________ 注册号__________ 发药人__________

(二)工作评价

针对以上任务的完成情况，分别对初步诊断、诊断依据、鉴别诊断、进一步检查、治疗原则和治疗处方等任务分别给予评价和点评。

工作评价			
评价内容	评价结果		
	正确	基本正确	错误
初步诊断			
诊断依据			
鉴别诊断			
进一步检查			
治疗原则			
治疗处方			

续表

学生反思	
教师点评	

任务二　日射病和热射病

【病例导学】林某家养一只德国牧羊犬,3岁,雄性,体重达50 kg。主诉盛夏的某一天给其洗澡后没有吹干,而是放在烈日的阳光下直接曝晒;15:00时左右发病,病情急重,张口喘气,呼吸迫促,从嘴角流出大量口水,并有反胃呕吐症状,卧地不起。体温42 ℃,呼吸 86次/min,脉搏175次/min。眼结膜充血,瞳孔缩小,卧地不起,四肢呈游泳状态划动。

请思考:

1. 该患病犬的初步诊断是什么?
2. 诊断依据主要有哪些?
3. 如何进一步明确诊断?
4. 可采取哪些治疗措施?

一、知识准备

【概述】

日射病是指动物在炎热季节,头部受到日光直射,引起脑膜充血和脑实质急性病变,导致中枢神经系统机能严重障碍的现象。热射病是指在潮湿闷热环境中,动物体内积热过多引起严重中枢神经系统机能紊乱的现象。临床上统称为中暑。本病以体温显著升高、呼吸和循环障碍、神经症状为特征。犬汗腺不发达,对热耐受性差,特别是大型、短头品种犬较易发生本病。

【病因】

1. 夏季长时间暴露于阳光下,日光直晒头部,致使脑膜充血、出血,导致日射病。

2. 环境温度过高、散热障碍(如在通风换气不良的高温环境中、密闭的汽车内长途运输、在水泥地面上的铁皮小屋内、通风不良的饲养场所等),体温急剧升高导致热射病。

3. 其他因素引起　伴有热性疾病、手术中长时间的气管插管、过度肥胖、心血管系统、泌尿系统疾病的动物也易引发本病。另外容易发生上呼吸道疾病的短头品种犬及经常不安、非常神经质的犬也容易发生。

【症状】

突然发病，体温急剧升高至 41～42 ℃，呼吸急促，心跳加快，末梢静脉怒张。有的精神沉郁，站立不稳，卧地不起(图 5-6、图 5-7)。有的神志紊乱，兴奋不安，狂躁。随着病情的急剧恶化，出现心力衰竭，脉搏快而弱，静脉淤血，黏膜发绀。伴发肺充血和肺水肿时，张口伸舌，呼吸浅表，口鼻喷出白沫或血沫。有的突然倒地，肌肉痉挛、抽搐、昏迷乃至死亡。

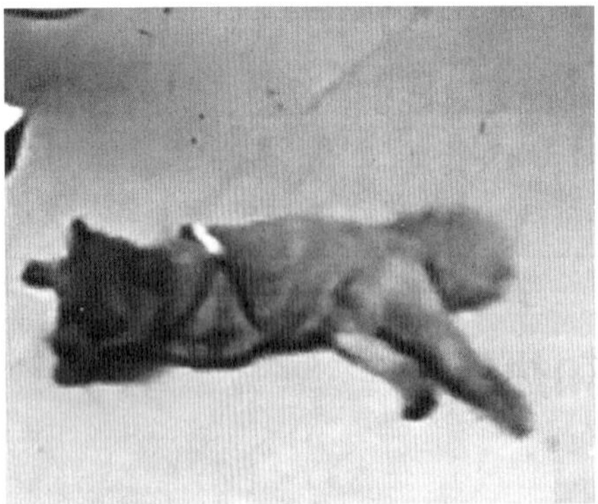

图 5-6 博美犬中暑后呼吸急促、卧地不起、双后肢呈现不停地滑动

图 5-7 斗牛犬中暑后张口呼吸迫促、舌头发紫

视频 5-3 博美犬中暑

二、工作过程

【诊断】

1. 初步诊断　根据发病史，结合临床症状可以做出初步诊断。

2. 鉴别诊断　临床工作中应与以下疾病相鉴别。

(1)脑膜脑炎　多数由传染性、中毒性因素引起。主要表现为脑神经症状，体态反常，昏迷，卧地，兴奋、沉郁交替发生；体温、呼吸及血液循环障碍较中暑轻微。

(2)肺充血、肺水肿　主要由于剧烈运动，心脏机能增强，引起肺脏流入量和流出量同时增多，从而所引起的主动性充血；或由于心脏机能不全引起的肺毛细血管淤血性被动性充血等导致的一种肺部疾病。以呼吸困难为主要症状，可视黏膜发绀，口鼻流出泡沫状液体；一般无明显的神经症状，体温变化不大。

【治疗】

治疗原则：消除病因、促进降温和对症治疗。

治疗方案：根据治疗原则，结合临床工作实际，参考以下相应的治疗处方。

治疗前应将患病动物移至阴凉处，保持通风安静，可用冷水冲洗身体、冰块敷头，促进散热。

处方 1　氯丙嗪，3 mg/kg，口服，2 次/d；1～2 mg/kg，肌内注射，1 次/d；或 0.5～1 mg/kg 静脉滴注，1 次/d。

处方 2　5％碳酸氢钠和林格液静脉滴注。

处方 3　地塞米松，0.2～1 mg/kg，口服/肌内注射，3 次/d。

处方 4　洋地黄毒苷，犬：0.006～0.012 mg/kg，全效量，静脉滴注，维持量为全效量的 1/10。

【主人须知】

避免在高热天气做剧烈运动或将动物置于阳光直射和湿热环境中，暑天应提供阴凉环境；发现疾病，及时治疗，一般预后良好；但严重病例与年龄、高热持续时间以及发现是否及时有关，常预后不良。

三、学生实践

(一)布置任务

根据所学知识，针对以上提供的病例资料，按要求分别完成以下任务。

(1)初步诊断：____。

(2)诊断依据：____

____。

(3)鉴别诊断：____

____。

(4)进一步检查：____

____。

(5)治疗原则：____

____。

(6)治疗处方：

××××动物医院处方笺

动物主人/饲养单位____________________　　档案号____________________

动物种类____________　　动物性别____________　　体重/数量____________

年(日)龄____________　　开具日期________________________________

Rp：

第一联：存根（白）

执业兽医师____________　　注册号____________　　发药人____________

(二)工作评价

针对以上任务的完成情况，分别对初步诊断、诊断依据、鉴别诊断、进一步检查、治疗原则和治疗处方等任务分别给予评价和点评。

工作评价			
评价内容	评价结果		
	正确	基本正确	错误
初步诊断			
诊断依据			
鉴别诊断			
进一步检查			
治疗原则			
治疗处方			
学生反思			
教师点评			

任务三 癫痫

【病例导学】钟某家养一只吉娃娃犬，8岁，雌性，体重约3 kg。主诉该犬已发病2年多，每隔15～20 d复发1次，每次5～10 min，发病时突然倒地抽搐，全身僵硬、四肢伸展，头颈向一侧弯曲，有时四肢呈游泳样划动，口吐白沫，舌头发紫等，发作无常，近期病犬每天均有发作，有时发作2～5次/d。

请思考：

1. 该患病犬的初步诊断是什么？
2. 诊断依据主要有哪些？
3. 如何进一步明确诊断？
4. 可采取哪些治疗措施？

一、知识准备

【概述】

癫痫是由于大脑某些神经元异常放电引起的暂时性的脑机能障碍。临床上以骤然发生、突然停止、反复发作、短时意识丧失、强直性与阵发性肌肉痉挛为主要特征。癫痫分为原发性和继发性两种。犬发病率比猫高，且多为继发性。

【病因】

1. 原发性因素 与遗传有关。由于大脑组织代谢异常，皮层或皮层下中枢受到刺激，故兴奋与抑制失调而发病。犬的原发性癫痫一般认为是由于中枢神经系统代谢性机能异常导致的家族性疾病，具有遗传性。

2. 继发性因素 继发性癫痫通常与下列疾病有关。

(1)脑器质性病变 见于脑膜脑炎、脑积水、脑血管疾病、脑内肿瘤、脑震荡或挫伤等。

(2)传染病和寄生虫病 如犬瘟热、狂犬病、弓形虫病、猫传染性腹膜炎等。

(3)代谢失调 见于低血糖(患胰岛β细胞瘤犬和功能性低血糖猎犬)、低血钙、肝功能低下、氮质血症、维生素缺乏等。

(4) 中毒 如一氧化碳、铅、汞、有机磷农药中毒等。

此外，肠道寄生虫(如绦虫、钩虫、蛔虫)、外周神经损伤、过敏反应等能反射性地引起癫痫发作；高度兴奋、恐惧和强烈的刺激，也能促进癫痫的发作。

【症状】

癫痫发作有3个特点，即突然性、暂时性和反复性。根据临床症状的不同，癫痫发作主要可分为既有意识丧失又有痉挛发生的大发作和仅有短时间晕厥、不伴有痉挛的小发作2种类型。

1. 大发作 是最常见的一种类型。可分为3个阶段，即先兆期、发作期和发作后期。

(1)先兆期 犬猫表现不安、烦躁、点头或摇头、吠叫、躲藏暗处等。仅持续数秒钟或数分钟，一般不被人所注意。

(2)发作期 犬猫意识丧失，突然倒地，角弓反张，先肌肉强直性痉挛，继而出现阵发性痉挛，四肢呈游泳样划动，常见咀嚼运动(图5-8、图5-9)。此时，瞳孔散大，流涎，大小便失禁，牙关紧闭，呼吸暂停，口吐白沫，一般持续数分钟或数秒钟。

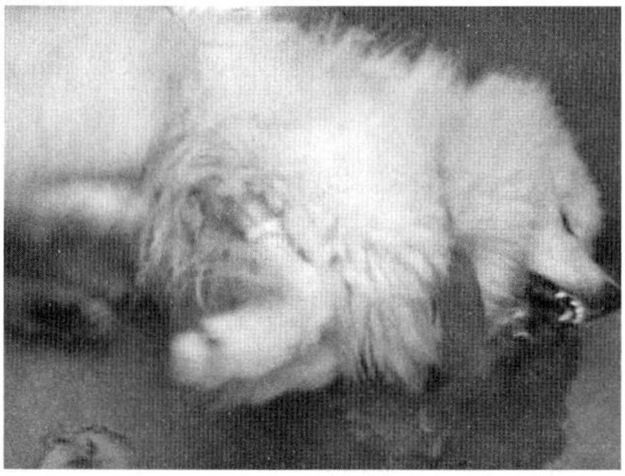

图5-8 萨摩耶口吐白沫，肌肉阵发性强直性痉挛，四肢呈游泳样划动

图5-9 猫意识丧失，突然倒地，全身抽搐

(3)发作后期 犬猫知觉恢复，但表现不同程度的视觉障碍、共济失调、意识模糊、疲劳等，此期持续数秒钟或数天。癫痫发作的间隔时间长短不一，有的一天发作多次，有的数天、数月或更长时间发作一次。在间隔期一般无异常表现。

2. 小发作 犬猫突然倒地、意识丧失、瞳孔散大、粪尿失禁。

二、工作过程

【诊断】

视频 5-4 癫痫发作

1. 初步诊断　根据病史和特征性临床症状（突然发病、不安、惊叫、倒地、四肢抽搐，持续几十秒、几分钟乃至十几分钟不等，症状消失而恢复常态，稍显疲惫，过一段时间又复发；具有突然性、暂时性和反复性）可以做出初步诊断。

2. 鉴别诊断

（1）脑肿瘤　通过X线、CT和磁共振可发现脑内的肿瘤。

（2）脑损伤　有头部损伤的病史。

（3）脑积水　通过X线检查可以确诊。但要做出明确的病因学诊断，仍需进行全面系统的临床检查。

（4）脑炎　通过脑脊髓液检查可以确诊。

（5）犬瘟热　有病毒性传染病的发病史，发热，结膜炎，表现高度的兴奋或沉郁。

（6）弓形体病　表现有慢性疾病的症状，衰弱，消瘦，呈进行性癫痫发作。

（7）有机磷中毒　流涎，瞳孔缩小，呼吸困难。

（8）破伤风　犬耳竖直，瞬膜突出，受刺激后肌肉强直加重。

【治疗】

治疗原则：消除原发病，镇静和抗癫痫。

治疗方案：根据治疗原则，结合临床工作实际，参考以下相应的处置方法和治疗处方。

处置1　加强管理，防止过度惊吓和剧烈运动。给予易消化食物。

处方1　溴化钾（抗癫痫），犬：20～40 mg/kg，口服，1次/d或分开2次/d，拌食物。

处方2　苯妥英钠（癫痫大发作），犬：100～200 mg/次，口服，1～2次/d；或5～10 mg/kg，静脉滴注。

处方3　安定（抗癫痫），犬：0.2～0.5 mg/(kg·h)，与0.9%氯化钠混合静脉滴注；猫：0.3 mg/(kg·h)，与0.9%氯化钠混合静脉滴注。

处方4　扑痫酮（癫痫大发作），犬：5 mg/kg，口服，1次/d；猫：20 mg/kg，口服，2次/d。

处方5　抗癫灵（癫痫小发作），犬：60 mg/kg，口服，3次/d。

处方6　苯巴比妥（癫痫大发作），犬：1～2.5 mg/kg，口服，2次/d，有时要求20 mg/(kg·d)；猫：2.5 mg/kg，口服，1次/d。

【主人须知】

本病目前无法根治；即使在治疗过程中，动物也可能会出现癫痫，治疗的目的是降低癫痫发作的频率及严重程度；需要终生服药；需要定期监测血液中抗癫痫药物的浓度；如保持在6～9个月的时间内没有癫痫发作，可以逐渐减少药物的剂量，直至最后停药；去势或绝育术有助于预防激素对癫痫行为的影响。

三、学生实践

(一)布置任务

根据所学知识,针对以上提供的病例资料,按要求分别完成以下任务。

(1)初步诊断:____。

(2)诊断依据:____

____。

(3)鉴别诊断:____

____。

(4)进一步检查:____

____。

(5)治疗原则:____

____。

(6)治疗处方:

××××动物医院处方笺

动物主人/饲养单位________________　　档案号________________

动物种类__________　　动物性别__________　　体重/数量__________

年(日)龄__________　　开具日期________________________

Rp:

第一联:存根(白)

执业兽医师__________　　注册号__________　　发药人__________

(二)工作评价

针对以上任务的完成情况,分别对初步诊断、诊断依据、鉴别诊断、进一步检查、治疗原则和治疗处方等任务分别给予评价和点评。

工作评价			
评价内容	评价结果		
	正确	基本正确	错误
初步诊断			
诊断依据			
鉴别诊断			
进一步检查			
治疗原则			
治疗处方			
学生反思			
教师点评			

项目二　脊髓疾病

任务一　脊髓炎

【病例导学】林某饲养一只京巴犬，5 岁，雌性，6 kg。主诉前天上午给宠物洗完澡后，出现后肢无力，昨天进一步严重，已 2 d 无大小便，检查体温 38.3 ℃，全身瘫痪，不能吠叫；触诊全身无疼痛反应，四肢针刺无反应；口舌发绀。

请思考：

1. 该患病犬的初步诊断是什么？

2. 诊断依据主要有哪些？

3. 如何进一步明确诊断？

4. 可采取哪些治疗措施？

一、知识准备

【概述】

脊髓炎是指脊髓实质的炎症。本病常与脊髓膜炎同时发生。按炎性渗出物性质，可分为浆液性、浆液纤维素性和化脓性。按炎症范围的分布，可分为局限性、弥漫性、横贯性、散布性脊髓炎。临床上常以感觉、运动、反射机能障碍和肌肉萎缩为特征。常发生于犬，而猫较少发生。

【病因】

1. 感染因素　犬瘟热、狂犬病、伪狂犬病、破伤风、弓形虫病、全身性霉菌病等疾病过程中，病原沿血液或淋巴循环到达脊髓膜或脊髓实质引起炎症。

2. 中毒因素　细菌毒素或其他毒物随着血液循环到达脊髓引起炎症。

3. 机械损伤　椎骨骨折、脊髓震荡、脊髓挫伤及出血等。

4. 继发因素　受寒、感冒、中暑、过劳、佝偻病、骨软化症等是本病的诱因。

【症状】

1. 急性脊髓炎　病初，表现发热，精神沉郁，不愿活动，容易疲劳，四肢疼痛等症状。随着病情发展，出现脊髓机能障碍，表现出以下一系列症状。

(1)运动障碍　脊背僵硬，肌肉抽搐和痉挛，步态强拘，容易跌倒。后躯麻痹，走路摇摆或瘫痪。横断性脊髓炎，初期不全麻痹，数天后陷入全麻痹(图 5-10a、图 5-10b)。颈部脊髓炎引起前后肢麻痹。

(2)感觉和反射障碍　主要表现为感觉过敏或消失。感觉过敏时，轻微刺激引起强烈反应，触压背部，患病犬猫会反抗或尖叫。感觉减弱时，轻刺激无反应；较重的刺激，有轻微反应。

(3)相应器官机能障碍　如尿闭、大小便失禁、尾部麻痹、阳痿等。

a. 患犬入院时全身截瘫　　b. 给药14 d后康复

图 5-10　脊髓炎

2. 不同性质的脊髓炎　它们有各自的特点,主要表现为。

(1)局限性脊髓炎　一般只呈现患病脊髓节段所支配区域的皮肤感觉减退和局部肌肉营养不良性萎缩,对感觉刺激的反应消失。

(2)横贯性脊髓炎　由于传导途径被阻断,发生感觉、运动和反射机能障碍。初期不全麻痹,数天后完全麻痹。横贯性脊髓炎若发生在颈部,前后肢出现麻痹;若发生在胸部,后肢麻痹;若发生在腰部,坐骨神经、膀胱和直肠括约肌麻痹,形成截瘫,不能站立,拖着两后腿行走(图 5-11a、图 5-11b);若发生在荐部,尾部麻痹和大小便失禁。

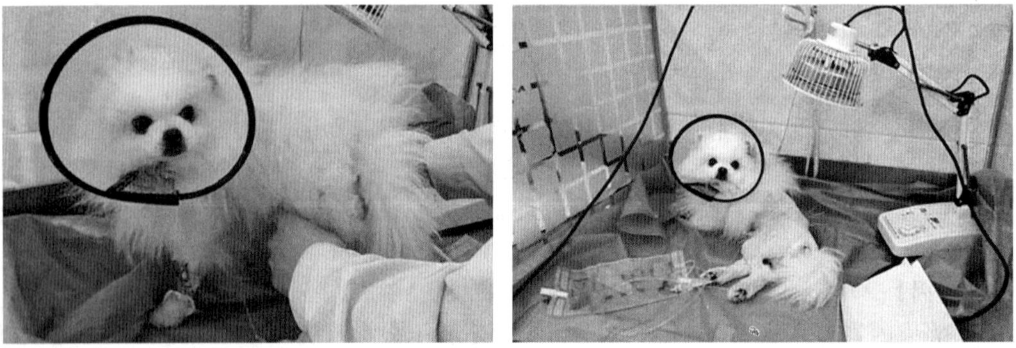

a.患犬双后肢依靠人为支撑站立　　b.患犬依靠导尿管导尿

图 5-11　患犬双后肢不能站立,膀胱和直肠括约肌麻痹

(3)弥漫性脊髓炎　由于炎症沿着脊髓长轴蔓延,运动和感觉障碍由躯体的后方向前方波及或由前方向后方波及。如果炎症蔓延至延髓,可发生吞咽困难、心律不齐、呼吸障碍,甚至突然窒息死亡。

(4)散布性脊髓炎　在脊髓各部发生若干散在病灶,临床上表现各种各样的运动和感觉障碍。

二、工作过程

【诊断】

1. 初步诊断　根据突然发生的麻痹症状,结合病因分析,可做出初步诊断。

2. 实验室诊断　检查脑脊髓液,有细菌感染的脊髓液浑浊,白细胞和蛋白质明显增加;

病毒感染时淋巴细胞增加。

3.鉴别诊断　临床工作中应与脑膜脑炎、臀部风湿病、肾炎、脊髓压迫、血红蛋白性疾病、寄生虫等原因引起的麻痹混淆，需要慎重鉴别。

【治疗】

治疗原则：消除原发病，对症治疗。

治疗方案：根据治疗原则，结合临床工作实际，参考以下相应的治疗处方。

处方1　氨苄西林，20～30 mg/kg，口服，2～3次/d；或10～20 mg/kg，静脉滴注/皮下注射/肌内注射，2～3次/d。

处方2　速诺（阿莫西林克拉维酸钾干混悬剂），犬/猫：0.1 mL/kg，肌内注射/皮下注射，1次/d。

处方3　头孢唑林钠，15～30 mg/kg，静脉滴注/肌内注射，3～4次/d。

处方4　复方新诺明，15～20 mg/kg，口服/肌内注射，2次/d。

处方5　磺胺嘧啶，50～100 mg/kg，肌内注射/静脉滴注/口服，1～2次/d，连用3～5 d。

处方6　泼尼松龙，犬：4 mg/(kg·d)，口服，连用7～14 d，逐渐减到0.5 mg/kg，口服，隔天1次，连用6个月。

处方7　复合维生素B，ATP，辅酶A，静脉滴注，营养神经。

【主人须知】

患病动物需要长期精心护理，限制活动十分必要，给予易消化、富有营养的食物。很多病例会留下某些神经缺陷，严重的脊髓损伤不可恢复，预后谨慎或不良。

三、学生实践

（一）布置任务

根据所学知识，针对以上提供的病例资料，按要求分别完成以下任务。

（1）初步诊断：________________________________。

（2）诊断依据：________________________________

________________________________。

（3）鉴别诊断：________________________________

________________________________。

（4）进一步检查：________________________________

________________________________。

（5）治疗原则：________________________________

________________________________。

(6)治疗处方：

××××动物医院处方笺

动物主人/饲养单位__________ 档案号__________

动物种类________ 动物性别________ 体重/数量________

年(日)龄________ 开具日期__________

Rp：

执业兽医师________ 注册号________ 发药人________

第一联：存根（白）

(二)工作评价

针对以上任务的完成情况，分别对初步诊断、诊断依据、鉴别诊断、进一步检查、治疗原则和治疗处方等任务分别给予评价和点评。

工作评价			
评价内容	评价结果		
	正确	基本正确	错误
初步诊断			
诊断依据			
鉴别诊断			
进一步检查			
治疗原则			
治疗处方			
学生反思			
教师点评			

任务二　脊髓损伤

【病例导学】王某饲养一只柯基犬，3岁，雄性，体重9 kg。在跳跃过程中从高处摔下，而后出现后肢无力，卧地不起，呻吟，无大小便。检查体温38.8℃，触诊后肢无疼痛反应，肌张力减弱，前肢反应正常。

请思考：

1. 该患病犬的初步诊断是什么？
2. 诊断依据主要有哪些？
3. 如何进一步明确诊断？
4. 可采取哪些治疗措施？

一、知识准备

【概述】

脊髓损伤是指由外力作用引起脊髓组织的震荡、挫伤或压迫性损伤。临床上有急性脊髓损伤和慢性脊髓损伤两种。

【病因】

1. 原发因素　常见于受到外力打击、汽车或自行车等冲撞、跌倒、高处坠落、踢伤；或由于锐利物体刺入等造成椎骨骨折、脱位等脊髓的创伤性损害。

2. 继发因素　动物患骨软化症、佝偻病及骨质疏松症时，因骨质的质地疏松，韧带松弛，脊髓极易受损，而引起脊髓损伤。

【症状】

脊髓损伤的症状取决于部位。损伤的严重性取决于3个因素，即速度(压迫力量)、程度(压迫面积)及时间(压迫时间)。

1. 急性脊髓损伤　常伴有其他器官的严重损伤，如出血、休克、气道阻塞或骨折等。由于脊髓损伤部位不同，其临床表现也不一样。

(1)第1～5颈椎髓节损伤　一般可见四肢共济失调、轻瘫、四肢反射正常或反射活动增强，偶见四肢麻痹。如损伤严重，可出现呼吸麻痹。

(2)第6颈椎髓节到第2胸椎髓节损伤　轻者为四肢共济失调、轻瘫，重者出现四肢麻木或麻痹，偶见前肢轻瘫和后肢麻痹，前肢脊反射和肌张力正常或减退，后肢则过强。

(3)第3胸椎髓节到第3腰椎髓节损伤　此部位为犬猫最常见的损伤部位，其典型的症状为前肢步态和脊反射正常，后肢轻瘫、共济失调或瘫痪，脊反射、肌张力正常或活动过强。

(4)第4腰椎髓节到第5腰椎髓节和马尾损伤　出现不同程度的轻瘫、共济失调或瘫痪，常伴有膀胱功能失调，肛门括约肌和马尾麻木或麻痹，前肢反射功能正常，后肢反射和肌张力降低或丧失。

2. 慢性脊髓损伤　临床神经症状呈渐进性，病程可持续数周至数月，有时急性发作(常与脊髓肿瘤或Ⅱ型腰椎间盘突出有关)，伴有脊椎病理性骨折、脊髓出血或脊髓梗死等。但有些病例因脊髓长期受压、突发性代偿失调而无这些病理变化。

视频 5-5 脊髓损伤

二、工作过程

【诊断】

1. 初步诊断　根据病史调查、临床症状和神经学检查可做出初步诊断(图 5-12a、图 5-12b),并可依据脊髓损伤的程度和有无疼痛,确定其预后。常用止血钳夹肢末端,若无痛觉,则提示预后不良。

2. 特殊检查　为获取精确的损伤位置和损伤程度,或需手术治疗,应做 X 线检查包括 X 线平片摄影、脊髓造影,必要时用 CT 和 MRI 检查(图 5-13、图 5-14)。

3. 鉴别诊断　临床工作中应与脊髓炎、椎间盘突出等疾病相鉴别。

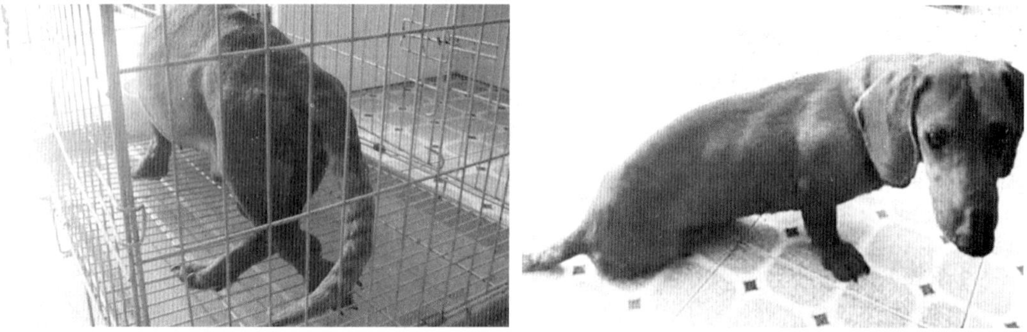

a.双后肢交叉不能复原　　b.双后肢麻痹不能站立

图 5-12　双后肢瘫痪

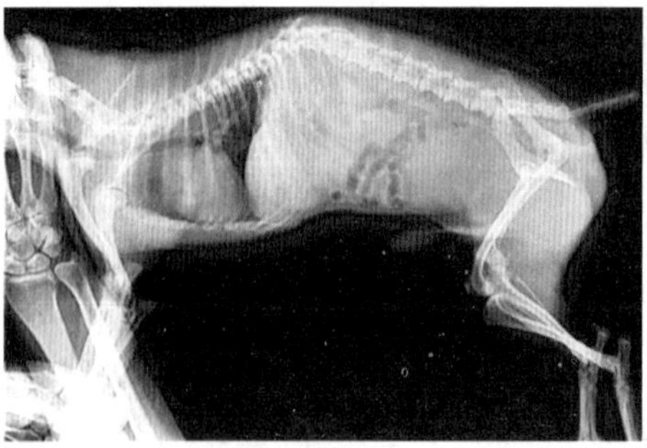

图 5-13　X 线平片摄影(脊椎骨折引起脊髓损伤)

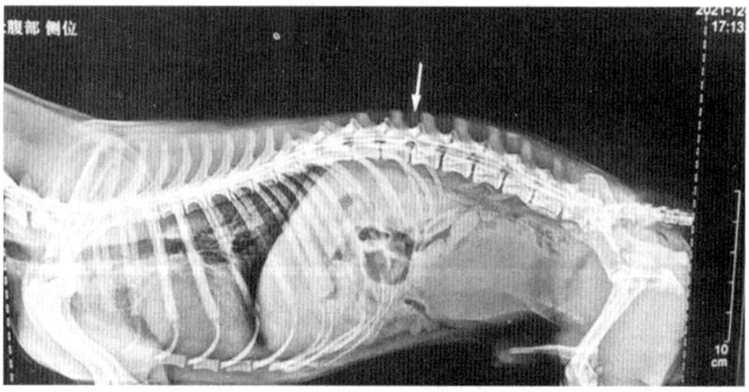

图 5-14　脊髓造影检查(腰椎间盘突出压迫引起脊髓损伤)

【治疗】

治疗原则:缓解水肿、控制髓内或髓外出血、解除脊髓压迫;对于脊髓骨折或脱位的病例,应移除骨髓片、重新排列和固定脊柱。

治疗方案:根据治疗原则,结合临床工作实际,参考以下相应的治疗处方。

处方 1　20%甘露醇溶液,犬 20～50 mL,猫 10～20 mL,静脉注射,1 次/d。

处方 2　氨苄西林,犬 0.5～1 g,猫 0.2～0.5 g,静脉注射,1 次/d。

处方 3　地塞米松,犬 1～5 mg,猫 0.5～1 mg,口服,2 次/d。

处方 4　维生素 B_1,犬 10～25 mg,猫 5～10 mg,口服,2 次/d。

处方 5　手术治疗。通过减压术解除脊髓的压迫,如伴发脊髓损伤性膀胱或肠麻痹,要定时导尿和灌肠,排出积尿和积粪。瘫痪的病例,要经常调换褥垫和躺卧姿势,防止发生褥疮。

处方 6　针灸治疗。白针疗法,以百会为主穴,大椎、翳风、身柱、尾根等为配穴;水针疗法,用维生素 B_1、维生素 B_{12}、当归注射液等注射于百会、大椎、身柱等穴。

【主人须知】

严重脊髓损伤，尤其伴有骨折和脱臼的脊髓损伤，治疗效果欠佳，还要耐心、细致地护理，方能保全生命。

三、学生实践

（一）布置任务

根据所学知识，针对以上提供的病例资料，按要求分别完成以下任务。

（1）初步诊断：____。

（2）诊断依据：____

____。

（3）鉴别诊断：____

____。

（4）进一步检查：____

____。

（5）治疗原则：____。

（6）治疗处方：

××××动物医院处方笺

动物主人/饲养单位__________　　档案号__________

动物种类__________　动物性别__________　体重/数量__________

年（日）龄__________　开具日期__________

Rp：

第一联：存根（白）

执业兽医师__________　注册号__________　发药人__________

（二）工作评价

针对以上任务的完成情况，分别对初步诊断、诊断依据、鉴别诊断、进一步检查、治疗原则和治疗处方等任务分别给予评价和点评。

工作评价			
评价内容	评价结果		
	正确	基本正确	错误
初步诊断			
诊断依据			
鉴别诊断			
进一步检查			
治疗原则			
治疗处方			
学生反思			
教师点评			

执业兽医资格考试真题精选

1. 治疗脑膜脑炎时，可以降低颅内压的药物是（　）（2018 年全国执业兽医资格考试试卷下午卷第 17 题）

A. 磺胺嘧啶钠　B. 盐酸氯丙嗪　C. 甘露醇
D. 肾上腺素　E. 头孢噻呋钠

2. 家畜病毒性脑膜炎的血常规检查结果是（　）（2020 年全国执业兽医资格考试试卷下午卷第 30 题）

A. 淋巴细胞数正常　B. 白细胞总数升高　C. 嗜酸性粒细胞数升高
D. 白细胞总数降低　E. 嗜碱性粒细胞数升高

3. 运动性共济失调的病因不包括（　）（2017 年全国执业兽医资格考试试卷下午卷第 6 题）

A. 脊髓损伤　B. 中脑、脑桥损伤　C. 大脑损伤
D. 小脑损伤　E. 前庭损伤

4. 在跛行诊断中，外周神经阻滞法不能诊断的疾病是（　）（2017 年全国执业兽医资格考试试卷下午卷第 30 题）

A. 骨膜炎　B. 关节病　C. 腱疾病
D. 神经麻痹　E. 黏液囊疾病

5. 重度热射病患畜最常出现的是(　　)(2016 年全国执业兽医资格考试试卷下午卷第 16 题)
A. 浆液性鼻液　B. 粉红色泡沫状鼻液　C. 脓性鼻液
D. 铁锈色鼻液　E. 黏液性鼻液

6. 腰部脊髓损伤导致两后肢瘫痪,表现为(　　)(2016 年全国执业兽医资格考试试卷下午卷第 10 题)
A. 偏瘫　B. 短暂性瘫痪　C. 完全瘫痪
D. 单瘫　E. 截瘫

(7～8 题共用题干)

北京犬,9 岁,发病 1 周,腰背僵直,触之敏感,呻吟,排粪排尿迟滞,两后肢运步不稳,行走困难。

7. 确诊该病需进行的检查是(　　)(2018 年全国执业兽医资格考试试卷下午卷第 178 题)
A. B 超检查　B. X 线检查　C. 血清生化检查
D. 血常规检查　E. 尿常规检查

8. 首先可以排除的疾病是(　　)(2018 年全国执业兽医资格考试试卷下午卷第 179 题)
A. 风湿病　B. 骨质增生　C. 破伤风
D. 腰荐椎体骨折　E. 腰椎间盘突出

(9～11 题共用题干)

北京犬,6 岁,被汽车撞伤,双后肢不能站立,感觉、痛觉反射消失,尾下垂,大小便失禁。

9. 导致该犬出现上述症状的主要原因是(　　)(2018 年全国执业兽医资格考试试卷下午卷第 183 题)
A. 腰部软组织损伤　B. 脊髓损伤　C. 马尾神经损伤
D. 坐骨神经损伤　E. 荐神经损伤

10. 确诊病变部位的最佳方法是(　　)(2018 年全国执业兽医资格考试试卷下午卷第 184 题)
A. 血常规检查　B. 脑脊髓液检查　C. 磁共振检查
D. B 超检查　E. 心电图检查

11. 治疗中不宜采用的方法是(　　)(2018 年全国执业兽医资格考试试卷下午卷第 185 题)
A. 针灸　B. 辅助运动　C. 镇痛消炎
D. 局部封闭　E. 手术

(12～15 题共用题干)

腊肠犬,雌性,8 岁,不愿挪步,行动困难,不愿让主人抱,精神欠佳,食欲下降,腹围增大,尿失禁,肛门反应迟钝。触诊腰部皮肤紧缩,痛叫。

12. 该病最可能的诊断是(　　)(2017 年全国执业兽医资格考试试卷下午卷第 175 题)
A. 脊髓损伤　B. 腰椎间盘突出　C. 肠梗阻
D. 腰部软组织损伤　E. 脊椎骨折

13. 最适宜的诊断方法是(　　)(2017 年全国执业兽医资格考试试卷下午卷第 176 题)
A. 腹部 B 超检查　B. 腹部 X 线检查　C. 胸腰段 X 线检查
D. 膀胱穿刺　E. 尿液检查

14. 首先采取的治疗方法是(　　)(2017 年全国执业兽医资格考试试卷下午卷第 177 题)
A. 补液＋导尿　B. 利尿　C. 局部按摩
D. 消炎止痛＋导尿　E. 灌肠
15. 根治该病最有效的方法是(　　)(2017 年全国执业兽医资格考试试卷下午卷第 178 题)
A. 电针疗法　B. 肠梗阻手术　C. 膀胱修复术
D. 腰椎间盘突出物摘除术　E. 脊椎骨折固定术

(16～18 题共用题干)

6 岁犬,3 d 前车祸,现意识清醒,双后肢不能站立,摇曳前行,针刺后肢不敏感,X 线检查第 4～5 腰椎错位,B 超检查膀胱充盈。

16. 该犬不排尿的原因是(　　)(2017 年全国执业兽医资格考试试卷下午卷第 188 题)
A. 膀胱麻痹　B. 疼痛　C. 尿道阻塞
D. 紧张　E. 膀胱炎
17. 该病的发生原因为(　　)(2017 年全国执业兽医资格考试试卷下午卷第 189 题)
A. 脊髓损伤　B. 脑损伤　C. 肾衰
D. 尿毒症　E. 败血症
18. 该病进一步发展易导致(　　)(2017 年全国执业兽医资格考试试卷下午卷第 190 题)
A. 膀胱破裂　B. 膀胱结石　C. 尿道阻塞
D. 尿道炎　E. 前列腺炎

模块五参考答案　　**模块五高清插图**

模块六

内分泌系统疾病

【模块导读】

模块介绍

内分泌系统是由分布于全身的内分泌腺和内分泌组织所组成,其所分泌的激素直接进入组织液、血液或淋巴,随血液循环周流全身,以调节机体多器官系统的活动;激素虽然量小但作用大,对犬猫的生存如生殖、生长发育、维持体内环境和适应外界环境变化等方面的调节上都具有特别重要的作用。因此内分泌系统疾病对犬猫全身影响较大,临床症状也千变万化,防治较难,时间也长。因此,有必要掌握内分泌系统疾病的知识,做到早诊断,早防治。本模块由甲状腺及甲状旁腺疾病、肾上腺疾病和其他分泌激素异常疾病等 3 个项目 7 个学习任务组成,重点介绍甲状腺功能亢进、甲状腺功能减退、甲状旁腺功能亢进、肾上腺皮质功能亢进、肾上腺皮质功能减退、糖尿病和尿崩症等临床常见疾病的病因、临床症状、诊断与治疗。

模块目标

(一)知识目标

1. 熟悉宠物机体内分泌腺和内分泌组织的解剖生理知识。
2. 熟悉内分泌系统疾病的病理知识。
3 掌握甲状腺及甲状旁腺、肾上腺疾病和糖尿病的病因及临床症状。
4. 掌握甲状腺及甲状旁腺、肾上腺疾病和糖尿病的治疗所用药物的药理学知识。
5. 掌握甲状腺及甲状旁腺、肾上腺疾病和糖尿病的治疗与预防措施。

(二)技能目标

1. 具备应用常规诊断仪器设备的能力。
2. 具备对内分泌系统临床病例的综合分析并做出初步诊断的能力。
3. 具备进一步症状鉴别诊断的能力。
4. 能准确开具内分泌系统相关疾病的治疗处方并具备实施治疗的能力。
5. 具备与宠物主人良好的沟通交流能力。

(三)素质目标

1. 具备良好的职业道德和职业责任感。
2. 具备吃苦耐劳、乐于钻研、爱岗敬业的工作态度。
3. 具备主动服务社会的意识和团结协作的精神。
4. 树立人与宠物和谐相处的生态理念,尊重生命,关爱宠物。

项目一 甲状腺及甲状旁腺疾病

任务一 甲状腺功能亢进

【病例导学】 张某家养一只土猫,8 岁,雌性,体重 4 kg,最近食欲旺盛,多饮多尿,大便不成形,体重日渐减轻,但精神很好,喜动不安;疫苗注射和驱虫均按规定时间完成。

请思考:

1. 该患病猫的初步诊断是什么?
2. 诊断依据主要有哪些?
3. 如何进一步明确诊断?
4. 可采取哪些治疗措施?

一、知识准备

【概述】

甲状腺功能亢进简称甲亢,是由于甲状腺激素分泌过多,基础代谢亢进所引起的内分泌疾病。病理上呈弥漫性、结节性、混合性甲状腺肿。临床上主要以高代谢率综合征,神经兴奋性增强,甲状腺肿大为特征,弥漫性肿大者多伴有不同程度突眼症,本病是猫首位内分泌疾病,多见于 6～20 岁的老年猫,犬也有发生。

【病因】

本病的病因目前尚不完全清楚。患病猫多是由甲状腺滤泡性肿瘤或多结节状增生所致,而患病犬是由甲状腺肿大所致。此外,本病可能与自身免疫,遗传因素,精神受到刺激或其他内分泌机能紊乱有关。近代生理学家观察,甲状腺功能会极敏感地受各种内在或外在的环境因素影响。如温度变化,季节交替,妊娠,感染,甲状腺部分切除,缺碘等情况下均可发生增生、肥大与机能变化。

【症状】

甲状腺功能亢进的发生不分品种和性别,但多发于中老年犬猫。甲状腺增生物大小、数量不等,质地较硬。而甲状腺弥漫性肿大则呈两侧对称性发生,质地柔软,触之有弹性感。

病犬表现为食欲增加,体重减轻,烦渴,出现多尿,体形消瘦,体虚无力,易兴奋。心搏动增强,脉性亢进,血压升高。眼睑水肿,眼球突出,畏光。两侧颈下触诊,可摸到肿大的甲状腺肿瘤。

猫甲状腺功能亢进发生缓慢,6 岁以上的患猫临床症状是食欲旺盛,体重下降(图 6-1),排粪次数和数量增加,粪便变稀,个别猫出现呕吐,多饮多尿,行为异常,表现出神经过敏、多动症和攻击行为(图 6-2),烦躁不安,经常嘶叫;心脏异常表现为心肌肥大,心动过速,心内有杂音，红细胞增多。

图 6-1　13 岁家养猫患甲亢，表现进行性消瘦

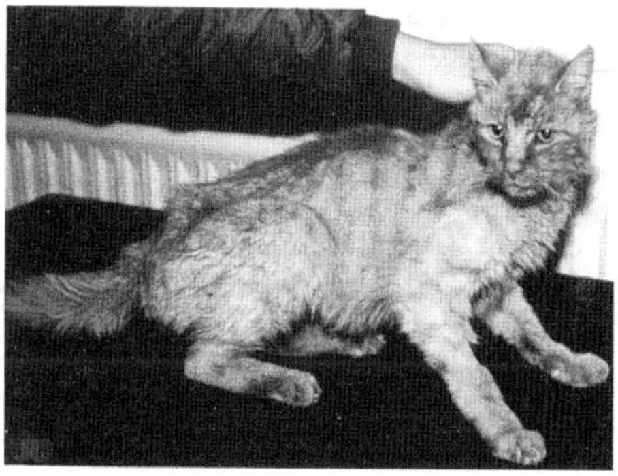

图 6-2　15 岁家养猫患甲亢，表现烦躁不安，具有攻击性

二、工作过程

【诊断】

1. 初步诊断　根据临床症状、饲喂碘和抑制甲状腺素合成的药物(如丙硫氧嘧啶等)可缓解症状，可做出初步诊断。

2. 实验室检查　主要根据一些血清学指标的变化进行判断。在通常情况下，甲状腺功能亢进患病动物的血清学指标主要有以下几种。

(1)血清总 T_4 测定　正常值 15～55 nmol/L，患病动物 T_4 的增高提示甲亢。

(2)血清总 T_3 测定　正常值 0.6～1.9 nmol/L，若发生本病，则总 T_3 值增高，增高幅度常常大于总 T_4 值。

(3)反 T_3(rT_3) 的测定　犬患甲亢后会出现明显增高。

(4)游离 T_4(FT_4)和游离 T_3(FT_3)测定　FT_4 和 FT_3 的测定结果能比总 T_4 和总 T_3 的结果更能正确地反映甲状腺功能状态，甲亢患病犬的结果明显高于正常高限。

(5)抗甲状腺球蛋白抗体(TGA)和抗甲状腺微粒体抗体(MCA)测定　犬猫患甲亢后，其血清中 TGA 和 MCA 检测结果均呈阳性。

【治疗】

治疗原则：运用抑制甲状腺素合成药，对症治疗，手术疗法。

治疗方案：根据治疗原则，结合临床工作实际，参考以下相应的治疗处方。

处方 1　丙硫氧嘧啶，用量为 10 mg/kg，口服，2 次/d。

处方 2　他巴唑(甲巯咪唑，抑制甲状腺素的合成)，作用较丙硫氧嘧啶约强 10 倍，且奏效迅速，维持作用时间较久，国外主要用于治疗猫的甲状腺功能亢进。猫用量为 5 mg/次，3 次/d，口服。

处方 3　甲抗平(抗甲状腺药)，5 mg/kg，口服，2～3 次/d。

处方 4　放射性碘，减少甲状腺素的合成。

处方 5　对症治疗。抗心律失常、限制病犬猫运动，补充高能量食物、维生素、钙、磷等。

处方 6　心得安(抗心律失常)，犬：0.15～1.0 mg/kg，口服，3 次/d，或 0.01～0.1 mg/kg，静脉滴注；猫：2.5～5 mg/次，口服，2～3 次/d。

处方 7　化疗(甲状腺癌)。阿霉素，30 mg/m^2，静脉滴注，每 3 周 1 次。

处方 8　对未发生转移的甲状腺癌、长期服药无效或停药后复发的犬猫应做甲状腺部分切除。

【主人须知】

此病病程缓慢又漫长，难以治疗。在治疗期间还须经常测定血液中 T_3、T_4 的变化，以便医生正确指导用药；主人必须密切配合医生，仔细观察病情并及时向医生汇报；即使暂时治愈还有可能复发，手术后还有可能继发甲状腺功能减退症。

三、学生实践

（一）布置任务

根据所学知识，针对以上提供的病例资料，按要求分别完成以下任务。

（1）初步诊断：____。

（2）诊断依据：____

____。

（3）鉴别诊断：____

____。

（4）进一步检查：______________________________________

____。

（5）治疗原则：____。

（6）治疗处方：

××××动物医院处方笺

动物主人/饲养单位__________________ 档案号__________________

动物种类__________ 动物性别__________ 体重/数量__________________

年（日）龄__________ 开具日期______________________________

Rp：

第一联：存根（白）

执业兽医师______________ 注册号______________ 发药人______________

（二）工作评价

针对以上任务的完成情况，分别对初步诊断、诊断依据、鉴别诊断、进一步检查、治疗原则和治疗处方等任务分别给予评价和点评。

工作评价			
评价内容	评价结果		
	正确	基本正确	错误
初步诊断			
诊断依据			
鉴别诊断			
进一步检查			
治疗原则			
治疗处方			
学生反思			
教师点评			

任务二　甲状腺功能减退

【病例导学】黄某家养一只杜宾犬，6岁，雌性，有过生育史，平时以圈养和饲喂犬粮为主。几个月以来出现食欲下降，嗜睡，精神萎靡，行走无力；听诊心率缓慢，股动脉触摸发现脉搏无力；疫苗注射和驱虫完善。

请思考：

1. 该患病犬的初步诊断是什么？
2. 诊断依据主要有哪些？
3. 如何进一步明确诊断？
4. 可采取哪些治疗措施？

一、知识准备

【概述】

甲状腺功能减退是由于甲状腺激素合成或分泌不足而导致机体全身细胞的活性与功能呈现进行性降低的疾病，临床以机体代谢率下降，全身发“胖”(黏液性水肿)、嗜睡、性欲减退、不育、畏寒、皮肤被毛稀少为特征。本病是犬最常见的内分泌疾病，多发于4～6岁中型或大型雌犬，猫偶有发生，本病在杜宾犬、爱尔兰赛特犬、德国猎犬、戈登猎犬、拳师犬、阿富汗犬及巴哥犬的发病率较高。

【病因】

1.原发性甲状腺功能减退　见于原发性甲状腺萎缩和严重的淋巴细胞性甲状腺炎。临床表现为慢性淋巴细胞性甲状腺炎、肿瘤等。

2.继发性甲状腺功能减退　见于医源性损伤(如放射性碘治疗、致甲状腺肿的药物、手术切除甲状腺等)；也见于矿物碘严重缺乏、甲状腺先天性缺陷及促甲状腺素或促甲状腺素释放激素缺乏等。

【症状】

1.皮肤和被毛的变化　典型症状包括双侧对称性、非瘙痒性脱毛，头部和四肢正常(图6-3)。也有的仅表现为局部性和非对称性脱毛。皮脂溢和脓皮症也是其临床常见症状(图6-4)。

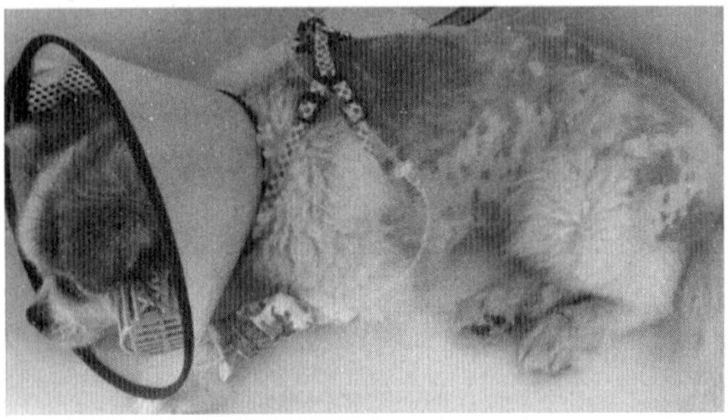

图6-3　双侧对称性脱毛，头部和四肢正常

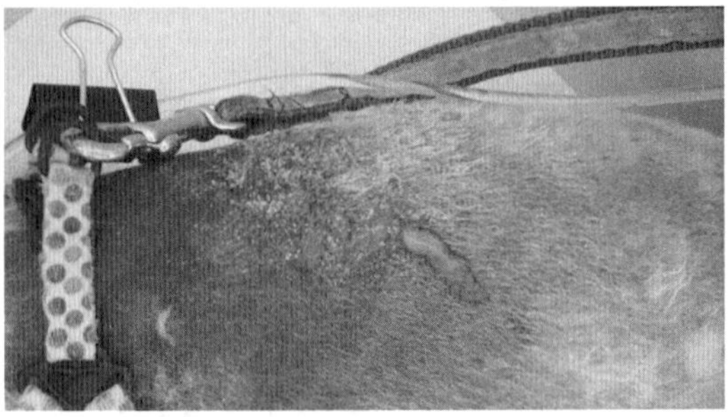

图6-4　脓皮症

2.神经肌肉症状　发生外周神经病变时会出现肘关节突出、拖脚、趾甲背部过度磨损；发生中枢神经病变时会出现前庭症状(如歪头、体位性前庭性斜视)、面神经麻痹等症状。

3.生殖方面的表现　甲减能引起母犬发情期延长，发情中止，发情弱，隐发情，发情期间出血时间延长，异常乳溢和雄性乳腺发育。对公犬生殖的影响目前仍有争议，尚无定论。

4.呆小症　呆小症的患犬体型不均衡，头宽大，舌厚而突出，躯干宽呈矩形且四肢短。

5.其他症状　包括精神倦怠、嗜睡、出牙延迟、胎毛滞留、食欲不振，重症者出现黏液性水肿等(图6-5、图6-6)。

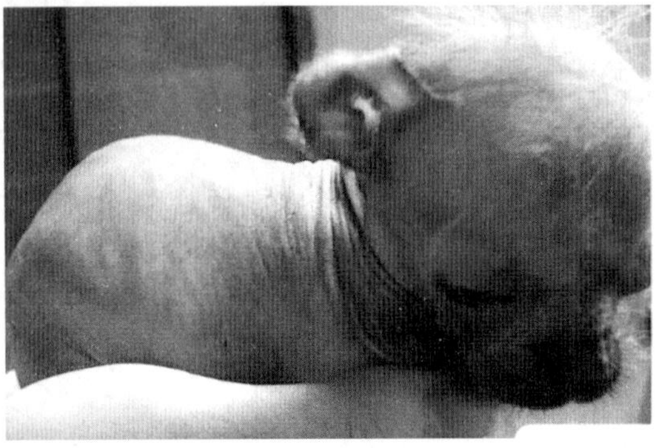

图6-5　30日龄的杂种幼犬严重脱毛，精神倦怠

图6-6　7月龄的德国牧羊犬毛发生长不良，精神倦怠，行走困难

二、工作过程

【诊断】

1. 初步诊断　依据症状特点如全身发胖，躯干部被毛稀少，嗜睡及不育等可建立初步诊断，确诊应依据实验室检查和诊断性试验。

2. 实验室检查　红细胞和血红蛋白减少，呈中等程度贫血，约 60%的病犬有高胆固醇血症；25%～30%的病例呈现轻度非再生性贫血；10%的病例血清肌酸磷酸激酶活性升高，雄性动物精子减少。

3. 诊断性试验　血清甲状腺素(T_4)含量，正常为 10～40 μg/L，低于 10 μg/L 即可诊断为甲状腺功能减退。对 T_4 含量处在正常范围下限(小于 20 μg/L)的病犬，应进行促甲状腺激素试验。体重 5 kg 以下的和 5 kg 以上的犬猫分别肌肉或静脉注射 5 U 和 10 U 促甲状腺激素，8 h 后血清 T_4 含量小于等于 40 μg/L，即可诊断为甲状腺功能减退；对 T_4 含量为 40～50 μg/L 的病例，应重复试验。继发性甲状腺功能减退，血清 T_4 基线水平低，注射促甲状腺激素 3～8 d 后，其值达到或接近正常。

【治疗】

治疗原则：给予左甲状腺素钠(T_4)和三碘甲状腺原氨酸(T_3)以及对症治疗。

治疗方案：根据治疗原则，结合临床工作实际，参考以下相应的治疗处方。

处方 1　左甲状腺素钠(T_4)(甲状腺素样作用)，犬 22 μg/kg，猫 0.05～0.1 mg，口服，1～2 次/d。应用此药常并发肾上腺皮质功能减退、糖尿病或肝肾功能不全等。

处方 2　三碘甲状腺原氨酸(T_3)(甲状腺素样作用)，犬 4～6 μg/kg，猫 4 μg/kg，口服，2 次/d。

处方 3　对症治疗。对出现的任何并发症应加强护理，注意保暖，适当应用抗生素，及时补充铁制剂、叶酸、维生素 B_{12} 等。

处方 4　醋酸可的松(肾上腺皮质功能减退，降低血中 T_3、T_4 浓度)，犬 0.5～1 mg/kg，口服，3～4 次/d；或 25～100 mg/次，肌内注射。

处方 5　维生素 B_{12}，犬 0.5～1 mg，猫 0.1～0.2 mg，皮下注射，1 次/d，连用 7 d。

处方 6　硫酸亚铁，犬 100～300 mg，猫 50～100 mg，口服，1 次/d。

处方 7　叶酸，犬 1～5 mg/d，猫 2.5 mg/d，口服。

【主人须知】

患病动物，几乎终生要口服甲状腺素；需要每天给药以维持甲状腺素正常水平；过量给药会导致甲状腺功能亢进的症状(如口渴、排尿增加、体重下降、食欲反而增加，体虚喘促等)，应立即报告医生并向医生咨询；由于某些药物可能会降低甲状腺激素的浓度，如果您的宠物正在服用可的松、阿司匹林、苯海拉明、速尿、苯巴比妥等药，必须告知医生，在条件允许的情况下进行血液跟踪监测甲状腺素的浓度以指导正确用药。

三、学生实践

(一)布置任务

根据所学知识，针对以上提供的病例资料，按要求分别完成以下任务。

(1)初步诊断：____。

(2)诊断依据：____

____。

(3)鉴别诊断：____

____。

(4)进一步检查：____

____。

(5)治疗原则：____。

(6)治疗处方：

××××动物医院处方笺

动物主人/饲养单位____________ 档案号____________

动物种类____________ 动物性别____________ 体重/数量____________

年(日)龄____________ 开具日期____________

Rp：

执业兽医师____________ 注册号____________ 发药人____________

第一联：存根(白)

(二)工作评价

针对以上任务的完成情况，分别对初步诊断、诊断依据、鉴别诊断、进一步检查、治疗原则和治疗处方等任务分别给予评价和点评。

工作评价			
评价内容	评价结果		
	正确	基本正确	错误
初步诊断			
诊断依据			
鉴别诊断			
进一步检查			

续表

治疗原则			
治疗处方			
学生反思			
教师点评			

任务三　甲状旁腺功能亢进

【病例导学】郑某饲养一只暹罗猫，10岁，雌性，日常以家中剩饭剩菜为主要食物来源，近一段时间以来，表现无力、食欲下降、嗜睡，于是带往宠物医院就诊。

请思考：

1. 该患病犬的初步诊断是什么？
2. 诊断依据主要有哪些？
3. 如何进一步明确诊断？
4. 可采取哪些治疗措施？

一、知识准备

【概述】

甲状旁腺功能亢进是指甲状旁腺分泌甲状旁腺激素过多，导致机体钙、磷代谢紊乱的一种疾病。临床上以骨质疏松、泌尿道结石或消化道溃疡为特征。按病因分为原发性、继发性和假性3种类型。

【病因】

1. 原发性甲状旁腺功能亢进　原发性甲状旁腺功能亢进是由于甲状旁腺肿瘤或自发性增生所引起的甲状旁腺激素自主分泌过多，多见于老年犬猫。

2. 继发性甲状旁腺功能亢进

(1)饲养管理不当引起。如长期饲喂缺乏钙、磷、维生素D或钙磷比例不当的矿物质和维生素饲粮而导致血钙降低，继而导致甲状旁腺激素分泌过多，多见于青年犬猫。

(2)肾性低钙或高磷血症所引起。通常见于与肾脏功能衰竭有关的肾脏疾病，由慢性肾功能不全导致磷酸盐排泄障碍引起血磷增加、血钙减少，而刺激甲状旁腺分泌增加，引起骨质矿物质吸收，使血浆中磷酸盐进一步增加，继而低血钙又刺激甲状旁腺代偿性增生。

3. 假性甲状旁腺功能亢进　见于骨和甲状旁腺以外的肿瘤，特别是淋巴肉瘤、恶性淋巴瘤等肿瘤细胞分泌骨吸收性物质，结果表现甲状旁腺分泌亢进样的高钙血症和低磷血症。

【症状】

1. 原发性甲状旁腺功能亢进　可引起下列综合征。

(1)骨骼症状　因骨质脱钙，导致骨质疏松，容易发生骨折和畸形，常见鼻腔狭窄，齿脱落，颜面骨肥大，脊柱变形，跛行，急性胰腺炎等。

(2)高钙血症　血钙过高时，神经肌肉应激性降低，肌肉迟缓无力，心动过缓，食欲不振，呕吐，腹痛吞咽障碍，便秘，精神沉郁乃至昏迷或癫痫发作，多饮、多尿、脱水、尿毒症(肾性钙质沉着和肾结石)及胃溃疡。

(3)钙性肾病所致的尿毒症　精神沉郁，呕吐，腹泻，口腔溃疡，呼出气有尿臭味，贫血，脱水，代谢性酸中毒。

2. 继发性甲状旁腺功能亢进　除具有原发病的症状外，则出现骨软症的症状，骨骼肿胀变形。血清钙含量正常或降低，血清磷正常或升高。初期，患病动物不愿走动，喜卧，步样强拘，一肢或数肢不明原因跛行。四肢关节广泛性触痛，牙齿松动，咀嚼困难或疼痛。后期，骨骼肿胀变形明显，尤其以上、下颌骨为甚，颜面变宽，下颌骨边缘增厚，下颌间隙变窄，长骨变形，腰椎下凹，犬和猫的肋骨与肋软骨结合部肿大，爪向内侧偏斜。

3. 假性甲状旁腺功能亢进　除具有原发性甲状旁腺功能亢进的症状外，还出现贫血、淋巴结肿大、肛门肿瘤、乳腺瘤等症状。

二、工作过程

【诊断】

1. 初步诊断　根据患病犬猫的临床症状可做出初步诊断，确诊必须借助于实验室检查和X线检查。

2. 实验室检查　表现血液生化指标异常，患病犬猫血钙指标升高，血磷低于正常值，血清碱性磷酸酶升高，尿磷排泄量增加。患继发性甲状旁腺功能亢进的犬猫初期血钙明显降低和血磷稍降低，以后呈高磷血症。患肾性甲状旁腺功能亢进的犬猫的血液生化检查，血清尿素氮和肌酸酐升高，血钙基本正常或稍高。

3. X线检查　患病动物骨密度降低，其中上、下颌骨的密度降低最为明显，骨质呈现虫蚀状或纤维状，齿槽骨板吸收和形成骨囊肿。患假性甲状旁腺功能亢进的犬猫还可见肿瘤及其转移病灶。患继发性甲状旁腺功能亢进的犬猫呈全身骨骼的X线透过性增强，齿槽硬膜消失，多发性长骨骨折。患肾性甲状旁腺功能亢进的犬猫骨呈脱钙像。

【治疗】

治疗原则：及时治疗原发病和对症治疗。

治疗方案：根据治疗原则，结合临床工作实际，参考以下相应的治疗处方。

处方1　原发性甲状旁腺瘤和其他肿瘤。手术摘除法，甲状旁腺瘤手术后常迅速出现血钙浓度降低，出现低钙性抽搐。

处方 2　10%葡萄糖酸钙：低血钙，0.5～1 mL/kg，加入 10%葡萄糖溶液中静脉滴注。

处方 3　生理盐水（纠正体液不足，促进钙经尿排泄），130～200 mL/（kg·d），静脉滴注。

处方 4　速尿，1～2 mg/kg，静脉滴注/肌内注射/皮下注射/口服，2～3 次/d。

处方 5　降钙素（高钙血症），4～6 U/kg，皮下注射/肌内注射，每 2～12 h 1 次。

处方 6　羟乙二磷酸二钠（低磷血症），按 7.5 mg/kg，溶于 250 mL 生理盐水中静脉滴注，连用 3 d。肾衰竭者禁用。

处方 7　强的松龙（增加钙从粪中排出），2 mg/kg，口服/皮下注射，2 次/d。

处方 8　其他对症治疗。恢复肾脏功能，给予高能量低蛋白质饲料；调整日粮中钙磷比例为 2∶1，纠正水、电解质紊乱和酸碱平衡；使用抗生素控制感染。

处方 9　林格液（补充体液），20～70 mL/kg，静脉滴注。

处方 10　葡萄糖氯化钠注射液（补充体液），20～70 mL/kg，静脉滴注。

处方 11　5%碳酸氢钠（调节酸碱平衡，缓解酸中毒），1～2 g/kg，静脉滴注。

处方 12　氨苄西林，10～20 mg/kg，静脉滴注/皮下注射/肌内注射，2～3 次/d。

处方 13　头孢噻肟钠，20～40 mg/kg，静脉滴注/肌内注射/皮下注射，3～4 次/d。

【主人须知】

治疗困难，而且需要长期治疗和多方面配合治疗；主人须仔细观察，随时将病情向医生报告，遵照医嘱耐心、认真地护理。

三、学生实践

（一）布置任务

根据所学知识，针对以上提供的病例资料，按要求分别完成以下任务。

（1）初步诊断：________________________________。

（2）诊断依据：________________________________

________________________________。

（3）鉴别诊断：________________________________

________________________________。

（4）进一步检查：________________________________

________________________________。

（5）治疗原则：________________________________。

(6)治疗处方：

××××动物医院处方笺

动物主人/饲养单位________________ 档案号________________

动物种类__________ 动物性别__________ 体重/数量__________

年(日)龄__________ 开具日期________________

Rp：

第一联：存根(白)

执业兽医师__________ 注册号__________ 发药人__________

(二)工作评价

针对以上任务的完成情况，分别对初步诊断、诊断依据、鉴别诊断、进一步检查、治疗原则和治疗处方等任务分别给予评价和点评。

工作评价			
评价内容	评价结果		
	正确	基本正确	错误
初步诊断			
诊断依据			
鉴别诊断			
进一步检查			
治疗原则			
治疗处方			
学生反思			
教师点评			

项目二　肾上腺疾病

任务一　肾上腺皮质功能亢进

【病例导学】施某饲养一只杂交犬，7岁，雌性，体重6 kg，就诊时发现腹部增大，腹底部皮褶和粉刺较多，被毛干燥无光泽，躯干两侧对称性脱毛，主诉已有很长时间，最近表现出多饮多尿。

请思考：

1. 该患病犬的初步诊断是什么？
2. 诊断依据主要有哪些？
3. 如何进一步明确诊断？
4. 可采取哪些治疗措施？

一、知识准备

【概述】

肾上腺皮质功能亢进又称为库欣综合征，是由于糖皮质激素长期分泌过多引起的临床综合征。犬库欣综合征是宠物临床上比较多见的一种内分泌功能紊乱，母犬多于公犬，而且多发生于7～9岁犬。

【病因】

1. 垂体依赖性因素　主要见于垂体肿瘤性肾上腺皮质增生，约占自发性库欣综合征的80%。垂体肿瘤可分泌过量的促肾上腺皮质激素，致使肾上腺皮质增生和皮质激素分泌亢进。

2. 促肾上腺皮质激素异位性分泌　非内分泌腺肿瘤或肾上腺以外的内分泌腺腺瘤可产生促肾上腺皮质激素或促肾上腺皮质激素样肽，在犬可见于淋巴肉瘤和支气管癌。

3. 肾上腺皮质依赖性因素　一侧或两侧性肾上腺腺瘤或癌肿常可分泌多量的糖皮质激素，而不依赖促肾上腺皮质激素的分泌。占自发性库欣综合征的10%～20%。

4. 医源性的因素　长期大量给予促肾上腺皮质激素和皮质醇类激素所致。

【症状】

肾上腺皮质功能亢进多发生于中老年犬，所有品种均可发生，但狮子犬、德国小猎犬、拳师犬和波士顿犬是最为易发品种。

本病发展缓慢，通常需要6年时间，才能发现动物患了库欣综合征。病犬表现为多尿、尿频、血尿，继发性多饮，腹围增大，腹肌无力，腹围膨隆呈木桶状；气喘，呼吸迫促，不耐运动，嗜睡，血压升高；贪食，体重下降尿糖升高；睾丸萎缩，不育，雄性犬性欲减退，雌性动物生殖器官肥大，发情周期停止等。

皮肤变化具有特征性，双侧对称性脱毛，被毛干燥无光泽，血管显露，颈部、肋部两侧及会阴部周围明显，头部和四肢被毛较少，修剪过的毛不易长出新毛，皮肤变薄、萎缩，腹部出现皱褶，胸背部、腹股沟部皮肤出现钙化现象，腹部可见很多粉刺，鳞屑增加，皮肤呈纤细的砂纸样；色素过度沉着（图 6-7 至图 6-10）。

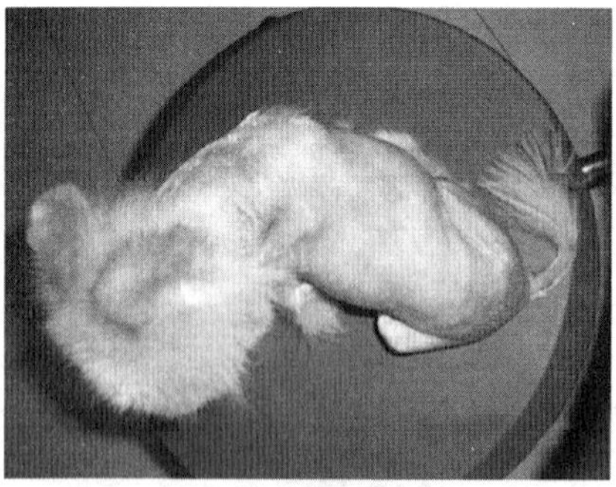

图 6-7　对称性脱毛

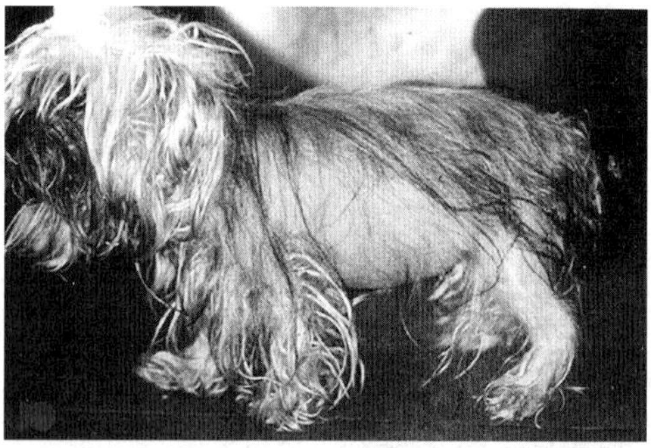

图 6-8　10 岁的约克夏㹴表现出壶腹及对称性脱毛

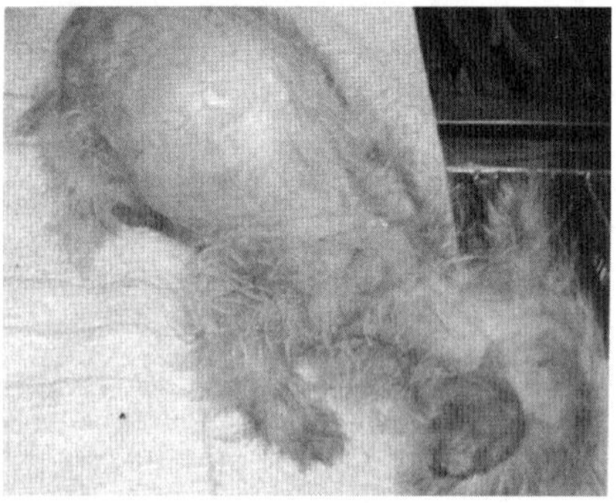

图 6-9　患犬脱毛，腹部增大下垂

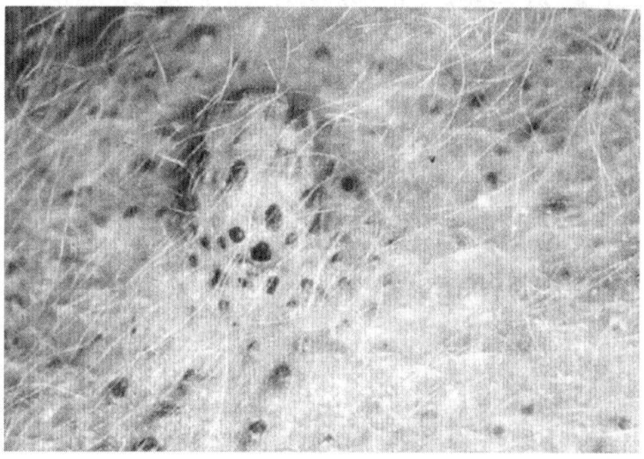

图 6-10　患有肾上腺皮质功能亢进的贵妇犬，乳头周围有黑头粉刺

二、工作过程

【诊断】

1. 初步诊断　根据病史和临床症状（多饮、多尿，垂腹和两侧对称性脱毛等）可以做出初步诊断。

2. 实验室检查

（1）血液检查　血细胞比容升高，白细胞总数升高，嗜中性粒细胞增多，淋巴细胞减少，嗜酸性粒细胞减少，为循环血液中粒细胞的 6%。血糖升高至 8.33～8.88 mmol/L，平均 6.16 mmol/L；血清胆固醇升高到 6.50～10.40 mmol/L，平均 7.54 mmol/L，50% 病犬超过 7.80 mmol/L。丙氨酸氨基转移酶和碱性磷酸酶活性升高。血钠浓度升高，血钾、血氯浓度降低；血浆皮质醇浓度通常升高。

（2）尿常规检查　尿比重在 1.015 以下，平均 1.007。泌尿系统感染的犬，能检测到各种尿沉渣。

（3）ACTH（促肾上腺皮质激素）兴奋试验　即经 8 h 内静脉注射 ACTH 10 IU，正常犬注射 ACTH 后，血浆中 17-羟皮质类固醇值为 9.5～22 μg/100 mL，而患病犬则高达 50～

60 μg/100 mL。

(4)肾上腺皮质功能试验　血浆中17-羟皮质类固醇浓度增高，为正常值的2～3倍，一般可达20 μg/100 mL以上。昼夜周期性波动消失。24 h尿中17-羟皮质类固醇测定明显增高。

3.鉴别诊断　临床工作中应与糖尿病、尿崩症、肾功能衰竭、肝疾病、甲状腺功能减退和高钙血症等类似症状相鉴别。

【治疗】

治疗原则：可进行药物治疗、手术治疗和放射治疗，本病常常需要终生治疗。

治疗方案：根据治疗原则，结合临床工作实际，参考以下相应的治疗处方。

处方1　邻对滴滴滴(O,p-DDD，邻对氯苯二氯乙烷)(减少糖皮质激素的分泌)，可用于垂体依赖性肾上腺皮质功能亢进和肾上腺皮质肿瘤。病初按30～50 mg/(kg·d)，口服，1次/d，连用5～10 d；当血清皮质醇浓度正常后，按维持剂量25 mg/(kg·d)给予，每周2次。

处方2　酮康唑(抑制肾上腺类固醇的产生)，7.5～15 mg/(kg·d)，口服，2次/d。

处方3　盐酸司来吉兰(抑制肾上腺类固醇的产生，用于垂体依赖性肾上腺功能亢进)，1 mg/(kg·d)，口服。

处方4　米托坦(图6-11a、图6-11b)，初始用量50 mg/(kg·d)，分2次饭后给药；一般一周左右症状会明显恢复至正常，此时停药进行ACTH刺激试验，当刺激后血清中可的松浓度为10～50 ng/mL时改用维持剂量25～50 mg/(kg·d)。

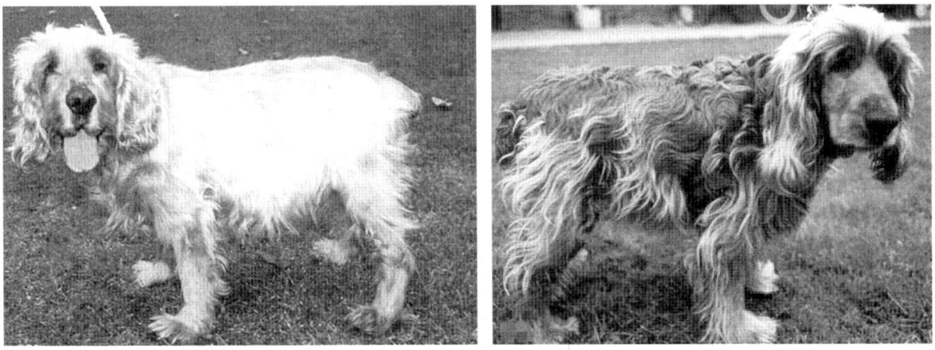

a.8岁可卡犬治疗前　　b.8岁可卡犬治疗后

图6-11　米托坦的治疗效果

处方5　曲洛斯坦(抑制肾上腺合成可的松)，2.2～6.7 mg/kg，口服。

处方6　手术疗法。当是由垂体肿瘤、肾上腺皮质增生及肿瘤引起时，可手术摘除垂体或肾上腺。但术后常会继发肾上腺皮质功能减退；垂体切除手术难度和费用很大，临床较少实施。

处方7　放射治疗。适用于垂体肿瘤引起的肾上腺皮质功能亢进的病例。

【主人须知】

动物将终生需要治疗，故也需定期检测，本病会不断复发，预后谨慎。

三、学生实践

(一)布置任务

根据所学知识，针对以上提供的病例资料，按要求分别完成以下任务。

(1)初步诊断：________________________________。

(2)诊断依据：________________________________

________________________________。

(3)鉴别诊断：________________________________

________________________________。

(4)进一步检查：________________________________

________________________________。

(5)治疗原则：________________________________。

(6)治疗处方：

××××动物医院处方笺

动物主人/饲养单位________________ 档案号________________

动物种类__________ 动物性别__________ 体重/数量__________

年(日)龄__________ 开具日期________________________

Rp：

第一联：存根(白)

执业兽医师__________ 注册号__________ 发药人__________

(二)工作评价

针对以上任务的完成情况，分别对初步诊断、诊断依据、鉴别诊断、进一步检查、治疗原则和治疗处方等任务分别给予评价和点评。

工作评价			
评价内容	评价结果		
	正确	基本正确	错误
初步诊断			
诊断依据			
鉴别诊断			

续表

进一步检查			
治疗原则			
治疗处方			
学生反思			
教师点评			

任务二　肾上腺皮质功能减退

【病例导学】曹某饲养一只藏獒，4岁，雌性，体重25 kg，有过生育史，免疫和驱虫完善，日粮以鸡架和犬粮为主；近一段时间喜卧，行走无力、食欲差，偶尔出现呕吐症状。

请思考：

1. 该患病犬的初步诊断是什么？
2. 诊断依据主要有哪些？
3. 如何进一步明确诊断？
4. 可采取哪些治疗措施？

一、知识准备

【概述】

肾上腺皮质功能减退是肾上腺皮质激素分泌不足或缺乏引起的疾病，又称为阿狄森氏病。多见于2～5岁的母犬，母犬的发病率是公犬的3～4倍。

【病因】

1. 原发性因素　主要由肾上腺皮质本身的疾病引起。如自身免疫疾病引起肾上腺皮质萎缩；犬瘟热、犬传染性肝炎、子宫蓄脓等引起的感染；白血病、各种肿瘤的转移所致的细胞浸润；淀粉样变性、肾上腺静脉血栓形成梗死等血管病变和双侧次全或全切除肾上腺的犬猫。另外，由于先天性缺乏21-羟化酶、11-羟化酶、17-羟化酶，或后天性服用药物（甲吡酮）及化学抑制酶引起皮质激素合成代谢酶缺乏。

2. 继发性因素　多由于下丘脑分泌促肾上腺皮质激素释放激素（CRH）及垂体分泌促肾上腺皮质激素（ACTH）不足所致。一方面是由于各种肿瘤肿块、炎症、细胞浸润、创伤、血管病变等引起的下丘脑病变；由于肿瘤、脑膜脑炎后遗症等引起的垂体病。另一方面是由于长期大剂量使用糖皮质激素抑制下丘脑垂体所致，停药后有功能减退综合征。

【症状】

急性患病犬猫虚弱、精神沉郁、发热、心律失常、低血容量、昏睡甚至休克，若治疗不及时则很快死亡；亚急性或慢性患病犬猫抑郁、嗜睡、精神不振，食欲减退、呕吐、便秘、腹痛、腹泻，体重减轻，皮肤和黏膜色素沉着，血压下降，低血糖症候（图 6-12、图 6-13）。

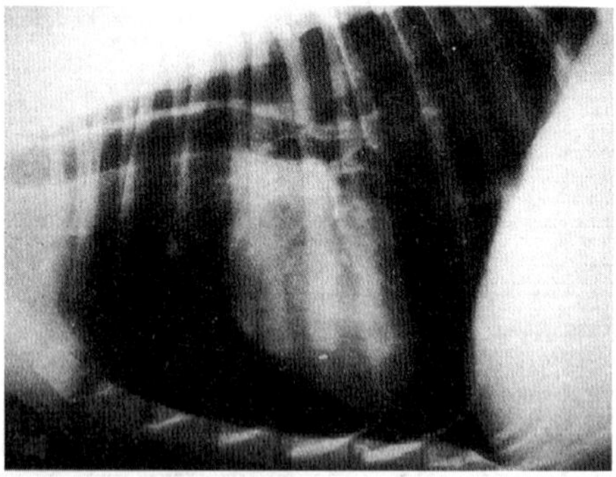

图 6-12　患肾上腺皮质功能减退的柯利牧羊犬的侧面胸廓 X 线片表明了由于脱水和低血容量造成的心脏缩小

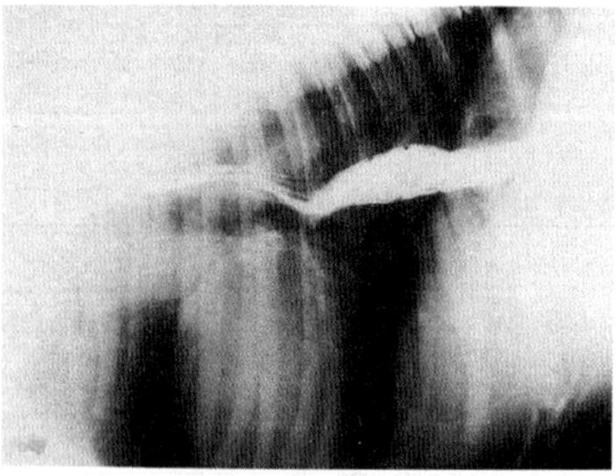

图 6-13　患肾上腺皮质功能减退的杜宾犬的侧面胸廓 X 线片。钡餐显示由于全身性肌肉萎缩导致食管扩张

二、工作过程

【诊断】

1. 初步诊断　根据皮肤和黏膜色素沉着等典型临床表现可做出初步诊断，确诊需进一步实验室检查，测定血中 ACTH 增加。

2. 实验室检查

(1)血液生化检查　血钠降低，血钾升高，血钠与血钾比小于 30，血钙轻度升高。嗜酸性粒细胞和淋巴细胞的绝对值及分类数升高。血清氯化物减低，血糖降低。

(2)激素测定　尿中 17-羟皮质类固醇近于 0，血中皮质醇低于犬正常值（5～10 g/100 mL）。

(3)血浆 ACTH 测定　原发性者明显增高，继发性者明显降低，接近于零。

3. 心电图检查　T 波低平或倒置，P-R 间期与 Q-T 间期延长。血钙升高时，P 波消失（图 6-14）。

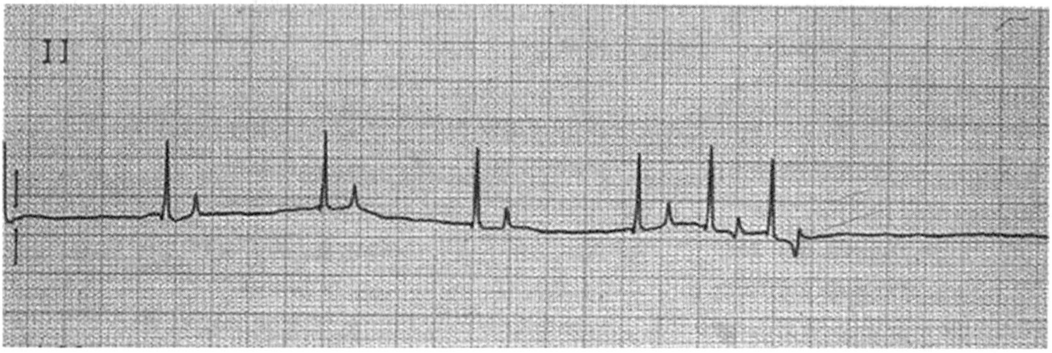

图 6-14　心电图（心室速率减慢，P 波消失）

【治疗】

治疗原则:补充糖皮质激素和盐皮质激素以及其他对症治疗如缓解酸中毒、低血糖和高钾血症等。

治疗方案:根据治疗原则,结合临床工作实际,参考以下相应的治疗处方。

处方1　磷酸钠地塞米松,0.5～2 mg/kg,静脉滴注,如果需要可在2～6 h内重复给药。

处方2　生理盐水,40～80 mL/(kg·d),最初的1～2 h快速静脉滴注,之后减慢输液速度。

处方3　醋酸可的松,0.5～1 mL/(kg·d),口服。

处方4　强的松龙,0.2～0.4 mg/(kg·d),口服。

处方5　三甲醋酸去氧皮质酮(盐皮质激素),犬:1～2 mg/kg,肌内注射/皮下注射,每25～28 d 1次;猫:12.5 mg,肌内注射,每21～28 d 1次。

处方6　氟氢可的松(盐皮质激素),0.02 mg/(kg·d),口服。

处方7　5%碳酸氢钠(调节酸碱平衡,缓解酸中毒),1～2 g/kg,静脉滴注。

处方8　10%葡萄糖酸钙(对抗高钾血症),按0.5～1 mL/kg,加入5%葡萄糖溶液中静脉滴注。

处方9　50%葡萄糖(低血糖),0.5～1 mL/kg,缓慢静脉滴注。

【主人须知】

需要定期去做血清生化检查,以便重新判定病情,并给予适当治疗。发生应激时,须主人随时补充糖皮质激素。

三、学生实践

(一)布置任务

根据所学知识,针对以上提供的病例资料,按要求分别完成以下任务。

(1)初步诊断:________________________________。

(2)诊断依据:________________________________

________________________________。

(3)鉴别诊断:________________________________

________________________________。

(4)进一步检查:________________________________

________________________________。

(5)治疗原则:________________________________。

(6)治疗处方：

××××动物医院处方笺

动物主人/饲养单位＿＿＿＿＿＿＿＿　档案号＿＿＿＿＿＿＿＿

动物种类＿＿＿＿＿＿　动物性别＿＿＿＿＿＿　体重/数量＿＿＿＿＿＿

年(日)龄＿＿＿＿＿＿　开具日期＿＿＿＿＿＿＿＿＿＿

第一联：存根(白)

Rp：

执业兽医师＿＿＿＿＿＿　注册号＿＿＿＿＿＿　发药人＿＿＿＿＿＿

(二)工作评价

针对以上任务的完成情况，分别对初步诊断、诊断依据、鉴别诊断、进一步检查、治疗原则和治疗处方等任务分别给予评价和点评。

工作评价			
评价内容	评价结果		
	正确	基本正确	错误
初步诊断			
诊断依据			
鉴别诊断			
进一步检查			
治疗原则			
治疗处方			
学生反思			
教师点评			

项目三 其他分泌激素异常疾病

任务一 糖尿病

【病例导学】赵某饲养一只小鹿犬，9 岁，雌性，体重 3 kg。最近一段时间以来，主人发现小鹿犬喝水和排尿频率比以往多，该犬从小就特别能吃，原来挺胖的，最重的时候 3.5 kg 多，可近来却越来越瘦；尤其近几天，没那么活泼好动了，感觉浑身无力，懒洋洋的，食欲也不如以前。体温、呼吸、心跳、可视黏膜正常。

请思考：

1. 该患病犬的初步诊断是什么？
2. 诊断依据主要有哪些？
3. 如何进一步明确诊断？
4. 可采取哪些治疗措施？

一、知识准备

【概述】

糖尿病是一种由多种因素引起的代谢紊乱综合征，是由于体内胰岛素缺乏或胰岛素功能发生障碍，机体糖代谢发生紊乱的一种内分泌疾病。临床上表现为典型的“三多一少”，即多饮、多食、多尿和体重减少以及高血糖、糖尿为特征。犬猫均可发生，但犬发病率较高，以 8～9 岁为多见，雌犬的发病率是雄犬的 2～4 倍。

【病因】

1. 胰岛 β 细胞损伤　最常见的原因是胰腺炎、胰腺肿瘤、胰腺萎缩或者外伤、手术损伤等，导致胰岛 β 细胞受损，从而引起胰岛素分泌不足，是糖尿病发生的主要原因。

2. 营养性因素　犬猫长期处于营养过剩状态和长期大量摄入高热量食物，致使身体过于肥胖，导致可逆性胰岛素分泌减少，从而引起食源性糖尿病。

3. 遗传因素　由遗传因素引起的糖尿病，临床上表现出明显的品种倾向性。根据近年来对犬糖尿病流行病学调查发现，凯恩狸和小多伯曼犬具有明显的家族性糖尿病倾向，而可卡犬、拳师犬、德国牧羊犬、北京犬、柯利犬等的家族性糖尿病临床上罕见。

4. 应激因素　犬猫在应激状态下，因神经和体液调节作用，可使胰高血糖素、生长激素和肾上腺皮质激素分泌机能增强，胰岛素分泌减少，从而造成血糖升高，引起糖尿病。

5. 药物性因素　有些药物与糖尿病的发生有着直接的联系。主要是一些激素类药物在糖尿病的发生中起着重要作用，如糖皮质激素、孕激素等类固醇类激素能使肝糖原异生作用加强，拮抗胰岛素，减少组织对葡萄糖利用从而提高血糖水平，猫对孕激素尤其敏感。

另外，长期应用促肾上腺皮质激素、胰高血糖素、肾上腺皮质激素、噻嗪类利尿药等，也可诱发糖尿病。长期使用氯丙嗪等非类固醇药物也可诱发糖尿病。

【症状】

糖尿病的主要临床症状是“三多一少”，即多饮、多食、多尿和体重减少，角膜出现浑浊、溃疡、白内障以及尿路感染(图 6-15、图 6-16)。伴随病程的进一步恶化，患病犬猫出现呕吐和腹泻，血糖持续升高，血脂也明显升高，并伴发酮酸中毒，呼出气体有酮臭味。此时，食欲减退或废绝，精神沉郁，重度脱水，少尿或无尿，最后陷入糖尿病性昏迷。

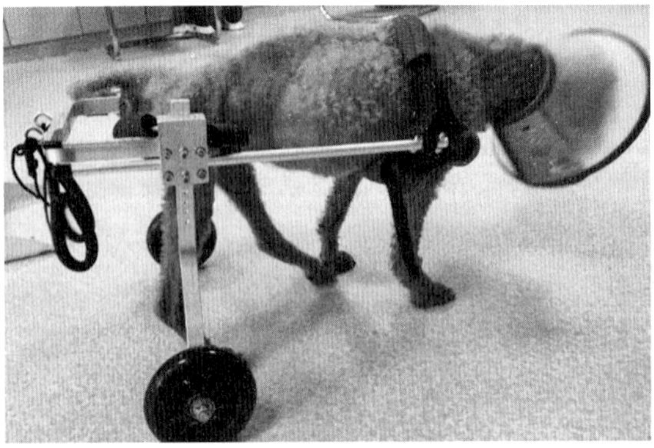

图 6-15　10 岁泰迪犬因患糖尿病(机体消瘦，体重减轻)

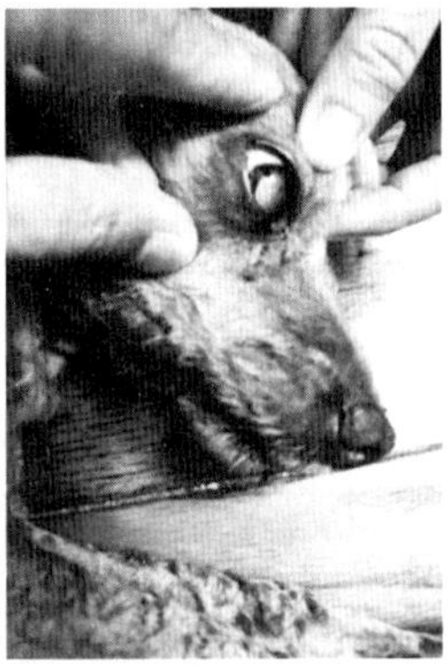

图 6-16　10 岁泰迪犬因患糖尿病(白内障)

视频 6-1　机体消瘦，后肢无力

二、工作过程

【诊断】

1. 初步诊断　根据病史和典型临床症状(即“三多一少”)可做出初步诊断，进一步诊断要结合实验室检查。

2. 实验室检查

(1)血糖检查　在采血前要给犬猫禁食或早晨空腹来采取，从前肢或后肢体表静脉采取全血，也可制备血清供检测用。正常空腹血糖值犬为 3.61～6.55 mmol/L，猫为 3.89～6.11 mmol/L，患病动物早晨空腹血糖值高达 8.4 mmol/L。

(2)尿糖检查　取犬猫晨尿进行尿液分析，尿糖呈强阳性。

(3)葡萄糖耐量试验(OGTT)　试验前动物禁食 12～24 h，按每千克体重 1.75～2.2 g 的剂量，将葡萄糖配成 25%的溶液口服。口服前和口服后 0.5 h、1 h、2 h、3 h 分别采血，测定血糖浓度。正常犬在投服后 0.5～1 h 出现血糖值高峰，2 h 后血糖值恢复到空腹水平；患犬于口服葡萄糖 1 h 后血糖值通常超过 8.3 mmol/L，并持续不变。

(4)糖化血红蛋白的测定　糖化血红蛋白能反应近 2～3 个月血糖水平，对临床评估近期血糖情况，诊断糖尿病有重要参考价值。

3. 鉴别诊断　在诊断糖尿病时应与遗传性肾性糖尿、尿崩症和肾上腺皮质功能亢进症等相鉴别。

(1)遗传性肾性糖尿病是先天性肾小管糖再吸收障碍而引起的，表现为尿糖、多尿、蛋白尿、多食，血糖值基本正常。

(2)患尿崩症犬猫的临床突出表现是多尿和烦渴，尿比重降低，无尿糖。

(3)肾上腺皮质功能亢进症，可通过 ACTH 兴奋试验，根据血浆中 ACTH 的消长情况加以鉴别。

【治疗】

治疗原则：加强饲养管理，降低血糖和对症治疗。

治疗方案：根据治疗原则，结合临床工作实际，参考以下相应的处置方法和治疗处方。

处置 1　加强饲养管理，饲喂高蛋白、低糖和低脂肪的食物。

处方 1　鱼精蛋白锌胰岛素（长效胰岛素）注射液，犬 0.5～1 U/kg，猫 3～5 U/次，皮下注射，1 次/d。

处方 2　中性鱼精蛋白锌胰岛素（中效胰岛素）注射液，犬 0.5～1 U/kg；猫 3～5 U/次，皮下注射，1 次/d。

处方 3　结晶胰岛素（短效胰岛素）注射液，0.1 U/kg，静脉注射/小剂量肌内注射，3 kg 体重以下 1 U，10 kg 体重以下 2 U。

处方 4　氯磺丙脲，2～5 mg/kg，口服，1 次/d。

处方 5　苯乙双胍，20～30 mg/d，分 1～2 次口服。

处方 6　二甲双胍，0.2～1 g/d，分 2～3 次口服。

处方 7　5%碳酸氢钠注射液，10～20 mL，静脉注射，缓解酸中毒。

处方 8　10%氯化钾，1～3 mL，静脉注射，防止低钾血症。

处方 9　林格液 100～200 mL，5%葡萄糖 100～200 mL，维生素 C 0.5～1 g，静脉注射。

处方 10　吡诺克辛钠滴眼液，滴眼，有白内障时使用。

【主人须知】

本病可能需要终生使用胰岛素，患糖尿病的动物常并发白内障，治疗极为困难，动物需要定期测定血糖，以便及时治疗，若不及时治疗，病情可加重甚至死亡。

三、学生实践

(一)布置任务

根据所学知识，针对以上提供的病例资料，按要求分别完成以下任务。

(1)初步诊断：____。

(2)诊断依据：____

____。

(3)鉴别诊断：____

____。

(4)进一步检查：______________________________________

____。

(5)治疗原则：____。

(6)治疗处方：

××××动物医院处方笺

动物主人/饲养单位＿＿＿＿＿＿＿＿　档案号＿＿＿＿＿＿＿＿

动物种类＿＿＿＿＿＿　动物性别＿＿＿＿＿＿　体重/数量＿＿＿＿＿＿

年(日)龄＿＿＿＿＿＿　开具日期＿＿＿＿＿＿＿＿＿＿

第一联：存根(白)

Rp：

执业兽医师＿＿＿＿＿＿　注册号＿＿＿＿＿＿　发药人＿＿＿＿＿＿

(二)工作评价

针对以上任务的完成情况，分别对初步诊断、诊断依据、鉴别诊断、进一步检查、治疗原则和治疗处方等任务分别给予评价和点评。

工作评价			
评价内容	评价结果		
	正确	基本正确	错误
初步诊断			
诊断依据			
鉴别诊断			
进一步检查			
治疗原则			
治疗处方			
学生反思			
教师点评			

任务二　尿崩症

【病例导学】姚某饲养一只拉布拉多犬，7个月，雌性，体重15 kg。从小就表现多饮多尿，外阴处总是湿乎一片，其他方面未见异常，于是主人带犬前来就诊。

请思考：

1. 该患病犬的初步诊断是什么？
2. 诊断依据主要有哪些？
3. 如何进一步明确诊断？
4. 可采取哪些治疗措施？

一、知识准备

【概述】

尿崩症是由于下丘脑-神经垂体功能减退，所引起的抗利尿激素（加压素）分泌和释放不足，或者肾小管对抗利尿激素反应性降低而引起的一种临床综合征，主要表现为多尿、烦渴、多饮、低比重尿和低渗透压尿。公母犬猫都能发生，以老年动物多见，偶尔见于幼年犬猫。

【病因】

1.肾源性尿崩症　主要是后天性肾源性尿崩症，常见于肾上腺皮质功能亢进、高钙血症、子宫蓄脓、肝脏疾病、甲状腺功能亢进、低钾血症和慢性肾病等原因。

2.中枢性尿崩症　常见于脑部尤其是垂体、下丘脑部位的手术、同位素治疗，严重的脑外伤，病原微生物感染或炎症，先天性缺陷，自发性产生等。

3.遗传性尿崩症　临床十分少见，可以是单一的遗传性缺陷，也可是其他综合征的一部分。可能源于渴欲调节机制缺陷或行为异常。

【症状】

患病犬猫的临床突出表现是大量饮水，多尿，尿频和夜间排尿，由肿瘤引起的呈渐进性，由外伤或髓膜炎引起的为突发性症状。日饮水量大于每千克体重100 mL，排尿量每千克体重可达80～300 mL及以上，尿比重明显降低，多为1.010以下。患病犬猫，尽管渴感强烈，大量饮水，但仍表现轻度到中度脱水。限制饮水，尿量不减，尿呈水样清亮透明，不含蛋白质，病犬初期肥胖，后表现厌食和体重逐渐减轻消瘦，生殖器官萎缩。

二、工作过程

【诊断】

1.初步诊断　根据犬猫表现出极度的多饮和多尿，并伴有体重下降以及短时间内喝不到水就会出现脱水症状，或垂体和下丘脑有受伤史等症状就可做出初步诊断。

2.实验室检查

(1)尿分析　犬的尿比重低于1.007，猫的尿比重通常在1.008～1.012。

(2)禁水试验　是使病犬的膀胱排空后，测定体重，停止给水和日粮。每隔1 h称量犬体重并测定排泄的尿和膀胱内潴留尿的比重（渗透压），当体重减少3%～5%时停止试验。

若尿不浓缩、体重急剧下降，则为阳性。

(3)抗利尿激素试验　用抗利尿激素(ADH)区分中枢性尿崩症和肾性尿崩症。当使用外源性 ADH 后，中枢性尿崩症患犬浓缩尿液，对外源 ADH 做出应答，然而，肾性尿崩症患犬不能对外源 ADH 做出应答反应。

3. 鉴别诊断　工作中应与肾上腺皮质功能亢进和肝功能障碍的精神性多尿等病相鉴别。

【治疗】

治疗原则：及时治疗原发病和抗利尿激素替代疗法。

治疗方案：根据治疗原则，结合临床工作实际，参考以下相应的治疗处方。

处方 1　单宁酸后叶加压素(丘脑-垂体性尿崩症，此药对肾性尿崩症无效)，0.02～0.1 U/kg，隔 2～3 d 肌内注射 1 次，若摄水量不减少，可增加药量。

处方 2　氯磺丙脲(肾性尿崩症)，犬：125～250 mg/d，口服，1 次/d。一般不建议猫用此药，且注意用药后的低血糖副作用。

处方 3　双氢氯噻嗪(肾性尿崩症)，0.5～1.0 mg/kg，口服，2 次/d。

处方 4　氯噻嗪(肾性尿崩症)，10～40 mg/kg，口服，2 次/d。

处方 5　氯化钾(纠正低钾血症)，2～10 mg/(kg·d)，加入 5%葡萄糖内稀释成 0.1%的浓度静脉滴注，根据血清钾浓度适当调整。

处方 6　手术治疗。下丘脑或垂体瘤的患病犬猫，可进行手术治疗，但一般预后不良。

处方 7　创伤治疗。脑部有创伤的，可进行对症治疗，消炎和促进炎症吸收，一般预后良好，但有些创伤是永久性的，愈后不良。

此外，要加强护理。逐渐限制饮水，纠正嗜饮行为。配合无钠日粮，纠正电解质平衡。

【主人须知】

密切注意饮水量和排尿量，及时向宠物医生报告，以便确立最佳治疗方案。患病动物若已确定为肿瘤所致，建议早日淘汰并做无害化处理。

三、学生实践

(一)布置任务

根据所学知识，针对以上提供的病例资料，按要求分别完成以下任务。

(1)初步诊断：______________________________。

(2)诊断依据：______________________________

______________________________。

(3)鉴别诊断：______________________________

______________________________。

(4)进一步检查：______________________________

______________________________。

(5)治疗原则：______________________________。

(6)治疗处方：

××××动物医院处方笺

动物主人/饲养单位________________　档案号________________

动物种类__________　动物性别__________　体重/数量__________

年(日)龄__________　开具日期________________

第一联：存根(白)

Rp：

执业兽医师__________　注册号__________　发药人__________

(二)工作评价

针对以上任务的完成情况，分别对初步诊断、诊断依据、鉴别诊断、进一步检查、治疗原则和治疗处方等任务分别给予评价和点评。

<table>
<tr><th colspan="4">工作评价</th></tr>
<tr><td rowspan="2">评价内容</td><td colspan="3">评价结果</td></tr>
<tr><td>正确</td><td>基本正确</td><td>错误</td></tr>
<tr><td>初步诊断</td><td></td><td></td><td></td></tr>
<tr><td>诊断依据</td><td></td><td></td><td></td></tr>
<tr><td>鉴别诊断</td><td></td><td></td><td></td></tr>
<tr><td>进一步检查</td><td></td><td></td><td></td></tr>
<tr><td>治疗原则</td><td></td><td></td><td></td></tr>
<tr><td>治疗处方</td><td></td><td></td><td></td></tr>
<tr><td>学生反思</td><td colspan="3"></td></tr>
<tr><td>教师点评</td><td colspan="3"></td></tr>
</table>

执业兽医资格考试真题精选

1. 白色比熊犬，3岁，初期在鼻梁、继而在肘关节和膝关节周围以上部位脱毛，呈对称性，皮肤色素沉着，无明显瘙痒症状，触摸皮温较低。该病实验室诊断应选择的项目是（　　）（2019年全国执业兽医资格考试试卷下午卷第62题）

A. 血清总蛋白＋ALT　　B. 血清总蛋白＋AST　　C. 皮肤病理检查＋TT4

D. 尿蛋白＋ALP　　E. 血糖＋CK

2. 与阿狄森氏病有关的激素是（　　）（2018年全国执业兽医资格考试试卷下午卷第21题）

A. 生长激素　　B. 促肾上腺皮质激素　　C. 促黄体生成素

D. 促甲状腺素　　E. 抗利尿激素

3. 京巴犬，雌性，8岁，多饮，垂腹，后肢后侧方脱毛，皮肤色素过度沉着，呈斑块状。实验室检查尿蛋白阳性，空腹血糖含量为4.27 mmol/L，血浆皮质醇含量升高。本病最可能的诊断是（　　）（2018年全国执业兽医资格考试试卷下午卷第72题）

A. 肾炎　　B. 膀胱炎　　C. 糖尿病

D. 库欣综合征　　E. 胃炎

4. 糖尿病后期，患犬的尿液常带有（　　）（2017年全国执业兽医资格考试试卷下午卷第15题）

A. 苦杏仁味　　B. 鱼腥味　　C. 大蒜味

D. 腐臭味　　E. 烂苹果味

5. 犬肾上腺皮质功能亢进时，实验室检验可见（　　）（2017年全国执业兽医资格考试试卷下午卷第19题）

A. ALT下降，ALP正常　　B. ALT和ALP均升高　　C. ALT和ALP均下降

D. ALT升高，ALP下降　　E. ALT正常，ALP升高

6. 犬肾上腺皮质功能减退的主要原因是（　　）（2017年全国执业兽医资格考试试卷下午卷第20题）

A. 营养不良　　B. 中毒　　C. 自体免疫

D. 辐射　　E. 寒冷

7. 因分泌过剩可引起犬前列腺腺型肥大的激素是（　　）（2017年全国执业兽医资格考试试卷下午卷第29题）

A. 雄激素　　B. 雌激素　　C. 肾上腺素

D. 甲状腺素　　E. 前列腺素

8. 甲状旁腺功能减退时，病畜可能出现（　　）（2016年全国执业兽医资格考试试卷下午卷第22题）

A. 低钠血症　　B. 低钾血症　　C. 低钙血症

D. 低镁血症　　E. 低磷血症

(9～11 题共用题干)

雪纳瑞犬,3 岁,近一周内逐渐出现共济失调,神态烦躁,对外界刺激敏感,进而全身抽搐、痉挛、身体虚弱无力,心动过速;抽搐期间一过性体温升高。

9. 该病最可能的诊断是(　　)(2020 年全国执业兽医资格考试试卷下午卷第 132 题)
A. 脊髓炎　B. 甲状旁腺功能减退症　C. 脑膜脑炎
D. 低血糖　E. 甲状旁腺功能亢进症

10. 确诊该病应做的血液检测项目是(　　)(2020 年全国执业兽医资格考试试卷下午卷第 133 题)
A. GH　B. T_3/T_4　C. ACTH
D. FSH　E. PTH

11. 治疗该病的首选药物是(　　)(2020 年全国执业兽医资格考试试卷下午卷第 134 题)
A. 甲状旁腺激素　B. 可的松　C. 胰岛素
D. 左甲状腺素　E. 磷酸二氢钠

(12～13 题共用题干)

贵宾犬,雄性,8 岁,躯干对称性脱毛,皮肤变薄、松弛且色素过度沉着,多饮,多尿,多食,腹围增大,运动不耐受,睾丸萎缩,阴囊皮肤变黑。血液生化胆固醇与碱性磷酸酶均升高,尿比重低于正常范围。

12. 该病最可能的诊断是(　　)(2019 年全国执业兽医资格考试试卷下午卷第 186 题)
A. 肾上腺皮质功能减退　B. 肾上腺皮质功能亢进　C. 甲状旁腺功能减退
D. 甲状旁腺功能亢进　E. 佐-埃二氏综合征

13. 该病不适宜的诊断方法是(　　)(2019 年全国执业兽医资格考试试卷下午卷第 187 题)
A. 腹部超声诊断　B. 脑部磁共振检查　C. ACTH 刺激试验
D. 地塞米松抑制试验　E. 泌尿系统阳性造影

(14～16 题共用题干)

公猫,10 岁,两侧对称性脱毛,腹部膨大,血常规检查未见明显异常,生化检查,胆固醇、ATL、ALP 等轻微升高,T_3、T_4 值正常,尿检显示,尿比重 1.040,葡萄糖＋＋＋。

14. 该病初步诊断为(　　)(2017 年全国执业兽医资格考试试卷下午卷第 182 题)
A. 库欣综合征　B. 阿狄森氏病　C. 甲状腺功能亢进
D. 甲状腺功能低下　E. 甲状旁腺功能低下

15. 确诊本病的首选检查项目是(　　)(2019 年全国执业兽医资格考试试卷下午卷第 183 题)
A. ACTH 刺激试验　B. 尿胆素原检测　C. 血钙检测
D. GGT 检测　E. AST 检测

16. 该病伴发糖尿病的机制是(　　)(2019 年全国执业兽医资格考试试卷下午卷第 184 题)

A. 皮质激素分泌过多　　B. 胰岛素生成减少　　C. 糖摄入量增加

D. 蛋白质摄入增加　　E. 脂肪摄入增加

模块六参考答案

模块六高清插图

模块七

营养代谢性疾病

【模块导读】

模块介绍

犬猫和其他家畜一样，满足其日常所需的基本营养物质包括蛋白质、脂肪、糖、矿物质、维生素和水。这些营养物质除水之外，都不是单独存在的，而是包含在日常的食物中，因此犬猫必须从日常饮食中获取适宜的六大营养物质，才能维持正常的生命活动。当日常食物中某种营养物质缺乏、过剩或比例不当，或机体的吸收和利用出现障碍时，就会引发营养代谢性疾病。近年来随着养宠主人免疫意识的不断加强，疫苗免疫注射得到了较好的普及，在以往较常发生的传染性疾病逐渐减少了，而由食物中某种营养物质缺乏、过剩、比例不当，或者因为机体的吸收和利用障碍引起的营养与代谢性疾病却日益明显；尤其营养物质的过剩或比例不当引起的危害，开始成为临床上的重要问题。本模块由糖、脂肪及蛋白质代谢障碍病和维生素、矿物质缺乏及过多症2个项目9个学习任务组成，重点介绍犬低血糖症、肥胖症、高脂血症、低蛋白血症、维生素D缺乏症、佝偻病、骨软化症、异食癖、高钾血症等常见临床疾病的病因、临床症状、诊断与治疗。

模块目标

(一)知识目标

1. 熟悉6种基本营养物质体内代谢知识。
2. 熟悉营养代谢性疾病的病理知识。
3. 掌握营养代谢性疾病的病因及其临床症状。
4. 掌握营养代谢性疾病治疗所用药物的药理学知识。
5. 掌握营养代谢性疾病的治疗与预防措施。

(二)技能目标

1. 具备应用常规诊断仪器设备的能力。
2. 具备对营养代谢性疾病的综合分析并做出初步诊断的能力。
3. 具备进一步症状鉴别诊断的能力。
4. 能准确开具营养代谢性疾病的治疗处方并具备实施治疗的能力。
5. 具备与宠物主人良好沟通交流的能力。

(三)素质目标

1. 具备良好的职业道德和职业责任感。
2. 具备吃苦耐劳、乐于钻研、爱岗敬业的工作态度。
3. 具备主动服务社会的意识和团结协作的精神。
4. 树立人与宠物和谐相处的生态理念，尊重生命，关爱宠物。

项目一　糖、脂肪及蛋白质代谢障碍病

任务一　低血糖症

【病例导学】肖某家养一只博美犬，年龄3岁，雌性，体重4.5 kg，处于哺乳期，平时以肉类为主要食物。主诉该犬在产后第2天发病，症状为呼吸频率剧增，侧卧，四肢伸直，体温为41.2℃。

请思考：

1.该患病犬的初步诊断是什么？

2.诊断依据主要有哪些？

3.如何进一步明确诊断？

4.可采取哪些治疗措施？

一、知识准备

【概述】

低血糖症是由多种原因引起的血糖浓度过低所致的综合征，常见于幼年犬猫和产后哺乳母犬。

【病因】

在临床中，低血糖可分为暂时性低血糖和持久性低血糖。

1.暂时性低血糖

(1)特发性新生犬猫低血糖　多发生在3月龄前的玩具犬及小型品种犬，以贵妇犬、约克夏㹴犬和吉娃娃犬发病率最高。一般多因受凉、饥饿或因仔多乳少、乳质量差、胃肠功能紊乱、肠内寄生虫(包括原虫)、肝糖原合成酶不足等而引起。

(2)工作犬超负荷工作　多见于猎犬(如拉布拉多犬、赛特犬)，病犬一般有在工作前一天未增加饲喂量的病史。

(3)母犬猫低血糖　怀孕母犬猫在妊娠后期和哺乳期严重营养不良，胎儿数过多，初生仔大量哺乳而致病。临床多见于分娩前后1周左右的母犬猫。

(4) 胰岛素使用过量。

2.持久性低血糖

(1)Ⅰ型糖原贮积症　因6-磷酸葡萄糖酶先天性不足或活性低，最终导致肝脏贮积糖原而发生低血糖症。多发生于断乳前后(6～12周龄)的玩具犬及小型犬。

(2)继发于胰岛瘤(β-细胞瘤)　犬的胰腺癌，发病率高达60%，且多见于右侧胰叶。胰岛瘤是由于胰岛β-细胞产生过多的胰岛素，使血糖转入细胞的量增加，从而造成低血糖。多发生于成年犬、老年犬(一般6～13岁)。各品种犬均可发生。

(3)非胰腺性肿瘤引起的低血糖症　多由肝癌、肺癌、胃肠癌、肾上腺癌、迁移性腹膜癌及其他癌症性疾病引起。

(4)肝源性低血糖　肝脏疾病所致,因肝糖原的分解和合成异常而引起低血糖。

【症状】

发病犬猫精神沉郁,四肢软弱无力,甚至卧地不起;食欲减退或废绝,呈现全身性或局部性神经症状,肌肉抽搐,共济失调,惊厥,反射功能亢进,全身癫痫样发作,体温升高达41～42 ℃。幼年犬猫发病时表现站立不稳,步态蹒跚,随即全身肌肉阵发性痉挛,体温下降至37 ℃以下,甚至昏迷死亡。

二、工作过程

【诊断】

1.初步诊断　根据病史、临床症状,结合血糖测定可做出初步诊断。病因学诊断需结合发病年龄、病史、原发病特点及对补糖的治疗性诊断综合分析。

2.实验室检查　尿酮阳性,血酮达300 mg/L以上(母犬),血糖1.68～2.24 mmol/L或更低。

3.鉴别诊断　临床工作中应与低钙血症、癫痫、脑脓肿、铅中毒、犬瘟热等疾病相鉴别。

【治疗】

治疗原则:提高血糖,适当使用糖皮质激素和加强饲养管理。

治疗方案:根据治疗原则,结合临床工作实际,参考以下相应的治疗处方。

处方1　10%～25%葡萄糖注射液5～10 mL/kg,ATP 10～20 mg,维生素C注射液0.25～0.5 g,肌苷注射液50～100 mg,静脉注射,1次/d,连用2～3 d。

处方2　地塞米松磷酸钠注射液,0.25～1 mg/kg,肌内注射/静脉注射。

处方3　氢化可的松注射液,2～5 mg,静脉注射。

处方4　葡萄糖粉,20～50 g,加温水溶解,口服。

处方5　白砂糖,20～50 g,加温水溶解,口服。

【主人须知】

加强日常饲养管理和护理;在气温骤变季节,做好防寒保暖工作。饮食规律,切忌暴饮暴食。及时提供营养均衡的全价日粮,提高机体抵抗力。特别是妊娠期、哺乳期的营养要足够。

三、学生实践

(一)布置任务

根据所学知识,针对以上提供的病例资料,按要求分别完成以下任务。

(1)初步诊断:____。

(2)诊断依据:____

____。

(3)鉴别诊断:____

____。

(4)进一步检查：____

____。

(5)治疗原则：____。

(6)治疗处方：

××××动物医院处方笺

动物主人/饲养单位______________ 档案号______________

动物种类________ 动物性别________ 体重/数量________

年(日)龄________ 开具日期______________

Rp：

执业兽医师________ 注册号________ 发药人________

第一联：存根(白)

(二)工作评价

针对以上任务的完成情况，分别对初步诊断、诊断依据、鉴别诊断、进一步检查、治疗原则和治疗处方等任务分别给予评价和点评。

工作评价			
评价内容	评价结果		
	正确	基本正确	错误
初步诊断			
诊断依据			
鉴别诊断			
进一步检查			
治疗原则			
治疗处方			
学生反思			
教师点评			

任务二　肥胖症

【病例导学】 刘某家养一只拉布拉多犬，4 岁，雄性，体重 50 kg，半年前实施绝育手术。主诉该犬幼年时食欲就很好，常规体检时体重超标，绝育手术后体重增加更明显。触诊检查表明该犬皮下脂肪丰富、体态丰满用手触摸肋骨没有明显的层次感；视诊检查表明该犬腹部增宽、下垂，腰部脂肪隆起，腰线消失。

请思考：

1. 该患病犬的初步诊断是什么？
2. 诊断依据主要有哪些？
3. 如何进一步明确诊断？
4. 可采取哪些治疗措施？

一、知识准备

【概述】

肥胖症是一种慢性营养代谢性疾病，是指体内脂肪，尤其是甘油三酯（三酰甘油）积聚过多而导致的一种状态，是由于机体摄取的总能量超过消耗量，造成多余的能量以脂肪的形式蓄积在体内，引起体内脂肪蓄积量增加。犬猫的肥胖症多数是由于过食造成的，目前在全世界范围内该病的发生率远远高于犬猫的各种营养缺乏性疾病。

【病因】

引起犬猫肥胖往往不是单纯的某一个因素引起的，与很多因素都有关系。

1. 生活方式不健康　吃得太好，吃得太多，又缺乏运动，食物中的营养成分远远超过了宠物身体的需求，造成了营养过剩，进而转化为脂肪储存在体内，造成了肥胖。

2. 遗传与品种　与人类一样，宠物的肥胖也是可以遗传的。一些宠物犬品种，如常见品种拉布拉多犬、金毛寻回犬、腊肠犬、罗威纳犬、比格犬、可卡犬等都较容易发胖，而杜宾犬、德国牧羊犬等肥胖风险系数较低。混血猫比纯种猫、短毛猫比长毛猫更容易罹患肥胖症。

3. 年龄　犬猫肥胖症的发生率与年龄存在相关性。7～11 岁是犬猫肥胖症的高发阶段，12 岁以前犬的肥胖症发病率一直呈上升趋势，12 岁以后开始下降。这可能是因为老年阶段的犬猫食欲急剧下降、慢性疾病出现概率增高，这些因素间接造成了犬猫采食量减少，进而出现了体重下降的现象。

4. 性别与绝育　未绝育时，母犬比公犬更容易肥胖，公猫比母猫更容易肥胖；绝育后，犬猫肥胖概率都有所提高，这可能是因为绝育后犬猫体内激素发生变化，采食量增加，活动减少，进而造成了肥胖。

5. 内分泌失调　一些内分泌失调的疾病也会让犬猫发生肥胖，如甲状腺功能减退、肾上腺皮质功能亢进、糖尿病等。

【症状】

患肥胖症的犬猫皮下脂肪丰富、体态丰满，用手触摸肋骨没有明显的层次感，或者摸不到肋骨；腹部增宽、下垂，严重者垂到地面，腰部脂肪隆起，腰线变粗或者消失；食欲亢进或减退，不耐热,易疲劳,灵活性降低,迟钝或贪睡,容易和主人失去亲和力;易发生关节炎、椎间盘突出症、骨折等骨关节疾病;发生心脏病、高血压、糖尿病、胰腺炎、溃疡、繁殖障碍等的可能性增加;对犬瘟热、犬细小病毒感染等传染性疾病的抵抗力降低;麻醉和手术的风险增加,寿命缩短;血液生化检查发现犬猫血液中胆固醇和脂肪含量增高。由内分泌紊乱和其他疾病引起的肥胖症除了有肥胖的一般症状之外,还有各种原发病的症状表现,比如肾上腺皮质功能亢进引起的肥胖症有典型的掉皮屑、脱毛、皮肤色素沉积等临床变化(图 7-1、图 7-2)。

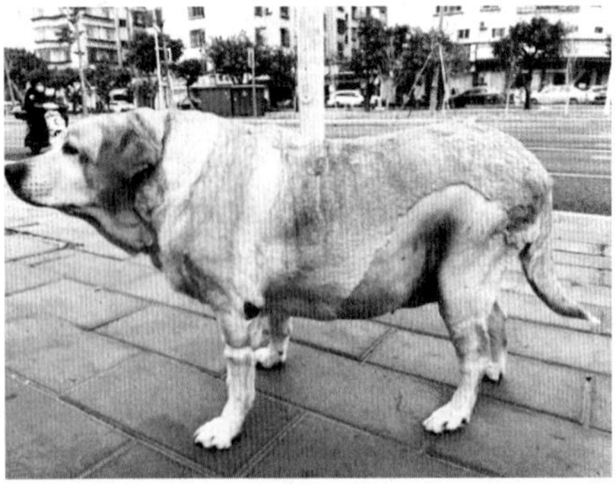

图 7-1 肥胖犬走路摇摆,呼吸急促

图 7-2 肥胖猫不愿活动,迟钝不灵活

视频 7-1 肥胖犬走路摇摆

二、工作过程

【诊断】

1. 初步诊断 根据饲喂史、临床症状、宠物体况,结合视诊、触诊等检查可做出初步诊断。标准体型的犬猫肋骨和脊椎能够很容易触摸到,腹部有明显的皱褶;患有肥胖症的犬猫肋骨和脊椎很难触摸到,腹部的皱褶也消失且腹部明显膨大。

2. 实验室检查 血液生化检查表明血清总胆固醇、脂蛋白、甘油三酯等含量明显升高。

3. 鉴别诊断 临床工作中应与因寄生虫感染和蛋白质缺乏引起的低蛋白血症所致的皮下水肿相鉴别。

【治疗】

治疗原则:以预防为重点,有继发性肥胖者要及时治疗原发病。

治疗方案:根据治疗原则,结合临床工作实际,参考以下相应的处置方法和治疗处方。

处置 1 治疗中要改变饮食习惯。限制饮食,定时定量饲喂,少食多餐,饲喂高蛋白、低碳水化合物和低脂肪的食物,并逐渐增加运动量,同时适当补给矿物质和维生素。

处方 1 甲状腺素(甲状腺素机能减退性肥胖),犬:22 μg/kg,口服,2 次/d;猫:20～30 μg /(kg·d),口服,1～2 次/d。

处方 2 生长激素(脑垂体病,提高机体代谢率),0.1 U/kg,皮下注射,1 次/d,3 d/周,连用 4～6 次。

处方 3 药物减肥。给予缓泻剂、食欲抑制剂、催吐剂、淀粉酶阻断剂及消化吸收抑制剂等改善胃肠道功能。

【主人须知】

宠物肥胖症对宠物造成了很大的伤害,降低了宠物的生活质量,缩短了宠物寿命。在平常的饲养管理中,要控制日粮质量,饲喂低糖、低脂肪、高纤维、高蛋白食物。主人可选购犬猫减肥处方食物，既方便又科学。减少采食量，限制饲喂；对一些过度肥胖的犬猫，要限制其采食量。每天固定时间供给宠物相对固定的日粮数量，建立良好的饮食规律。少食多餐饲喂，增加运动量，加速热量消耗，减少脂肪合成。对易胖品种、易发胖年龄、公犬（猫）去势、母犬（猫）绝育后都要加强管理，防止出现肥胖倾向。

三、学生实践

（一）布置任务

根据所学知识，针对以上提供的病例资料，按要求分别完成以下任务。

（1）初步诊断：______________________________。

（2）诊断依据：______________________________

______________________________。

（3）鉴别诊断：______________________________

______________________________。

（4）进一步检查：______________________________

______________________________。

（5）治疗原则：______________________________。

（6）治疗处方：

××××动物医院处方笺

动物主人/饲养单位______________　　档案号______________

动物种类__________　　动物性别__________　　体重/数量__________

年（日）龄__________　　开具日期______________________

Rp：

第一联：存根（白）

执业兽医师__________　　注册号__________　　发药人__________

（二）工作评价

针对以上任务的完成情况，分别对初步诊断、诊断依据、鉴别诊断、进一步检查、治疗原则和治疗处方等任务分别给予评价和点评。

工作评价			
评价内容	评价结果		
	正确	基本正确	错误
初步诊断			
诊断依据			
鉴别诊断			
进一步检查			
治疗原则			
治疗处方			
学生反思			
教师点评			

任务三 高脂血症

【病例导学】周某家养一只小型雪纳瑞犬，6岁，雌性，体重8 kg；两周前在其食物中补充添加了猪腮肉，昨天起该犬表现出腹泻、腹痛、间歇性呕吐等临床症状，昨天下午起对该犬禁食，今天早晨观察腹泻、腹痛症状消失，呕吐症状也明显减轻，遂来医院就诊。

请思考：

1. 该患病犬的初步诊断是什么？
2. 诊断依据主要有哪些？
3. 如何进一步明确诊断？
4. 可采取哪些治疗措施？

一、知识准备

【概述】

高脂血症指的是血液中的脂类特别是胆固醇或甘油三酯及脂蛋白浓度升高。血脂是血浆中所含的脂质的总称，包括胆固醇、甘油三酯、磷脂、游离脂肪酸等。

血液中的部分脂类和蛋白质结合形成脂蛋白，按照密度由低到高将脂蛋白分为四类：乳糜颗粒（CM，富含外源性甘油三酯）、极低密度脂蛋白（VLDL，富含内源性甘油三酯）、低密度脂蛋白(LDL,富含胆固醇和甘油三酯)和高密度脂蛋白(HDL,富含胆固醇及脂类)。

【病因】

犬高脂血症的病因分为原发性(内源性)和继发性(外源性)2种。

1.原发性高脂血症 该病症见于自发性高脂蛋白血症、自发性高乳糜微粒血症(见于犬)、自发性脂蛋白酯酶缺乏症和自发性高胆固醇血症。主要是由摄入高脂肪食物、运动不足等引起。

2.继发性高脂血症 该病症多由内分泌和代谢性疾病引起,常见于糖尿病、甲状腺功能降低、肾上腺皮质功能亢进、胰腺炎、胆汁阻塞、肝功能降低、肾病综合征等,内分泌腺对脂质代谢调节障碍、肝脏合成脂质异常或肾脏疾病等。另外,糖皮质激素和醋酸甲地孕酮也能诱导高脂血症。采食这2种药物后可产生一过性高脂血症。这不是病症,是正常的生理变化。

3.其他原因 家养的犬只由于拴系或生活空间狭小,运动量不足而肥胖,可成为本病的诱因。

【症状】

原发性高脂血症的主要临床症状和并发症包括嗜睡、不愿活动、腹泻、腹痛、癫痫、间歇性呕吐、肝脏疾病、急性胰腺炎、角膜脂质病变、脂血症性视网膜病变等。部分患犬会出现阵发性症状,症状持续数小时到数天,禁食后症状迅速消失。原发性高脂血症多发于6岁以上的中老年犬,且小型犬的发病率明显高于大型犬类,但其发病率无明显性别差异。

继发性高脂血症主要表现与原发性的临床症状相同。

二、工作过程

【诊断】

1.初步诊断 根据临床症状和饲养状况可以做出初步诊断。

2.实验室检查 为了避免餐后高脂血症,血脂的测定需要在犬猫禁食12 h后进行。正常犬餐后甘油三酯的浓度一般低于5.7 mmol/L,如果甘油三酯的浓度超过 11.4 mmol/L,即可诊断为高脂血症。血清中甘油三酯的浓度也能够通过血清样本的状态进行估测,无高脂血症犬的血清清澈,甘油三酯的浓度低于2.28 mmol/L;当犬血清浑浊时,甘油三酯的浓度约为3.42 mmol/L;当犬血清不透明时,甘油三酯的浓度约为6.84 mmol/L;当犬血清呈现脱脂乳状时,甘油三酯的浓度约为11.4 mmol/L;当犬血清呈现全乳状时,甘油三酯的浓度为28.5~45.6 mmol/L。

3.鉴别诊断 临床工作中应与生理性高脂血症相鉴别。

【治疗】

治疗原则:以饲喂低脂肪或无脂肪的食物为主,及时治疗内分泌性和代谢性疾病。

治疗方案:根据治疗原则,结合临床工作实际,选择以下相应的处置方法和治疗处方。

处置1 饲喂低脂肪高纤维性食物。

处方1 烟酸(降血脂),0.2~0.6 mg/kg,口服,3次/d。

处方2 甘糖脂片(降血脂),1片/d,口服,连用1周。

处方3 巯酰甘氨酸(降血脂),100~200 mg/d,静脉滴注/口服,连用2周。

【主人须知】

应注意日常的饲养管理,多饲喂些低脂肪或无脂肪、高纤维食物。

三、学生实践

(一)布置任务

根据所学知识,针对以上提供的病例资料,按要求分别完成以下任务。

(1)初步诊断:____

____。

(2)诊断依据:____

____。

(3)鉴别诊断:____

____。

(4)进一步检查:____

____。

(5)治疗原则:____

____。

(6)治疗处方:

××××动物医院处方笺

动物主人/饲养单位______________ 档案号______________

动物种类__________ 动物性别__________ 体重/数量__________

年(日)龄__________ 开具日期______________________

Rp:

执业兽医师__________ 注册号__________ 发药人__________

第一联:存根(白)

(二)工作评价

针对以上任务的完成情况,分别对初步诊断、诊断依据、鉴别诊断、进一步检查、治疗原则和治疗处方等任务分别给予评价和点评。

工作评价			
评价内容	评价结果		
	正确	基本正确	错误
初步诊断			
诊断依据			
鉴别诊断			
进一步检查			
治疗原则			
治疗处方			
学生反思			
教师点评			

任务四　低蛋白血症

【病例导学】阮某家养一只哈士奇犬，雌性，3月龄，体重5 kg。主诉在家发现抽搐，嘴角不自主流出唾液，倒地不起，主人给犬灌服了一些红糖水，然后来医院就诊。就诊当天，病犬精神不振，食欲下降、肢体无力、身体虚弱，被毛粗糙、无光泽，黏膜苍白，体温38.6 ℃。经询问了解主人从购买以来已经将近1个月，每天仅饲喂犬粮2次，每次大约50粒，家里孩子偶尔给点饼干。

请思考：

1. 该患病犬的初步诊断是什么？
2. 诊断依据主要有哪些？
3. 如何进一步明确诊断？
4. 可采取哪些治疗措施？

一、知识准备

【概述】

低蛋白血症又称为蛋白质缺乏症，是指由于食物中蛋白质含量过低或消化吸收功能障碍而引起的疾病。以血浆蛋白减少，胶体渗透压降低，全身性水肿为主要特征。

【病因】

1. 原发性蛋白质缺乏　长期饲喂低蛋白质日粮、给生长期或繁殖期的动物长期饲喂成年维持期日粮而引起的原发性蛋白质缺乏。

2. 继发性蛋白质缺乏

(1)蛋白质摄入不足或吸收障碍性疾病，如食道狭窄、慢性腹泻等。

(2)蛋白质消耗过多的疾病，如大量失血、严重烧伤、热性疾病、恶性肿瘤、恶病质、胸膜炎、腹膜炎、肾小球肾炎、肾病综合征等。

(3)蛋白质合成障碍性疾病，如肝硬化、慢性肝炎等。

【症状】

病犬表现消瘦，食欲不振，被毛粗乱，可视黏膜苍白，体质虚弱，体重减轻，发育停止，免疫功能低下，乳汁减少，严重者出现全身性水肿。抵抗力下降时，容易发生继发感染，猫精氨酸缺乏后失去对含氮化合物的代谢能力，形成高氮质血症，表现为呕吐，肌痉挛，感觉过敏，共济失调和抽搐，重者可在几小时内死亡。含硫氨基酸(如蛋氨酸，胱氨酸)缺乏，导致牛磺酸缺乏，引起视网膜局灶性糜烂，重者影响视力，甚至失明。

二、工作过程

【诊断】

1. 初步诊断　根据饲喂史和临床症状(如生长缓慢、被毛粗乱、黏膜苍白等)可做出初步诊断。

2. 实验室检查　成年犬血浆总蛋白量 5.3～7.5 g/100 mL，清蛋白为 3～4.8 g/100 mL；如血浆总蛋白降低至 5 g/100 mL 以下，清蛋白降低至 3 g/100 mL 以下，可认为蛋白质缺乏。由于常伴发贫血，血红蛋白和红细胞均减少。

3. 鉴别诊断　临床工作中应与继发性疾病，如烧伤、传染病、寄生虫感染、蛋白质损失性肠病或肾病以及心脏或癌症等疾病引起的蛋白质丢失过多相鉴别。

【治疗】

治疗原则：加强饲养管理，提高食物中蛋白质含量，及时治疗原发病。

治疗方案：根据治疗原则，结合临床工作实际，参考以下相应的处置方法和治疗处方。

处置 1　提高食物中蛋白质含量，在宠物犬猫日粮中添加蛋类、牛奶和动物肝脏等食物；对一般肉犬和工作犬，日粮配方中植物性蛋白质成分(豆粕类)应占 12%～15%，动物性蛋白质成分(鱼粉等)应占 6%～8%；猫食物中牛磺酸应占干物质的 0.1%，以保证蛋白质的需要。

处方 1　10%葡萄糖注射液，100～200 mL，犬血清蛋白 2 mg/kg，静脉注射，1 次/d，连用 3 d。

处方 2　10%葡萄糖注射液，100～200 mL，复合氨基酸 100～200 mL，维生素 C 注射液 0.25～0.59 g，静脉注射。

【主人须知】

加强日常饲养管理和护理；及时提供全价日粮，确保提高机体抵抗力。对病犬除提供必要的能量外，应额外添加肉、蛋、奶饲喂量来满足宠物对蛋白质的营养需要。

三、学生实践

（一）布置任务

根据所学知识，针对以上提供的病例资料，按要求分别完成以下任务。

（1）初步诊断：____

____。

（2）诊断依据：____

____。

（3）鉴别诊断：____

____。

（4）进一步检查：____

____。

（5）治疗原则：____

____。

（6）治疗处方：

××××动物医院处方笺

动物主人/饲养单位____________________　　档案号____________________

动物种类____________　动物性别____________　体重/数量____________________

年（日）龄____________　开具日期______________________________

Rp：

执业兽医师______________　注册号______________　发药人______________

第一联：存根（白）

（二）工作评价

针对以上任务的完成情况，分别对初步诊断、诊断依据、鉴别诊断、进一步检查、治疗原则和治疗处方等任务分别给予评价和点评。

工作评价			
评价内容	评价结果		
	正确	基本正确	错误
初步诊断			
诊断依据			
鉴别诊断			
进一步检查			
治疗原则			
治疗处方			
学生反思			
教师点评			

项目二　维生素、矿物质缺乏及过多症

任务一　维生素D缺乏症

【病例导学】陈某饲养一只德国牧羊犬，雄性，75 日龄，3.5 kg。主诉经常跪地，食欲下降，并有异食癖前来宠物医院就诊。临床检查：患犬消瘦，被毛松乱，四肢骨骼已经开始变形。经询问主人该犬长期喂养在阳光照射少、环境较为阴暗之处。

请思考：

1. 该患病犬的初步诊断是什么？
2. 诊断依据主要有哪些？
3. 如何进一步明确诊断？
4. 可采取哪些治疗措施？

一、知识准备

【概述】

维生素 D 缺乏症是指由于机体维生素 D 摄入或生成不足而引起的钙、磷吸收和代谢障碍，以食欲不振、生长阻滞、骨骼病变，幼年动物发生佝偻病，成年动物发生骨软化症和纤维性骨营养不良为主要临床特征的一种营养代谢病。

【病因】

1. 食物中维生素 D 不足　由于喂养不当，母乳不足或早期断乳；幼年犬猫的饲料以淀粉食物为主体，缺乏矿物质、蛋白质和维生素 D。

2. 光照不足　幼年犬猫长期家养，尤其是长毛品种，舍饲犬由于运动场狭小，运动不足，缺乏阳光照射，尤其冬季出生的犬更易发病。母犬长期喂养在阴暗之处，皮肤 7-脱氢胆固醇不能转化为维生素 D_3，于是在乳汁中可能发生维生素 D 的严重不足，从而导致幼犬维生素 D 缺乏。

3. 需要量增加　生长迅速的犬（德国牧羊犬、藏獒犬等）容易发生维生素 D 缺乏。

4. 维生素 A 过量　犬猫喜食肝脏（含大量维生素 A），过量的维生素 A 竞争性抑制维生素 D 在肠道中的吸收，影响骨骼的生长和代谢而发生骨质疏松。

5. 维生素 D 的吸收障碍　消化不良、吸收困难、慢性肠炎、腹泻、寄生虫大量寄生等，都可以导致维生素 D 的吸收障碍而引发本病。

【症状】

当发生维生素 D 缺乏时，幼年犬猫主要表现为佝偻病，早期症状呈现食欲减退，消化不良，可见有异食癖，如啃吃墙土、泥沙、污物等。幼年犬猫发育停滞，消瘦，下颌骨增厚和变软，出牙期延长，齿形不规则，齿质钙化不足，齿面易磨损，不平整。肋骨与肋软骨结合部肿胀，呈串珠状，胸骨下沉，脊柱骨弯曲。关节疼痛，步态强拘、跛行，患犬往往呈膝弯曲姿势、O 形腿、X 形腿，可见有骨变形关节肿胀。成年犬猫主要表现为骨软化症，上颌骨肿胀，口腔变狭窄，咀嚼障碍，易发生龋齿和骨折(图 7-3 至图 7-6)。

图 7-3　幼年柯基犬脊柱拱起，关节疼痛，步态强拘、迈步似兔子样

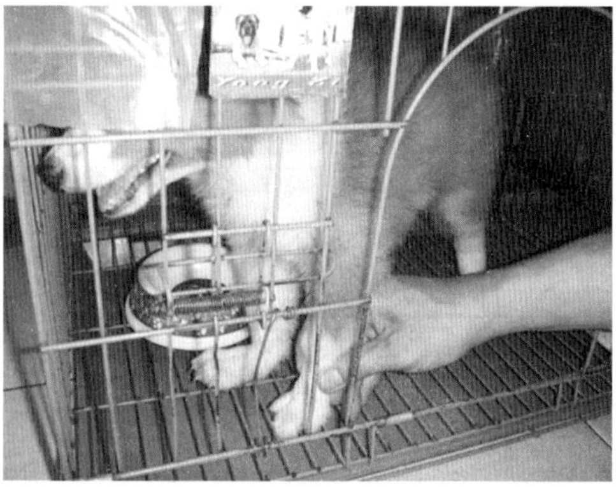

图 7-4　幼年柯基犬腕关节以下伏于地上，似鸭蹼一样

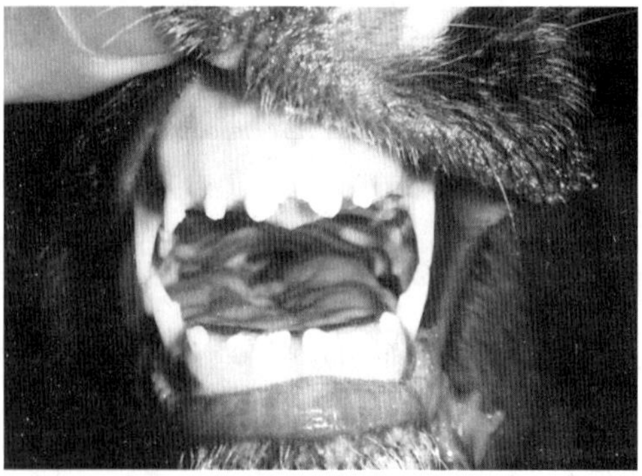

图 7-5　幼年高加索犬牙齿排列稀疏，齿形不规则，齿质钙化不足，齿面不平整

图 7-6　1 月龄高加索犬后肢无力，站立不起

二、工作过程

【诊断】

1. 初步诊断　根据发病年龄、临床表现以及饲养管理情况可做出初步诊断。

维生素 D 缺乏症主要发生于幼年犬和青年犬，且发病缓慢，病后主要表现骨和关节的变化；询问宠主，如发现饲养管理方面的缺陷更有助于诊断。

视频 7-2　柯基犬维生素 D 缺乏症

视频 7-3　藪猫维生素 D 缺乏症

2. 实验室检查　血钙浓度每 100 mL 在 9 mg 以下，血磷浓度每 100 mL 在 2.5 mg 以下。

3. X 线检查　骨密度降低。

【治疗】

治疗原则：消除病因，增加户外活动和多晒太阳，给予富含维生素 D 的食物，补充维生素 D。

治疗方案：根据治疗原则，结合临床工作实际，参考以下相应的处置方法和治疗处方。

处置 1　对于有寄生虫的犬猫要及时驱虫，对于有消化道疾病的犬猫要及时治疗消化道疾病。

处方 1　鱼肝油（维生素 AD 制剂），5～10 mL/次，口服。

处方 2　维生素 D_3 注射液（低血钙、促进钙吸收），1 500～3 000 U/kg，肌内注射。

处方 3　维生素 D_2 注射液（低血钙、促进钙吸收），2 500～5 000 U/次，皮下注射/肌内注射。

处方 4　维生素 AD 注射液（佝偻病、骨软化症），犬：0.2～2 mL/次，肌内注射；猫：0.5 mL/次，肌内注射。

【主人须知】

在日常的饮食管理中，要给犬猫补充足够的维生素 D。加强妊娠犬猫和幼年犬猫的营养管理，给予充足的户外活动，多晒太阳，饲料中注意补充钙制剂。

三、学生实践

（一）布置任务

根据所学知识，针对以上提供的病例资料，按要求分别完成以下任务。

（1）初步诊断：____

____。

（2）诊断依据：____

____。

（3）鉴别诊断：____

____。

（4）进一步检查：____

____。

（5）治疗原则：____

____。

(6)治疗处方：

××××动物医院处方笺

动物主人/饲养单位________________ 档案号________________

动物种类__________ 动物性别__________ 体重/数量__________

年(日)龄__________ 开具日期________________

第一联：存根(白)

Rp：

执业兽医师__________ 注册号__________ 发药人__________

(二)工作评价

针对以上任务的完成情况，分别对初步诊断、诊断依据、鉴别诊断、进一步检查、治疗原则和治疗处方等任务分别给予评价和点评。

工作评价			
评价内容	评价结果		
	正确	基本正确	错误
初步诊断			
诊断依据			
鉴别诊断			
进一步检查			
治疗原则			
治疗处方			
学生反思			
教师点评			

任务二　佝偻病

【病例导学】苏某饲养一只黑毛藏獒，雄性，1.5 月龄，体重 4.5 kg，主诉该幼犬平时卧地不起，不与其他幼犬一起活动，且站立困难，只有在帮助站立的时候才能勉强站立，站立时全身颤抖，且发现前肢畸形，明显呈"O"形，触诊前肢肿胀，肋骨串珠钝圆而有弹性。

请思考：

1. 该患病犬的初步诊断是什么？
2. 诊断依据主要有哪些？
3. 如何进一步明确诊断？
4. 可采取哪些治疗措施？

一、知识准备

【概述】

佝偻病是指在犬猫生长发育期，由于钙、磷缺乏或比例不当或者维生素 D 缺乏，钙、磷代谢失常，钙盐不能正常地沉着而导致的一种营养性骨病。临床上以异嗜、生长缓慢，骨骼关节变形为特征。本病是 1 岁内的犬猫，尤其是 2～5 月龄的幼犬常发的一种疾病。

【病因】

1. 日粮中钙、磷不足或比例不当。犬猫食物中最合适的钙、磷比，犬为(1.2～1.4)∶1，猫为(0.9～1.1)∶1，并应占食物总成分的 0.3%。生、熟肉中钙、磷比为 1∶20，所以用去骨骼鱼和肉饲喂犬猫时容易发生钙缺乏，导致钙、磷比例不当引发本病。

2. 能引起维生素 D 缺乏的各种因素(详见模块七项目二任务一中维生素 D 缺乏症的病因)。

【症状】

1. 初期症状　不爱活动，精神不振，食欲减退，消化不良，逐渐消瘦，生长缓慢。X 线检查尚无典型改变。

2. 进行期症状　早期症状更为明显，发生异嗜，喜欢舔食墙壁、地板、泥土、砖石，或自己的粪便，表现腹泻或便秘等消化障碍。随后动物常表现为四肢关节疼痛，站立时四肢频频交替负重，运步时四肢僵直，屈伸不灵活。严重时表现骨骼变形，出现跛行或卧地不能站立。

3. 骨骼出现特征性变形

(1)胸部畸形　肋骨与肋软骨交界处膨大呈"串珠肿"；由于肋骨内陷，胸廓变小，胸骨凸出，成为"鸡胸"。

(2)四肢畸形　腕(跗)关节粗大，四肢负重时管骨逐渐变形，呈现各种异常姿势，如"O"形腿、"X"形腿或外八样等(图 7-7 至图 7-10)。

(3)骨盆部左右压扁而变狭小。

(4)脊柱畸形　脊柱向上凸起呈弓形弯曲。

4. 其他并发症　重症的佝偻病，患病动物骨骼异常疏松，常引起四肢、骨盆和脊柱的骨折，卧地不能站立。由于胸壁畸形影响肺扩张及肺循环，很容易合并肺炎和肺不张。因腹肌无力，常导致便秘、膀胱积尿或膀胱破裂。

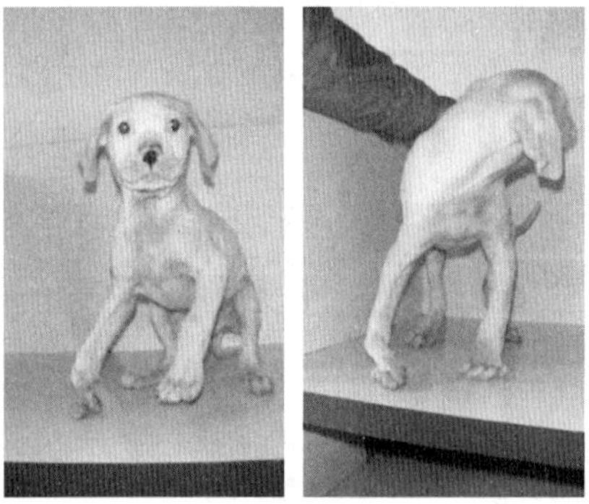

图 7-7　幼年杜高犬四肢发育畸形，前肢呈“O”形

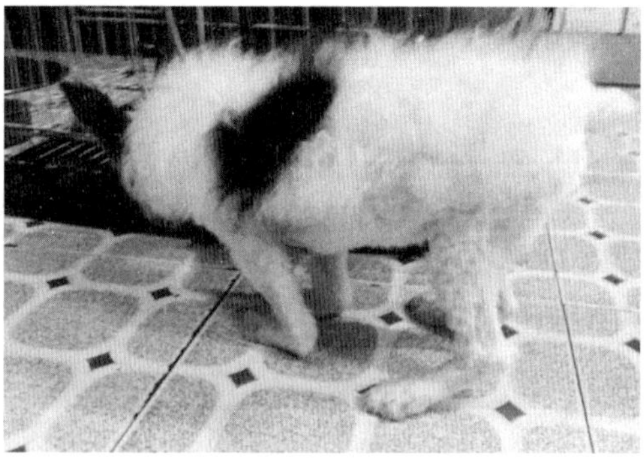

图 7-8　幼年犬腕关节和跗关节以下伏于地上，似鸭蹼样行走

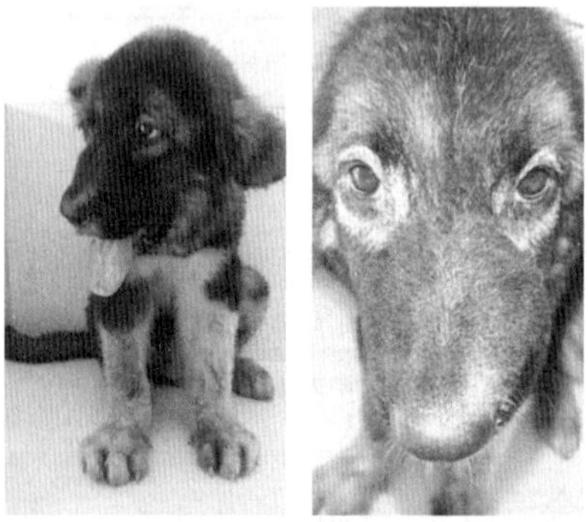

图 7-9　幼年高加索犬面骨变形，腕关节以下伏于地上，似鸭蹼一样

图 7-10　幼年萨摩耶犬后肢呈现外八样

二、工作过程

视频 7-4　萨摩耶犬外八样走路

【诊断】

1. 初步诊断　根据病史调查和临床症状可以做出初步诊断。

2. 实验室检查　血清钙和磷含量降低（血清钙低于 90 mg/L、血磷低于 25 mg/L）；碱性磷酸酶活性显著升高。

3. X 线检查　骨骺板增宽（为正常的 3～5 倍）、结构疏松、骨髓腔扩大、骨骺小梁稀疏。

4. 鉴别诊断　临床工作中应与原发性甲状旁腺功能亢进、慢性肾脏疾病继发的甲状旁腺功能亢进和维生素 D 中毒等相鉴别。

【治疗】

治疗原则：加强营养管理，补充钙剂和维生素 D 剂，调整日粮中钙、磷比例。

治疗方案：根据治疗原则，结合临床工作实际，参考以下相应的治疗处方。

处方 1　鱼肝油（维生素 AD 制剂），5～10 mL/次，口服。

处方 2　维生素 D_3 注射液，1 500～3 000 U/kg，肌内注射。

处方 3　维生素 D_2 胶性钙注射液，2 500～5 000 U/次，皮下注射/肌内注射。

处方 4　碳酸钙，100～150 mg/kg，2～3 次/d；或 1～3 g/d，口服。

处方5　乳酸钙,130～200 mg/kg,口服,3次/d。

处方6　葡萄糖酸钙,20 mg/kg,加入5%葡萄糖溶液中静脉滴注;或150～250 mg/kg,口服,2～3次/d。

【主人须知】

加强护理,多晒太阳,及时驱虫,对妊娠犬猫要经常补钙,积极防治胃肠道疾病。

三、学生实践

(一)布置任务

根据所学知识,针对以上提供的病例资料,按要求分别完成以下任务。

(1)初步诊断:______________________________

______________________________。

(2)诊断依据:______________________________

______________________________。

(3)鉴别诊断:______________________________

______________________________。

(4)进一步检查:______________________________

______________________________。

(5)治疗原则:______________________________。

(6)治疗处方:

××××动物医院处方笺

动物主人/饲养单位______________　档案号______________

动物种类__________　动物性别__________　体重/数量__________

年(日)龄__________　开具日期______________________

Rp:

第一联:存根(白)

执业兽医师__________　注册号__________　发药人__________

(二)工作评价

针对以上任务的完成情况，分别对初步诊断、诊断依据、鉴别诊断、进一步检查、治疗原则和治疗处方等任务分别给予评价和点评。

工作评价			
评价内容	评价结果		
	正确	基本正确	错误
初步诊断			
诊断依据			
鉴别诊断			
进一步检查			
治疗原则			
治疗处方			
学生反思			
教师点评			

任务三 骨软化症

【病例导学】江某饲养一只阿拉斯加犬，2 岁，雄性，体重 20 kg，主诉该犬近期出现运步不灵活，四肢僵直，走路跛行，后躯摇摆。喜欢舔食泥土、墙壁、青草和破布等异物并经常卧地不愿站立。经询问主人得知在日常饲养中长期大量喂食钙剂。

请思考：

1. 该患病犬的初步诊断是什么？
2. 诊断依据主要有哪些？
3. 如何进一步明确诊断？
4. 可采取哪些治疗措施？

一、知识准备

【概述】

骨软化症是指成年犬猫由于体内缺钙而引起的骨质进行性脱钙，未钙化的骨基质过剩，而引起骨质疏松的一种慢性骨营养不良性疾病，临床上以骨骼变形为特征。

【病因】

1. 维生素 D 摄取不足及紫外线照射不足可导致本病的发生。

2. 日粮中钙、磷比例失调、甲状旁腺功能异常也会造成本病的发生。犬食物中钙、磷最合适的比例为(1.2～1.4)∶1，猫为(0.9～1.1)∶1，长期大量喂食钙剂，而忽视了补磷，造成了钙、磷比例失调，而引发本病。

3. 犬猫慢性消化不良及寄生虫感染、食物中蛋白不足及镁过量等，也会引起机体对维生素 D 及矿物质的吸收障碍，而导致本病。

【症状】

病初发生消化机能紊乱，喜食泥土、破布、塑料等，有的甚至因异嗜而发生胃肠阻塞，随后出现运动障碍，运步强拘，腰腿僵硬，拱背，跛行，喜卧，不愿起立，继而出现骨骼肿胀变形，四肢关节肿大，易发生骨折和肌腱附着部的撕脱。

二、工作过程

【诊断】

1. 初步诊断　根据典型的临床症状(如异嗜、跛行和骨骼肿大变形等)、饲养状况和发病年龄特点可以做出初步诊断。

2. 实验室检查　通过检测饲料发现钙、磷比例失调或绝对量不足，血钙多无明显变化，而血磷明显降低。

3. X 线检查　发现骨质疏松。

4. 鉴别诊断　临床工作中应与原发性甲状旁腺功能亢进、慢性肾脏疾病继发的甲状旁腺功能亢进和维生素 D 中毒等相鉴别。

【治疗】

治疗原则：预防为主，注意补充钙剂和维生素 D 剂。

治疗方案：根据治疗原则，结合临床工作实际，参考以下相应的治疗处方。

处方 1　磷酸氢钙，0.6 g/次，口服。

处方 2　鱼肝油，5～10 mL/次，口服。

处方 3　碳酸钙，100～150 mg/kg，2～3 次/d；或 1～3 g/d，口服。

处方 4　乳酸钙，130～200 mg/kg，口服，3 次/d。

【主人须知】

加强营养，调整日粮中的钙、磷比例，给予全价日粮，饮水中要补充钙制剂和优质蛋白质，经常带犬到户外活动，多晒太阳。积极治疗犬猫的慢性消化道疾病，及时驱虫。

三、学生实践

(一)布置任务

根据所学知识,针对以上提供的病例资料,按要求分别完成以下任务。

(1)初步诊断:______________________________

______________________________。

(2)诊断依据:______________________________

______________________________。

(3)鉴别诊断:______________________________

______________________________。

(4)进一步检查:______________________________

______________________________。

(5)治疗原则:______________________________

______________________________。

(6)治疗处方:

××××动物医院处方笺

动物主人/饲养单位________________ 档案号________________

动物种类__________ 动物性别__________ 体重/数量__________

年(日)龄__________ 开具日期________________________

Rp:

第一联:存根(白)

执业兽医师__________ 注册号__________ 发药人__________

(二)工作评价

针对以上任务的完成情况,分别对初步诊断、诊断依据、鉴别诊断、进一步检查、治疗原则和治疗处方等任务分别给予评价和点评。

工作评价			
评价内容	评价结果		
	正确	基本正确	错误
初步诊断			
诊断依据			
鉴别诊断			
进一步检查			
治疗原则			
治疗处方			
学生反思			
教师点评			

任务四　异食癖

【病例导学】崔某饲养一只阿拉斯加雪橇幼犬，3 月龄，雄性，体重 4.5 kg，近期主人发现该犬有采食塑料袋的现象；而后又出现不断啃咬木头，采食草叶；今日发现呕吐，呕吐物中有明显草团、木屑、塑料袋碎屑等。犬有明显脱水症状，少量饮水后即有明显呕吐，无食欲，不采食。

请思考：

1. 该患病犬的初步诊断是什么？
2. 诊断依据主要有哪些？
3. 如何进一步明确诊断？
4. 可采取哪些治疗措施？

一、知识准备

【概述】

异食癖是指犬猫吞食或舔食食物以外的一些异物的病态，是犬猫常发生的一种营养代谢病。

【病因】

异食癖的病因复杂，往往找不到确切的原因，多被认为与下列因素有关。

1. 营养失衡，缺乏某些矿物质、维生素、微量元素等。

2. 处于生长发育期的幼年犬猫，在食物过于单一、不能全价饲养时易发生异嗜。

3. 胰脏疾病、慢性消化功能障碍或患寄生虫病也可发生异嗜。

【症状】

常见犬猫吞食石子、砖头、碎布、青草、塑料、橡胶等。根据吞吃异物的性状和在消化道内滞留与否或滞留的部位，临床表现不尽相同。锐利的异物可能损伤口腔，可见流涎和口腔出血；有的可造成食道、胃、肠内异物，造成梗阻，进而继发肠套叠，犬猫表现为厌食或绝食、呕吐等症状，严重者引起消化道穿孔。

二、工作过程

【诊断】

1. 初步诊断　根据病史调查和临床症状可以做出初步诊断。

2. X 线检查　对于疑似有异物滞留消化道的，可通过触诊和 X 线检查。

【治疗】

治疗原则：给予全价日粮，及时驱虫，促进消化道异物的排出，对出现梗阻的犬猫要进行手术治疗。

处置 1　加强饲养管理，提供全价日粮。调整日粮结构，最好饲喂全价日粮；对生长期的幼年犬猫，还要额外补充多种微量元素和各种维生素。

处置 2　及时治疗消化系统疾病。对有胰腺疾病、慢性消化道疾病等的犬猫要进行及时治疗，改善消化机能，并定期驱虫。

处置 3　促进异物的排出。对已经吞食异物的犬猫，可通过催吐和缓泻的方法，促进异物的排出；对经此法而无法排出的犬猫要及时进行手术取出异物。

处置 4　加强日常管理。注意纠正犬猫偏食或随处排便的习惯，及时制止异嗜行为；改变饲养方法和生活环境，有助于纠正异嗜的恶习。

【主人须知】

首先要合理均衡地饮食，对于各年龄阶段的宠物，给予定时定量的饲喂方式，并提供全价营养充足的食物；其次为广泛驱虫，定期按程序进行广谱驱虫，定期进行粪便检查及健康体检；最后，适当添加维生素及补充矿物质元素，并适当调整光照时间。让爱宠保持愉快的心情。

三、学生实践

(一)布置任务

根据所学知识，针对以上提供的病例资料，按要求分别完成以下任务。

(1)初步诊断：____

____。

(2)诊断依据：____

____。

(3)鉴别诊断：____

____。

(4)进一步检查：____

____。

(5)治疗原则：____

____。

(6)治疗处方：

××××动物医院处方笺

动物主人/饲养单位______________________　　档案号______________________

动物种类______________　动物性别______________　体重/数量______________________

年(日)龄______________　开具日期______________________________________

Rp：

第一联：存根(白)

执业兽医师______________　注册号______________　发药人______________

(二)工作评价

针对以上任务的完成情况，分别对初步诊断、诊断依据、鉴别诊断、进一步检查、治疗原则和治疗处方等任务分别给予评价和点评。

工作评价			
评价内容	评价结果		
	正确	基本正确	错误
初步诊断			
诊断依据			
鉴别诊断			
进一步检查			
治疗原则			
治疗处方			
学生反思			
教师点评			

任务五 高钾血症

【病例导学】严某饲养一只英国短毛猫，2岁，雌性，体重3.5 kg；主诉该猫在半年前曾被车撞伤，引起荐髂关节脱位，骨盆和尾椎骨折，后通过手术切除尾椎。该猫术前大小便失禁，尿血，治疗后好转。回家后一直尿频，不断舔吸生殖器，昨日发现尿闭，呕吐，不吃东西，遂来医院就诊。临床检查精神较差，呼吸急促，不能走动，尾部被尿液污染，外生殖器肿胀，听诊心律不齐，触诊膀胱积尿，疼痛敏感，体质虚弱。

请思考：

1. 该患病猫的初步诊断是什么？
2. 诊断依据主要有哪些？
3. 如何进一步明确诊断？
4. 可采取哪些治疗措施？

一、知识准备

【概述】

高钾血症是指血清钾浓度高于 5.5 mmol/L，同时呈现高钾血症相关的临床症状。正常情况下，因机体具有防止发生高钾血症的有效机制，故不易发生高钾血症。当钾摄入量多时，可使胰岛素分泌增加 2～3 倍，钾离子可较快进入细胞内。同时高血钾可促使醛固酮的分泌，使肾排钾量增加。

【病因】

1. 摄入过多　如输入含钾溶液太快、太多，输入储存过久的血液或大量使用青霉素钾盐等，可引起血钾过高。

2. 肾排钾减少　见于肾功能衰竭、有效循环血容量减少及醛固酮分泌减少，远端肾小管上皮细胞分泌钾障碍的少尿期和无尿期，肾上腺皮质功能减退等。

3. 细胞内钾外移　见于输入不相合的血液或其他原因引起的严重溶血、缺氧、呼吸及代谢性酸中毒、胰岛素分泌减少等。

4. 细胞外液容量减少　见于脱水、失血或休克所致的血液浓缩。

【症状】

高血钾对心肌有抑制作用，可使心脏扩张、心音低弱、心律失常，甚至发生心室纤颤，心脏停于舒张期。轻度高钾血症使神经肌肉系统兴奋性升高，重度高钾血症则兴奋性降低，主要表现肌无力、四肢末梢厥冷、少尿或无尿、呕吐等。

二、工作过程

【诊断】

1. 初步诊断　较难，一般无特殊的临床症状；常被原发病或尿毒症的症状所掩盖，因此一般以实验室检查和心电图检查为主要诊断依据。

2. 实验室检查　血钾浓度高于 5.5 mmol/L，常伴有代谢性酸中毒、二氧化碳结合力降低。

3. 心电图检查　T 波高而尖，基底狭窄，P-R 间期延长，QRS 波群增宽，P 波消失。

【治疗】

治疗原则：纠正病因、停用含钾食物或药物、治疗脱水和酸中毒等。

处置 1　犬静脉注射 5%碳酸氢钠溶液纠正酸中毒。重危患病犬猫可向心腔内注射碳酸氢钠溶液，除纠正酸中毒，还有降低血钾的作用。

处置 2　静脉注射 25%葡萄糖溶液，加胰岛素，可促使钾由细胞外转入细胞内。

处置 3　为排出体内多余钾，可用阳离子交换树脂口服或灌肠，如环钠树脂，以促进排钾。

处置 4　对肾功能衰竭所致高血钾，可用腹膜透析疗法。

处置 5　为解除钾对心肌的有害作用，可反复静脉注射 10%葡萄糖酸钙溶液或氯化钙溶液，因钙可拮抗钾对心肌的作用。

【主人须知】

严重高血钾会威胁犬猫生命，一旦明确高钾血症，应积极配合医师抢救是提高临床救治效果的重要环节。

三、学生实践

(一)布置任务

根据所学知识,针对以上提供的病例资料,按要求分别完成以下任务。

(1)初步诊断:____

____。

(2)诊断依据:____

____。

(3)鉴别诊断:____

____。

(4)进一步检查:____

____。

(5)治疗原则:____

____。

(6)治疗处方:

××××动物医院处方笺

动物主人/饲养单位________________ 档案号________________

动物种类__________ 动物性别__________ 体重/数量________________

年(日)龄__________ 开具日期________________________________

Rp:

第一联:存根(白)

执业兽医师__________ 注册号__________ 发药人__________

(二)工作评价

针对以上任务的完成情况,分别对初步诊断、诊断依据、鉴别诊断、进一步检查、治疗原则和治疗处方等任务分别给予评价和点评。

工作评价			
评价内容	评价结果		
	正确	基本正确	错误
初步诊断			
诊断依据			
鉴别诊断			
进一步检查			
治疗原则			
治疗处方			
学生反思			
教师点评			

执业兽医资格考试真题精选

1. 由于营养缺乏或过剩导致的不育属于(　　)(2020 年全国执业兽医资格考试试卷下午卷第 9 题)
   A. 衰老性不育　B. 繁殖技术性不育　C. 环境气候性不育
   D. 营养性不育　E. 先天性不育
2. 预防锌缺乏最佳的钙、锌比例是(　　)(2020 年全国执业兽医资格考试试卷下午卷第 24 题)
   A. 1∶100　B. 1∶1　C. 10∶1
   D. 100∶1　E. 1∶10
3. 下列补钾方式不正确的是(　　)(2020 年全国执业兽医资格考试试卷下午卷第 25 题)
   A. 静脉内推注氯化钾　B. 使用呋塞米后，静脉内滴注氯化钾
   C. 长期使用地塞米松后，静脉内滴注氯化钾　D. 口服氯化钾
   E. 10%氯化钾稀释后静脉内滴注

4. 不引起血清氯离子降低的原因是(　　)(2019 年全国执业兽医资格考试试卷下午卷第 9 题)
A. 肾衰竭　　B. 心力衰竭　　C. 大量出汗
D. 严重呕吐　　E. 严重腹泻

5. 在维生素 A 缺乏症早期,不易表现夜盲症的动物是(　　)(2019 年全国执业兽医资格考试试卷下午卷第 22 题)
A. 犊牛　　B. 仔猪　　C. 幼犬
D. 羔羊　　E. 马驹

6. 血清钾浓度降低最可能见于(　　)(2018 年全国执业兽医资格考试试卷下午卷第 5 题)
A. 高热　　B. 严重创伤　　C. 严重缺氧
D. 严重呕吐　　E. 呼吸困难

7. 引起新生仔犬低血糖症,最常见的原因是(　　)(2018 年全国执业兽医资格考试试卷下午卷第 43 题)
A. 初乳缺乏母源抗体　　B. 糖原异生能力增强　　C. 摄入母乳不足
D. 初乳中缺乏维生素　　E. 初乳中缺乏矿物质

8. 吉娃娃犬,体重 3 kg,身体呈桶状 ,呼吸迫促。该犬的营养状况是(　　)(2018 年全国执业兽医资格考试试卷下午卷第 66 题)
A. 恶病质　　B. 营养不良　　C. 营养中等
D. 肥胖　　E. 消瘦

9. 犬,8 岁,躯体丰满,不易触摸到肋骨,易疲劳,喜卧,血液生化检验可见肾上腺皮质激素水平升高,该病的病因可能是(　　)(2018 年全国执业兽医资格考试试卷下午卷第 70 题)
A. 低脂饲料　　B. 高钙饲料　　C. 高能饲料
D. 低能饲料　　E. 低钙饲料

10. 骨质软化的 X 线影像表现为(　　)(2017 年全国执业兽医资格考试试卷下午卷第 8 题)
A. 骨密度均匀降低,骨小梁模糊变细　　B. 骨密度均匀降低,骨小梁模糊变粗
C. 骨密度均匀降低,密质骨变厚　　D. 骨密度局部降低,密质骨变厚
E. 骨密度局部降低,骨髓腔变窄

11. 仔猪铁缺乏症可视黏膜的变化是(　　)(2016 年全国执业兽医资格考试试卷下午卷第 19 题)
A. 鲜红色　　B. 发绀　　C. 苍白色
D. 出血　　E. 黄染

(12～13 题共用题干)

英国短毛猫,雌性,已绝育,8 岁,体重 7 kg,体态肥硕;食欲废绝,偶尔呕吐,精神沉郁,虚弱无力,运步摇摆;听诊心率加快,呼吸急促;采血检查,血清浑浊呈牛奶样。

12. 该病最可能的诊断是(　　)(2020 年全国执业兽医资格考试试卷下午卷第 111 题)
A. 高钠血症　　B. 低磷血症　　C. 低钙血症
D. 高脂血症　　E. 高钾血症

13. 确诊该病的检查项目是(　　)(2020 年全国执业兽医资格考试试卷下午卷第 112 题)
A. 尿沉渣检查　　B. 血液生化检查　　C. X 线检查
D. 血常规检查　　E. 尿常规检查

(14～16 题共用题干)

博美犬，不久前产仔犬 5 只，检查体温 40.5 ℃，突发呼吸急促，流涎，步态不稳，难以站立，血清钙浓度 1.5 mmol/L。

14. 该病最可能的诊断是（　　）(2019 年全国执业兽医资格考试试卷下午卷第 180 题)
    A. 中暑　　B. 肺水肿　　C. 急性肺炎
    D. 脑膜脑炎　　E. 产后低钙血症
15. 与该病发生无关的因素是（　　）(2019 年全国执业兽医资格考试试卷下午卷第 181 题)
    A. 日粮中钙缺乏　　B. 日粮中锌缺乏　　C. 日粮中维生素 D 缺乏
    D. 多胎吸收大量母体钙　　E. 血钙随母乳大量流失
16. 治疗该病的首选药物是（　　）(2019 年全国执业兽医资格考试试卷下午卷第 182 题)
    A. 安乃近　　B. 硫酸镁　　C. 氨苄西林
    D. 葡萄糖酸钙　　E. 肾上腺皮质激素

(17～19 题共用题干)

拉布拉多犬，雄性，2 岁，习惯食用煮熟的犬粮，半月前主人发现该犬不愿行走，有跛行现象，行走不平衡，现触诊发现四肢长骨肿胀变形，X 线检查骨密质变薄，牙齿松动。

17. 该病最可能的诊断是（　　）(2016 年全国执业兽医资格考试试卷下午卷第 178 题)
    A. 肥大骨病　　B. 骨软化症　　C. 纤维性骨营养不良
    D. 佝偻病　　E. 异食癖
18. 该病的病因主要是日粮中（　　）(2016 年全国执业兽医资格考试试卷下午卷第 179 题)
    A. 锰过量　　B. 钴过量　　C. 锌过量
    D. 铁过量　　E. 磷过量
19. 病情严重时，血液中（　　）(2016 年全国执业兽医资格考试试卷下午卷第 180 题)
    A. 血钙、血磷均降低　　B. 血磷浓度下降　　C. 血钙浓度下降
    D. 血钙浓度上升　　E. 血钙、血磷均上升

模块七参考答案　　　　模块七高清插图

模块八

中毒性疾病

【模块导读】

模块介绍

犬猫的中毒性疾病在宠物内科病中所占比例虽然不大，但一旦发生常呈突然性发作，病势严重者往往会引起死亡。如果能及时确诊并选用合理的解毒药进行抢救，可为中毒的犬猫挽救生命赢得时间。本模块由农药、毒鼠药中毒和其他毒物中毒2个项目4个学习任务组成，重点介绍有机磷杀虫药中毒、有机氟化物中毒、洋葱和大葱中毒、巧克力中毒等常见临床中毒性疾病的病因、临床症状、诊断与治疗。

模块目标

(一)知识目标

1. 熟悉常见杀虫药、毒鼠药以及食物中毒知识。
2. 掌握常见杀虫药、毒鼠药以及食物中毒的病因及临床症状。
3. 掌握常见杀虫药、毒鼠药以及食物中毒治疗所用药物的药理学知识。
4. 掌握常见杀虫药、毒鼠药以及食物中毒的治疗与预防措施。

(二)技能目标

1. 具备应用常规诊断仪器设备的能力。
2. 具备对中毒性疾病的综合分析并做出初步诊断的能力。
3. 具备进一步症状鉴别诊断能力。
4. 能准确开具中毒性疾病的治疗处方并具备实施治疗的能力。
5. 具备与宠物主人良好沟通交流的能力。

(三)素质目标

1. 具备良好的职业道德和职业责任感。
2. 具备吃苦耐劳、乐于钻研、爱岗敬业的工作态度。
3. 具备主动服务社会的意识和团结协作的精神。
4. 树立人与宠物和谐相处的生态理念，尊重生命，关爱宠物。

项目一　农药、毒鼠药中毒

任务一　有机磷杀虫药中毒

【病例导学】黄某家养一只杂种犬，雌性，2岁，体重10 kg。主诉该犬体表寄生大量硬蜱、跳蚤；于发病前数小时对其体表和所处环境喷洒敌敌畏，不久即发现犬口吐白沫、站立不稳，步态蹒跚，全身肌肉震颤，大量流涎、嘴角有白沫，瞳孔缩小呈线状，可视黏膜发绀，心搏急速，脉细弱，喘息，大小便失禁，患犬安静、舌头伸出口腔外。

请思考：

1. 该患病犬的初步诊断是什么？

2. 诊断依据主要有哪些？

3. 如何进一步明确诊断？

4. 可采取哪些治疗措施？

一、知识准备

【概述】

有机磷杀虫药中毒是由于犬猫接触、吸入或采食某种有机磷杀虫药或舔食被其污染的食物器械等所致的病理过程。有机磷杀虫药是磷和有机化合物合成的一类农用杀虫剂的总称，属于剧烈的接触毒，可经消化道、呼吸道和皮肤进入犬猫机体内，与体内胆碱酯酶结合，使其失去水解乙酰胆碱作用，导致体内乙酰胆碱蓄积，从而导致一系列的神经生理机能紊乱。主要临床表现为呕吐、腹泻、不安、流涎、抽搐、强直性痉挛、口腔分泌物增加、瞳孔缩小等。

【病因】

1. 误食拌有有机磷杀虫药的食物，饮用被有机磷农药污染的饮水。

2. 误用配药用具作为犬猫食盆或饮水盆。

3. 用敌百虫、敌敌畏等有机磷杀虫药驱除犬猫体内外寄生虫，如果用量过大或犬猫舔食体表的药物，或将犬猫留放在喷有药液的环境中，等等，均可发生中毒。

【症状】

该病少数呈最急性经过，大多数呈急性经过。一般于摄入毒物几分钟或几个小时后出现症状，主要表现为胆碱能神经兴奋，乙酰胆碱大量蓄积，出现毒蕈碱样症状、烟碱样症状和中枢神经系统症状等三类综合征。

(1)毒蕈碱样症状　表现唾液分泌增多，胃肠运动过度而导致剧烈的腹痛、痉挛、呕吐、腹泻，瞳孔缩小，支气管收缩、腺体分泌物增多引起呼吸困难(图 8-1)。由于此作用颇似毒蕈碱样作用，故称毒蕈碱样症状。

(2) 烟碱样症状　表现为肌肉震颤，躯体及四肢僵硬，肌肉活动过度，很快转为骨骼肌无力、麻痹(图 8-2 至图 8-4)。当支配骨骼肌的运动神经末梢的交感神经节前纤维等胆碱能神经兴奋时，乙酰胆碱的作用与烟碱的作用相似，故称为烟碱样症状。

(3)中枢神经系统症状　这是动物脑组织内的胆碱酯酶受抑制后，使中枢神经细胞之间的兴奋传递发生障碍，造成中枢神经系统的机能紊乱，动物表现神经质、兴奋不安、运动失调、惊恐，逐渐发展成惊厥或癫痫等。中毒症状多在毒物进入机体后几小时内出现，中毒轻重受毒物量的多少和进入机体途径影响。急性严重中毒，表现呼吸困难，呼吸衰竭，最后死于呼吸麻痹。

图 8-1　瞳孔缩小，舌头麻痹

图 8-2　四肢无力，麻痹

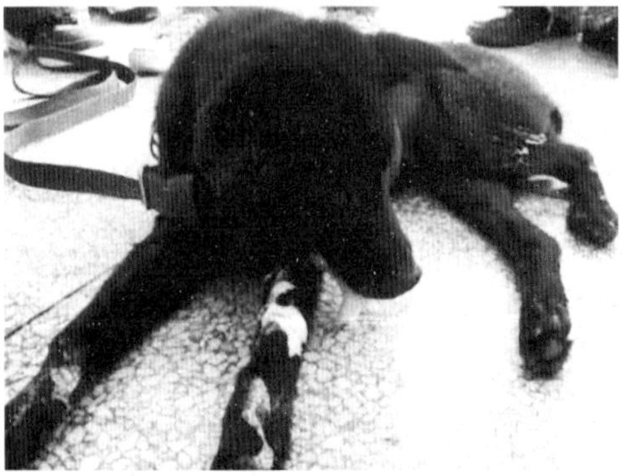

图 8-3　流涎，口吐白沫，共济失调

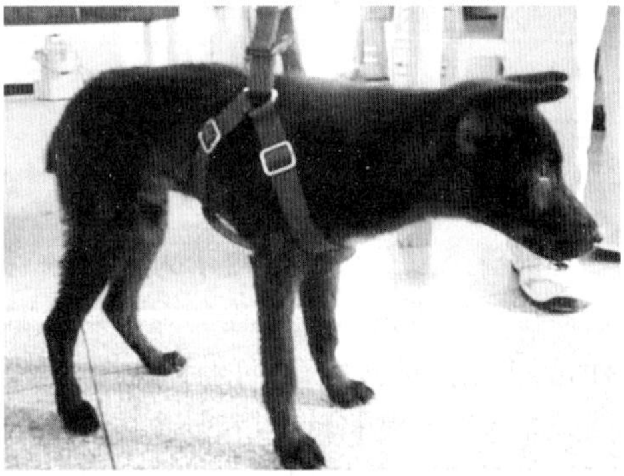

图 8-4　治疗后康复状态

二、工作过程

【诊断】

1. 初步诊断　根据接触有机磷杀虫药的病史和临床示病症状可以做出初步诊断。在病史调查中，应对当地使用的有机磷杀虫药的种类进行仔细分析，同时要注意观察中毒动物的饲料饮水，中毒动物呼吸道分泌物、胃内容物及皮肤有无有机磷杀虫剂的特殊气味。临床中注意流涎、瞳孔缩小、肌肉震颤、呼吸迫促、肠蠕动音增强等示病症状。

视频 8-1　有机磷中毒

2. 实验室检查　取可疑饲料、饮水、胃内容物进行毒物检验。测定血液胆碱酯酶活性降低。不仅对诊断有意义，而且对中毒程度的判定、观察疗效、推断预后也是很重要。

3.治疗性诊断 静脉注射或肌内注射硫酸阿托品注射液，如 10 min 不表现阿托品过量现象（如口干、心跳加快、瞳孔散大）的可判定为有机磷中毒。

4.鉴别诊断 氨基甲酸酯类农药中毒与有机磷杀虫药中毒的中毒机理、临床症状相似，但毒物检验结果不同，注射生理拮抗剂对氨基甲酸酯类农药中毒有效，但用胆碱酯酶复活剂无效。

【治疗】

治疗原则：切断毒源、阻止或延缓机体对毒物的吸收、排出毒物、运用特效解毒药和对症治疗。

治疗方案：根据治疗原则，结合临床工作实际，参考以下相应的处置方法和治疗处方。

处置 1 切断毒源。立即停止毒物的继续摄入或接触。因皮肤接触引起的中毒，可用清洁水充分冲洗犬猫的接触部位的毛发和皮肤，避免继续吸收加重病情。因口服引起的中毒，未超过 2 h 的可用催吐剂催吐或洗胃，同时配合吸附剂促进毒物排出。

处方 1 0.2%～0.5%硫酸铜（催吐），犬：0.1～0.5 g/次，口服；猫：0.05～0.1 g/次，口服。

处方 2 1%硫酸锌（催吐），0.2～0.4 g/次，口服。

处方 3 0.1%～0.2%高锰酸钾，20～50 mL，灌肠/洗胃。

处方 4 活性炭（吸附有机磷杀虫药使之从粪便中排出），3～6 g/kg，口服。

处方 5 硫酸阿托品（阻断乙酰胆碱的毒蕈样症状），0.2～0.5 mg/kg，1/4 静脉滴注，剩下的皮下注射/肌内注射。

处方 6 氯解磷定（特效解毒药），20 mg/kg，静脉滴注/肌内注射，2 次/d。

处方 7 碘解磷定（特效解毒药），20 mg/kg，静脉滴注，2 次/d，到症状减轻。

处方 8 双复磷（特效解毒药），15～30 mg/kg，静脉滴注，2 次/d，到症状减轻。双复磷对急性内吸磷、对硫磷、甲拌磷等中毒的疗效良好，但对慢性中毒效果不佳。

处方 9 双解磷（特效解毒药），15～30 mg/kg，静脉滴注，2 次/d，到症状减轻。

处置 2 对症治疗。①呕吐、腹泻严重者需静脉输液治疗。②加强肝脏解毒功能，使用保肝药，适量静脉滴注葡萄糖液、维生素 C、肝泰乐等。③发生肺水肿时，静脉滴注高渗葡萄糖液。④出现呼吸衰竭时，将犬猫移置通风处，给氧。⑤给予抗生素、镇静剂、强心剂、呼吸兴奋剂等。⑥药物禁忌，禁用吗啡、琥珀酰胆碱、吩噻嗪、安定药、肾上腺素等药物。

【主人须知】

治愈后的一定时期内仍应避免再度接触有机磷农药，以保证安全。根据接触有机磷农药的次数、摄入量的多少，以及是否得到及时的救治等条件不同，病程可自数小时拖延至数天，一般在发病后若能及时停止接触或采食毒物，经过 12 h 后可见病情顿挫，如能耐过 24 h 者，多有痊愈希望。但完全康复则需 1 周左右，未经彻底治愈或重症、慢性病例，有视力障碍、后躯麻痹或幼年动物发育受阻等后遗症。

三、学生实践

(一)布置任务

根据所学知识,针对以上提供的病例资料,按要求分别完成以下任务。

(1)初步诊断:____

____。

(2)诊断依据:____

____。

(3)鉴别诊断:____

____。

(4)进一步检查:____

____。

(5)治疗原则:____

____。

(6)治疗处方:

××××动物医院处方笺

动物主人/饲养单位____________________　　档案号____________________

动物种类____________　　动物性别____________　　体重/数量____________

年(日)龄____________　　开具日期________________________________

Rp:

第一联:存根(白)

执业兽医师____________　　注册号____________　　发药人____________

(二)工作评价

针对以上任务的完成情况,分别对初步诊断、诊断依据、鉴别诊断、进一步检查、治疗原则和治疗处方等任务分别给予评价和点评。

工作评价			
评价内容	评价结果		
	正确	基本正确	错误
初步诊断			
诊断依据			
鉴别诊断			
进一步检查			
治疗原则			
治疗处方			
学生反思			
教师点评			

任务二　有机氟化物中毒

【病例导学】李某饲养一只拉布拉多犬，雌性，4 月龄，体重 15 kg。早晨牵遛回来后 1 h 左右开始发病，表现为精神高度亢奋、莫名嚎叫、四肢抽搐、意识差、似惊恐状态，犬主安抚时被咬伤，大约 20 min 后亢奋状态逐渐减轻至恢复正常，首次发作后能够正常进食。间隔数小时后再次发作，并伴有流涎，未见呕吐，于是前来就诊。

请思考：

1. 该患病犬的初步诊断是什么？
2. 诊断依据主要有哪些？
3. 如何进一步明确诊断？
4. 可采取哪些治疗措施？

一、知识准备

【概述】

有机氟化物中毒是犬猫误食了有机氟化物而引起的一种中毒性疾病，临床上以突然发病，呼吸困难、痉挛、抽搐、心律失常为特征。

【病因】

有机氟化物经过消化道、呼吸道、擦伤的皮肤吸收进入机体。动物中犬猫对其最敏感，犬猫经口致死剂量为每千克体重 0.05～0.2 mg。

1. 犬猫吃了毒饵或中毒死亡的老鼠或其他动物。

2. 误食了被有机氟化物（尤其是氟乙酰胺）污染的食物、饮水等。

【症状】

犬猫直接摄入有机氟化合物 30 min 后出现症状，临床表现为中枢神经系统和心血管系统损害的症状。犬在摄入毒物 2 h 后出现症状，病初呕吐、流涎、兴奋不安、尖叫、呻吟、呼吸困难、心律不齐，不久四肢抽搐、角弓反张，循环数次发作后，导致呼吸衰竭而死亡。猫中毒后不时发出刺耳尖叫，四肢阵发性痉挛，瞳孔散大，四肢冰凉，体温下降至 37 ℃以下，呼吸急促、心率加快、心律不齐。

二、工作过程

【诊断】

1. 初步诊断　根据病犬猫有毒物接触史和特有的临床症状（如体温偏低、发病急、神经症状等特点）可做出初步诊断。确诊需测定血液柠檬酸含量和可疑样品的毒物分析。

2. 实验室检查

（1）血液生化测定　主要测定血液中氟、柠檬酸和血糖含量。有机氟化合物中毒时血糖、氟和柠檬酸含量明显升高。

（2）毒物分析　取可疑饲料、饮水、呕吐物或胃内容物进行有机氟化合物的定性和定量分析，阳性结果为确诊提供依据。

3. 鉴别诊断　临床工作中应与有机磷、有机氯、士的宁中毒及急性胃肠炎相鉴别。

【治疗】

治疗原则：促进毒物排出，运用特效解毒药和对症治疗。

治疗方案：根据治疗原则，结合临床工作实际，参考以下相应的处置方法制订治疗处方。

处置 1　促进毒物排出，皮肤中毒者用清水彻底冲洗皮毛。

处置 2　经口中毒者，可催吐、洗胃和导泻。

处方 1　特效解毒（解氟灵），犬 50～100 mg/kg，猫 30～50 mg/kg，肌内注射，2 次/d，连续 5～7 d。解氟灵效果可靠，不良作用小，还有预防发病的作用，故应及早用药。

处方 2　20％硫代硫酸钠 1～2 g/次，肌内注射/静脉滴注。

处方 3　单乙酸甘油酯（氟中毒），0.55 mg/kg，肌内注射，1 次/h，总量达 2～4 mg/kg。

处方 4　氯丙嗪，3 mg/kg，口服，2 次/d；或 1～2 mg/kg，肌内注射，1 次/d；或 0.5～1 mg/kg，静脉滴注，1 次/d。

处方 5　尼克刹米（解除呼吸抑制用），7.8～31.2 mg/kg，皮下注射/肌内注射，必要时 2 h 后重复 1 次。

处方 6　10％葡萄糖酸钙注射液（解除肌肉痉挛）10～20 mL，10％葡萄糖注射液 100～200 mL，混合静脉注射。

处方 7　20％甘露醇溶液（控制脑水肿），10～20 mL/kg，静脉注射。

【主人须知】

本病发病较快，应尽早抢救；经医生治疗会暂时恢复，但有反复发作的可能。本病有可能因抢救无效而死亡。

三、学生实践

(一)布置任务

根据所学知识,针对以上提供的病例资料,按要求分别完成以下任务。

(1)初步诊断:____

____。

(2)诊断依据:____

____。

(3)鉴别诊断:____

____。

(4)进一步检查:____

____。

(5)治疗原则:____

____。

(6)治疗处方:

××××动物医院处方笺

动物主人/饲养单位____________________　　档案号____________________

动物种类____________　动物性别____________　体重/数量____________________

年(日)龄____________　开具日期________________________________

Rp:

第一联:存根(白)

执业兽医师____________　注册号____________　发药人____________

(二)工作评价

针对以上任务的完成情况,分别对初步诊断、诊断依据、鉴别诊断、进一步检查、治疗原则和治疗处方等任务分别给予评价和点评。

工作评价			
评价内容	评价结果		
	正确	基本正确	错误
初步诊断			
诊断依据			
鉴别诊断			
进一步检查			
治疗原则			
治疗处方			
学生反思			
教师点评			

项目二　其他毒物中毒

任务一　洋葱和大葱中毒

【病例导学】冯某家养一只白色京巴犬，雄性，4岁，体重7 kg。2022年5月8日家人用一个中等大小的熟洋葱饲喂该犬。9日凌晨，该犬即排出酱油色尿液。而后出现精神沉郁，食欲不振，眼结膜、齿龈苍白，体温39.3 ℃，腹式呼吸，爱喝水；于是前来就诊。

请思考：

1. 该患病犬的初步诊断结果是什么？
2. 诊断依据主要有哪些？
3. 如何进一步明确诊断？
4. 可采取哪些治疗措施？

一、知识准备

【概述】

洋葱中毒是犬猫摄入过量的洋葱或大葱导致的以血红蛋白尿、贫血为特征的一种急性溶血性中毒病。

【病因】

犬猫摄入过量的含有洋葱或者大葱的食物，如包子、饺子、铁板牛肉、大葱爆羊肉等。

【症状】

犬猫采食洋葱后1～2 d，最大特征表现为排出绯红色或红棕色尿液。中毒轻者，症状不明显，精神稍差，排淡红色尿液。中毒严重者，精神沉郁，食欲不好或废绝，走路蹒跚，不愿活动，眼结膜发黄，排深红色或红棕色尿液，体温正常或降低。严重者可导致死亡。

二、工作过程

【诊断】

1. 初步诊断　根据有采食含有洋葱或大葱食物的饲喂史，结合尿液为红色或红棕色特点可以做出初步诊断。

2. 实验室检查

(1)血液检查　血液随中毒程度轻重，逐渐变得稀薄，红细胞数、血细胞比容、血红蛋白减少，白细胞数增多。红细胞内或边缘上有海恩茨氏小体。

(2)生化检查　血清总蛋白、总胆红素、直接及间接胆红素、尿素氮、天冬氨酸氨基转移酶活性均呈不同程度升高。

(3)尿液检查　尿液颜色呈红色或红棕色，比重增加，尿潜血、蛋白尿、血红蛋白检查呈阳性。尿沉渣中红细胞少见或没有。

3.鉴别诊断　临床工作中应与犬巴贝斯虫病、犬立克次氏体、犬丙酮苄羟香豆素中毒相鉴别。

【治疗】

治疗原则：立即停喂洋葱、促进毒素排出、对症治疗。

治疗方案：根据治疗原则，结合临床工作实际，参考以下相应的处置方法和治疗处方。

处置1　立即停喂含有洋葱或大葱的食物，轻度中毒者停喂后即可自然康复。重度中毒者可进一步治疗。

处置2　促进毒素排出，减少溶血的发生。

处方1　呋塞米(促进体内血红蛋白随尿排出)。犬2～4 mg/kg，猫1～3 mg/kg，肌内注射，2～3次/d。

处方2　强力解毒敏注射液，2～4 mL，皮下注射，1次/d。

处方3　地塞米松，犬猫用量1～2 mg/kg，静脉滴注/肌内注射。

处方4　维生素E(抗氧化剂，防止红细胞破裂溶血，延长红细胞寿命)，犬200～400 U，口服，2次/d。

处方5　输血。溶血引起贫血严重的犬，可进行静脉输血，10～20 mL/kg。

处方6　对严重溶血的病犬，可静脉滴注葡萄糖液或林格液，ATP、辅酶A、维生素C等，也可适当给予抗生素防止继发感染。

【主人须知】

在犬猫的日粮中尽量不要添加葱类蔬菜，同时给犬猫饲喂人吃的小吃时要注意有无洋葱或大葱成分。

三、学生实践

(一)布置任务

根据所学知识，针对以上提供的病例资料，按要求分别完成以下任务。

(1)初步诊断：____

____。

(2)诊断依据：____

____。

(3)鉴别诊断：____

____。

(4)进一步检查：______________________________________

____。

(5)治疗原则：____

____。

(6)治疗处方：

××××动物医院处方笺

动物主人/饲养单位________________　档案号________________

动物种类__________　动物性别__________　体重/数量________________

年(日)龄__________　开具日期________________________

第一联：存根（白）

Rp：

执业兽医师__________　注册号__________　发药人__________

(二)工作评价

针对以上任务的完成情况，分别对初步诊断、诊断依据、鉴别诊断、进一步检查、治疗原则和治疗处方等任务分别给予评价和点评。

工作评价			
评价内容	评价结果		
	正确	基本正确	错误
初步诊断			
诊断依据			
鉴别诊断			
进一步检查			
治疗原则			
治疗处方			
学生反思			
教师点评			

任务二　巧克力中毒

【病例导学】周某饲养一只比熊犬，雄性，2 岁，体重 9 kg，已定期免疫和驱虫。主诉该犬原本一直精神很好，2022 年 3 月 8 日 15:00 时左右自己吃巧克力时也给该犬喂了约 3 块，下午 17:00 出现呕吐，晚上 19:00 多开始腹泻，第 2 天凌晨 2:00 左右开始在家到处冲撞，到处排尿，躲到床下，并不让主人接近，凌晨 5:00 时精神抑制。全身骨骼肌高度兴奋，肌肉僵硬，口角流涎。

请思考：

1. 该患病犬的初步诊断是什么？
2. 诊断依据主要有哪些？
3. 如何进一步明确诊断？
4. 可采取哪些治疗措施？

一、知识准备

【概述】

巧克力中毒是指犬猫由于长时间或过量摄入巧克力，而体内没有相应的酶来分解而引起的，以呕吐、腹泻、频尿和神经兴奋为主要特征的中毒性疾病。

【病因】

常见于饲喂犬猫含有巧克力的巧克力糖、冰激凌、面包、饼干等引起，1～3 kg 的小型犬多见。巧克力的主要成分是可可碱和咖啡因，犬猫如果长时间或一次性过量采食，由于其体内没有相应的分解酶，就会中毒。可可碱和咖啡因是一种甲基黄嘌呤类化合物，它可抑制腺苷受体，导致血管收缩、心动过速和刺激中枢神经系统，并能抑制磷酸二酯酶活性，导致体内环磷腺苷量增加，产生儿茶酚胺效应，从而导致机体血管收缩，中枢神经兴奋，心动过速，临床表现为动物呼吸加快、精神兴奋、呕吐腹泻等一系列中毒症状。

【症状】

动物一般在摄入巧克力 8～12 h 后出现中毒症状，病程通常持续 12～36 h，当然这主要取决于摄入巧克力的量和治疗措施。患病初期，动物表现兴奋，神经过敏，口渴，呕吐。随着疾病的发展，腹泻，多尿，心动过速，呼吸急促，黏膜发绀，血压升高。严重者肌肉震颤，共济失调，惊厥，体温升高，脱水，虚弱，昏迷，最后因心律不齐和呼吸衰竭而死亡。有的患病动物无明显症状，而因严重的心律不齐突然死亡。

视频 8-2　边境牧羊犬巧克力中毒呕吐

二、工作过程

【诊断】

1. 初步诊断　根据采食过巧克力的病史，结合呕吐、腹泻、多尿、神经兴奋等临床症状，可做出初步诊断(图 8-5、图 8-6)。

2. 实验室检查　测定血液、尿液、胃内容物中的可可碱含量可确诊。

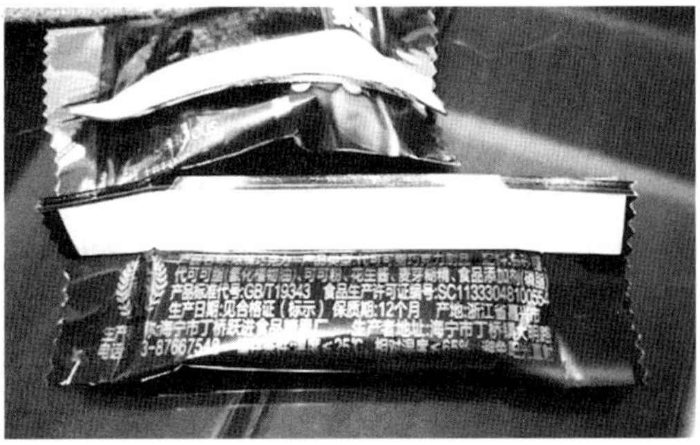

图 8-5　含有巧克力的糖果

图 8-6　边境牧羊犬采食巧克力后中毒呕吐

【治疗】

治疗原则：及时采取措施促进毒物排出，安定，缓解心律失常，解毒，补液调节电解质平衡。

治疗方案：根据治疗原则，结合临床工作实际，参考以下相应的治疗处方。

处方 1　硫酸钠，1 g/kg，口服，促进胃肠道内巧克力排出。

处方 2　活性炭，0.5～1.0 g/kg，口服，吸收肠道内产生的毒素。

处方 3　安定药，5 mg/kg，口服，根据情况 30 min 可给药 1 次，1 d 不超过 4 次。

处方 4　苯巴比妥钠，10 mg/kg，缓慢静脉注射。

处方 5　利多卡因(猫禁用)，2 mg/kg，静脉注射；然后降低剂量 0.03～0.05 mg/(kg·min)静脉注射利多卡因。对于顽固性的心律失常可静脉注射心得安 0.04～0.06 mg/kg，每分钟注射量不超过 1 mg。心律稳定后可口服心得安片剂，0.2～1.0 mg/kg，2 次/d。

处方 6　复方甘草酸单铵 0.4 mL/kg，5%葡萄糖氯化钠溶液 30 mL，混合静脉滴注。

处方 7　林格液，静脉滴注调节电解质平衡。

【主人须知】

平时切忌将含有巧克力的食物饲喂犬猫，同时巧克力应妥善保存，以免随意放置导致犬猫中毒。治疗巧克力中毒，时效性很强，一旦发现要及时处理，一般摄入后 2～4 h 内得到有效清除预后较好。

三、学生实践

(一)布置任务

根据所学知识，针对以上提供的病例资料，按要求分别完成以下任务。

(1)初步诊断：____。

(2)诊断依据：____

____。

(3)鉴别诊断：____

____。

(4)进一步检查：____。

(5)治疗原则：____

____。

(6)治疗处方：

××××动物医院处方笺

动物主人/饲养单位______________ 档案号______________

动物种类__________ 动物性别__________ 体重/数量__________

年(日)龄__________ 开具日期______________________

Rp：

第一联：存根(白)

执业兽医师__________ 注册号__________ 发药人__________

(二)工作评价

针对以上任务的完成情况，分别对初步诊断、诊断依据、鉴别诊断、进一步检查、治疗原则和治疗处方等任务分别给予评价和点评。

工作评价			
评价内容	评价结果		
	正确	基本正确	错误
初步诊断			
诊断依据			
鉴别诊断			
进一步检查			
治疗原则			
治疗处方			
学生反思			
教师点评			

执业兽医资格考试真题精选

1. 体内与有机磷农药化学结构相似的物质是(　　)(2019 年全国执业兽医资格考试试卷下午卷第 23 题)

A. 肾上腺素　　B. 乙酰胆碱　　C. 胆碱酯酶

D. 细胞色素　　E. 磷酸腺苷

2. 犬,4 岁,常规免疫,体温正常,饲喂商品犬粮,近日食欲减退,消瘦,间歇性腹泻,粪便带血,黏膜黄染,贫血,血凝时间延长,血清 ALT 活性升高,为预防该病,应定期监测犬粮中(　　)(2019 年全国执业兽医资格考试试卷下午卷第 58 题)

A. 黄曲霉毒素水平　　B. 锌水平　　C. 维生素 A 含量

D. 硒含量　　E. 铜含量

3. 亚硝酸盐中毒时,皮肤和黏膜的颜色是(　　)(2018 年全国执业兽医资格考试试卷下午卷第 18 题)

A. 鲜红　　B. 蓝紫　　C. 黄染

D. 粉红　　E. 苍白

4. 犬洋葱中毒不会导致血液中(　　)(2018 年全国执业兽医资格考试试卷下午卷第 20 题)

A. 红细胞数减少　　B. 血红蛋白变性　　C. 白细胞数增多

D. 白细胞数减少　　E. 海恩茨小体生成

5. 解救磷化锌中毒时不宜选用的方法是(　　)(2017 年全国执业兽医资格考试试卷下午卷第 18 题)

A. 静注乳酸钠　　B. 灌服硫酸镁　　C. 灌服硫酸铜

D. 灌服碳酸氢钠　　E. 静注葡萄糖酸钙

6. 犬双香豆素中毒时,可以继发(　　)(2016 年全国执业兽医资格考试试卷下午卷第 18 题)

A. 维生素 A 缺乏症　　B. 维生素 B_{12} 缺乏症　　C. 维生素 C 缺乏症

D. 维生素 D 缺乏症　　E. 维生素 K 缺乏症

7. 草木樨中毒的机制属于(　　)(2016 年全国执业兽医资格考试试卷下午卷第 24 题)

A. 竞争拮抗作用　　B. 破坏遗传信息　　C. 抑制酶活性

D. 致敏作用　　E. 阻止氧吸收和利用

8. 犬洋葱中毒所引起的贫血属于(　　)(2016 年全国执业兽医资格考试试卷下午卷第 3 题)

A. 溶血性贫血　　B. 失血性贫血　　C. 营养性贫血

D. 小细胞低色素性贫血　　E. 再生障碍性贫血

(9～10 题共用题干)

美短猫,雌性,5 月龄,体重 3.0 kg,突发抽搐,肌肉震颤,腹痛,呕吐物伴有蒜臭味,且在暗室观察可见发光。

9. 该猫最可能的中毒是(　　)(2020 年全国执业兽医资格考试试卷下午卷第 181 题)

A. 磷化锌中毒　B. 杀鼠灵中毒　C. 毒鼠强中毒

D. 安妥中毒　E. 敌鼠钠中毒

10. 该毒物进入消化道后,促进毒性作用发挥的是(　　)(2020 年全国执业兽医资格考试试卷下午卷第 182 题)

A. 胃酸　B. 脂肪酶　C. 胃蛋白酶

D. 胰蛋白酶　E. 胆汁

(11～12 题共用题干)

家养犬,主人喂食巧克力后,表现不安、烦渴、呕吐,并有腹胀和腹泻,隔天排尿增多,肌肉震颤,共济失调,兴奋不安,体温 40.6 ℃,心率 150 次/min,心律不齐,呼吸 48 次/min。

11. 治疗该犬首先应采取的措施是给予(　　)(2019 年全国执业兽医资格考试试卷下午卷第 166 题)

A. 兴奋剂　B. 止泻剂　C. 镇静剂

D. 强心剂　E. 利尿剂

12. 病情缓解后不应采取的措施是(　　)(2019 年全国执业兽医资格考试试卷下午卷第 167 题)

A. 诱导呕吐　B. 调节体温　C. 内服吸附剂

D. 兴奋中枢神经　E. 纠正酸碱和电解质平衡

(13～15 题共用题干)

患犬,突然发病,体温 39.6 ℃,心率 127 次/min,呼吸 42 次/min,间歇性痉挛抽搐,眼球震颤,瞳孔缩小,呕吐,流涎,排稀便,可视黏膜潮红。

13. 对该病具有诊断价值的血液生化检查结果是(　　)(2018 年全国执业兽医资格考试试卷下午卷第 186 题)

A. 胆碱酯酶活性升高　B. 胆碱酯酶活性下降　C. 淀粉酶活性升高

D. 淀粉酶活性下降　E. 胰酶活性升高

14. 该病可以初步诊断为(　　)(2018 年全国执业兽医资格考试试卷下午卷第 187 题)

A. 亚硝酸盐中毒　B. 有机磷中毒　C. 有机氟中毒

D. 有机汞中毒　E. 有机氯中毒

15. 治疗该病,首选的药物是(　　)(2018 年全国执业兽医资格考试试卷下午卷第 188 题)

A. 碘解磷定　B. 二巯丙醇　C. 二巯丁二钠

D. 乙酰胺　E. 钼酸铵

(16～18 题共用备选答案)

A. 附红细胞体感染　B. 巴贝斯虫感染　C. 钩端螺旋体感染

D. 农药中毒　E. 洋葱中毒

16. 犬,2 岁,近期未外出,突然发病,精神沉郁,不愿活动,眼结膜黄染,心跳增快,气喘,尿液呈红棕色,体温 38.1 ℃。血细胞镜检,可见红细胞表面有海恩茨小体。抗菌药治疗无效。最可能的致病原因是(　　)(2018 年全国执业兽医资格考试试卷下午卷第 57 题)

17. 牛，3 岁，精神沉郁，四肢无力，稽留热，眼结膜苍白、黄染，气喘，尿呈暗褐色，血细胞镜检，在红细胞内有梨籽形物质出现。最可能的致病原因是（　　）（2018 年全国执业兽医资格考试试卷下午卷第 58 题）

18. 夏季，犬，6 岁，突然发病，体温 40.5℃，嗜睡，呕吐，便血，眼结膜黄染。采集发病 2 h 内的血液，暗视野检查有细小球链状物质。最可能的致病原因是（　　）（2018 年全国执业兽医资格考试试卷下午卷第 59 题）

模块八参考答案

模块八高清插图

参 考 文 献

[1] 周庆国,夏兆飞.犬病诊疗原色图谱.北京:中国农业出版社,2008.
[2] 贺生中.宠物内科病.北京:中国农业出版社,2007.
[3] 宋大鲁,宋旭东.宠物诊疗金鉴.北京:中国农业出版社,2009.
[4] 李志.宠物疾病诊治.4版.北京:中国农业出版社,2019.
[5] 董军.宠物疾病诊疗与处方手册.2版.北京:化学工业出版社,2012.
[6] 范作良.宠物内科病.3版.北京:中国农业出版社,2019.
[7] 贺生中,陆江.宠物内科病.北京:中国农业出版社,2012.
[8] 张红超,陈龙如.宠物常见病病例分析.北京:金盾出版社,2009.
[9] 夏咸柱,张乃生,林德贵.犬病.北京:中国农业出版社,2009.
[10] 高得仪.犬猫疾病学.北京:中国农业大学出版社,2001.
[11] 席克奇.宠物疾病鉴别诊断与防治.北京:机械工业出版社,2019.
[12] 韩博.犬猫疾病学.3版.北京:中国农业大学出版社,2011.
[13] 侯加法.小动物疾病学.2版.北京:中国农业出版社,2015.
[14] 胡延春.犬猫疾病类症鉴别诊疗彩色图谱.北京:中国农业出版社,2010.
[15] 张磊,石冬梅.宠物内科病.北京:化学工业出版社,2016.
[16] 杜护华,王怀友.宠物内科疾病.北京:中国农业科学技术出版社,2008.
[17] 王强.宠物内科疾病.北京:中国轻工业出版社,2013.
[18] 何英,叶俊华.宠物医生手册.2版.沈阳:辽宁科学技术出版社,2009.
[19] 王小龙.畜禽营养代谢病和中毒病.北京:中国农业大学出版社,2012.
[20] 罗名英,罗丹丹.宠物皮肤病与营养代谢病.北京:中国农业大学出版社,2020.
[21] 陈明勇. 2011—2020年全国执业兽医资格考试考试试卷汇编·兽医全科类.北京:中国农业大学出版社,2021.
[22] 迈克尔.沙尔.新编犬猫疾病诊疗图谱.林德贵,何英,王洪斌,等译.沈阳:辽宁科学技术出版社,2011.
[23] Cordula Poulsen Nautrup,Ralf Tobias.犬猫超声诊断技术图谱与教程.4版.谢富强,主译.北京:中国农业大学出版社,2009.
[24] (美)Dominique Penninck,(加)Marc-Andre d'Anjou,等.小动物B超诊断彩色图谱,熊惠军,主译.北京:中国农业出版社,2014.
[25] 周庆国,罗倩怡,吴仲恒,等.犬猫疾病诊治彩色图谱.2版.北京:中国农业出版社,2018.
[26] 陈玉库,孙伟平,邢玉娟.宠物疾病防治.3版.北京:中国农业大学出版社,2021.